UG NX12.0 应用实例教程

李 真 佟宝波 崔紫贺 主编

刘静凯 主审

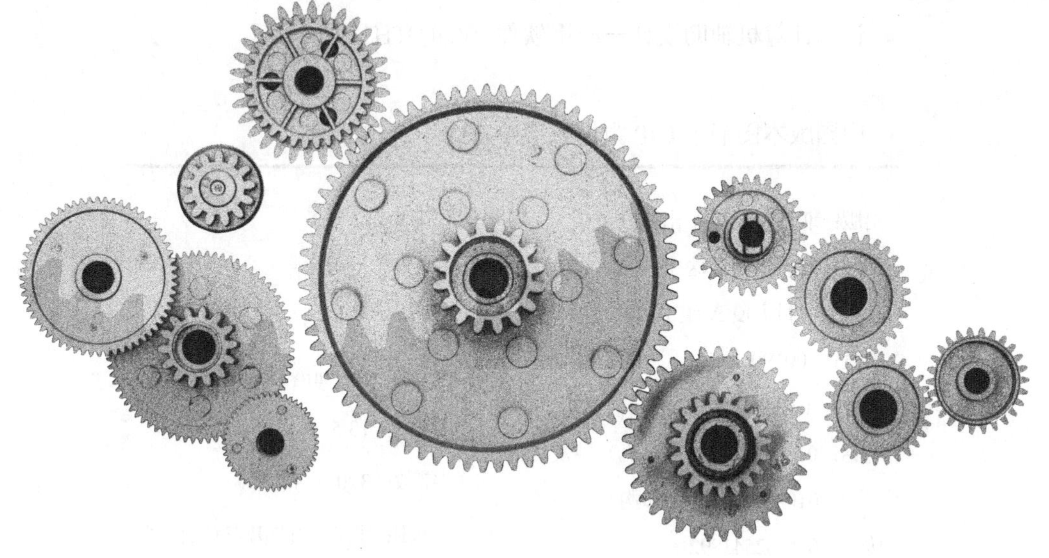

北京希望电子出版社
Beijing Hope Electronic Press
www.bhp.com.cn

内容简介

本书以 UG NX12.0 为平台，依托基础知识与实例相结合的方式，对 UG NX12.0 的基础知识与应用方法进行了详细的阐述。

本书共七章，包括 NX12.0 软件入门及基本操作、曲线与参数化草图、实体特征建模、特征操作与特征编辑、自由曲面建模初步、装配设计与创建二维工程图。本书结构严谨，条理清晰，内容由浅入深，由易到难，将基础知识与案例相结合，突出了内容的实用性与可操作性，旨在帮助读者更好地理解并掌握相关内容。

本书适合职业院校与技工院校的机械、模具等相关专业学生使用，也可作为 UG NX12.0 初学者入门和提高的参考书，同时还可作为各类教育、培训机构的专业 UG 教材。

图书在版编目（CIP）数据

UG NX12.0 应用实例教程 / 李真，佟宝波，崔紫贺主编. -- 北京：北京希望电子出版社, 2021.11

ISBN 978-7-83002- 826-8

Ⅰ. ①U… Ⅱ. ①李… ②佟… ③崔… Ⅲ. ①机械设计－计算机辅助设计－应用软件 Ⅳ. ①TH122

中国版本图书馆 CIP 数据核字(2021)第 215017 号

出版：北京希望电子出版社
地址：北京市海淀区中关村大街 22 号
中科大厦 A 座 10 层
邮编：100190
网址：www.bhp.com.cn
电话：010-82620818（总机）转发行部
010-82626237（邮购）
传真：010-62543892
经销：各地新华书店

封面：汉字风
编辑：付寒冰
校对：龙景楠
开本：787mm×1092mm 1/16
印张：13.5
字数：320 千字
印刷：北京建宏印刷有限公司
版次：2022 年 4 月 1 版 3 次印刷

定价：49.00 元

编 委 会

主　编 李　真　佟宝波　崔紫贺

副主编 王　钰　张冉佳　徐　超

参　编 郭　畅　王星怡　祁惠然

主　审 刘静凯

PREFACE 前言

NX原属美国UGS公司，后被SIEMENS公司收购。它是目前世界上主流的CAD/CAE/CAM设计平台，广泛应用于机械、模具、汽车、家电、航天、船舶及军事领域。

NX被认为是PLM一体化解决方案，它在工业制造领域得到了越来越广泛的应用。特别是进入21世纪后，随着计算机技术和制造业信息化技术的发展，NX平台逐渐在中小企业普及。它的推广与使用大大缩短了产品的设计周期，提高了企业的生产效率，从而使产品成本降低，增强了企业的市场竞争能力。

NX采用复合建模技术，融合了实体建模、曲面建模和参数化建模等多方面技术，摒弃了传统建模设计意图传递与参数化建模严重依赖草图，以及生成和编辑方法单一的缺陷。它所提供的一个基于过程的产品设计环境，使产品开发从设计到加工真正实现了数据的无缝集成，从而优化了企业的产品设计与制造过程。NX面向过程驱动的技术是虚拟产品开发的关键环节，在面向过程驱动技术的环境中，用户的全部产品以及精确的数据模型能够在产品开发全过程的各个环节保持相关，从而有效地实现了并行工程。

NX不仅具有强大的实体造型、曲面造型、虚拟装配和生成工程图等CAD设计功能，而且在设计过程中可以进行有限元分析、机构运动分析、动力学分析和仿真模拟，从而提高设计的可靠性。同时，可用建立的模型直接生成数控代码，用于产品的加工，其后处理程序支持多种类型的数控机床。另外，NX所提供的二次开发语言UG/Open GRIP、UG/Open API简单易学且功能强大，便于用户开发专用的CAD系统。

本书由北京市自动化工程学校李真、北京金隅科技学校佟宝波、北京市供销学校崔紫贺担任主编，北京市房山区石楼中学王钰、北京市自动化工程学校张冉佳、中国铁道科学研究院集团有限公司金属及化学研究所徐超担任副主编，参与编写的还有北京金隅科技学校郭畅、首都师范大学附属小学王星怡、北京金隅科技学校祁惠然。全书由李真统稿，沈阳理工大学刘静凯主审，并为本书的编写提供了许多有益的建议。

本书适合职业院校与技工院校机械、模具等相关专业学生使用，也可作为UG NX12.0初学者入门和提高的参考书。本书实例丰富，结构严谨，条理清晰，内容由浅入深，由易到难，基础知识与案例相结合，突出了实用性与可操作性，可帮助读者更好地理解并掌握相关内容。

由于使用NX的侧重点不同，加之编者视野所限，书中难免有疏漏和不足之处，敬请广大读者批评指正！

编　者

2021年11月18日

CONTENTS 目录

第1章　NX12.0软件入门及基本操作

第2章　曲线与参数化草图

第3章 实体特征建模

第4章 特征操作与特征编辑

第5章 自由曲面建模初步

第6章 装 配 设 计

第7章 创建二维工程图

第1章 NX12.0软件入门及基本操作

本章主要介绍建模前的准备工作，为后面章节的学习做好铺垫。通过本章学习使读者了解NX12.0的工作界面、基本操作、基本工具、坐标系统、图层操作、视图布局和对象操作等。

本章要点

- NX12.0工作界面及文件操作
- NX12.0点与矢量的构建
- NX12.0工作坐标（WCS）的操作
- NX12.0图层设置

1.1 工作界面

成功启动NX12.0后，首先出现初始工作界面窗口，在此可以查看一些基本概念、交互说明和开始使用信息，这些对于初学者很有帮助。将鼠标指针移至窗口中要查看的选项处（这些选项包括“模板”“部件”“应用模块”“资源条”“命令查找器”“对话框”“显示模式”“选择”“多个窗口”“视图操控”“定制”“快捷方式”和“帮助”），同时在窗口的右侧区域中会显示所指选项的基本信息。

在初始工作界面的菜单栏中选择“文件”→“新建”命令或单击工具条中的“新建”图标，将弹出“新建”对话框，在对话框中确定模版和文件名，指定文件存储路径后单击“确定”按钮，即进入NX12.0主工作界面（也称主操作界面），如图1-1所示。主工作界面主要由标题栏、快速访问工具条、菜单栏、选择条、功能区、坐标系、资源板、工作区等组成。

图 1-1　NX12.0主工作界面

1.1.1　标题栏

标题栏位于NX12.0工作界面的最上方。它显示软件版本，当新建或打开文件后标题栏将显示文件类型和文件名。

1.1.2　快速访问工具条

快速访问工具条位于NX12.0工作界面的最上方左边位置，其主要包括经常访问的命令，通过快速访问工具条可以快速地调用相应指令进行绘图工作。

1.1.3　菜单栏

菜单栏位于标题栏的下方，它集中了各种操作及主要的功能命令，包括“文件”“编辑”“视图”“插入”“格式”“工具”“装配”“信息”“分析”“首选项”“窗口”“GC工具箱”和“帮助”等菜单项。在菜单栏中选择所需的命令会打开其下拉式菜单，同时在子菜单中显示与其相对应的有关指令。

1.1.4　功能区

功能区位于菜单栏的下方，其中选项卡包括“主页”“装配”“曲线”“曲面”“分析”“视图”“渲染”“工具”和“应用模块”。每个选项卡包括一组面板，其中包含不同的指令，单击即可快速调用相应的指令。

1.1.5　绘图区

绘图区是用户绘图的主区域，是用户进行建模、装配的主要区域。

1.1.6 资源板

资源板包括一个资源条和相应的显示框。在资源条上包括装配导航器、部件导航器、重用库、历史记录、系统材料、角色选择及系统可视场景等内容，如图1-2所示为常用的“部件导航器”，图1-3所示为“历史记录”导航器。用户若打开模型，可以从此处选择近期保存的模型文件，将其拖入原始工作界面窗口即可。

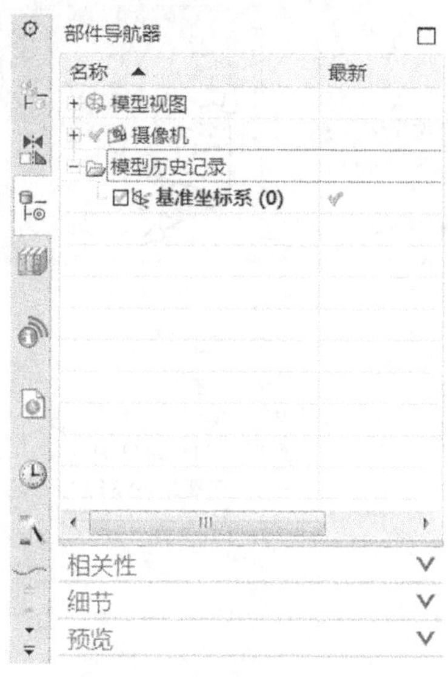

图 1-2 “部件导航器”

图 1-3 “历史记录”导航器

1.1.7 状态栏

状态栏包括提示行和状态行，如图1-4所示。在提示行中显示当前操作的相关信息，提示用户进行下一步操作；在状态行中则显示操作的执行状态，单击其右端的▢按钮可以全屏显示建模区域。

选择对象并使用 MB3，或者双击某一对象

图 1-4 状态栏

1.2 文件操作

文件操作包括新建文件、打开文件、关闭文件、保存文件、导入文件和导出文件，所有文件操作的命令都可以从菜单栏的“文件”菜单中找到，当然也有相对应的工具条。

1.2.1 新建文件

在菜单栏中的“文件”菜单中选择“新建”命令，或者在工具栏中单击▢按钮，可以创建一个新的文件。下面以新建模型文件为例介绍新建文件的一般操作步骤。

1. 在菜单栏中的“文件”菜单中选择“新建”命令，或者在工具栏中单击□按钮，打开如图1-5所示的“新建”对话框。

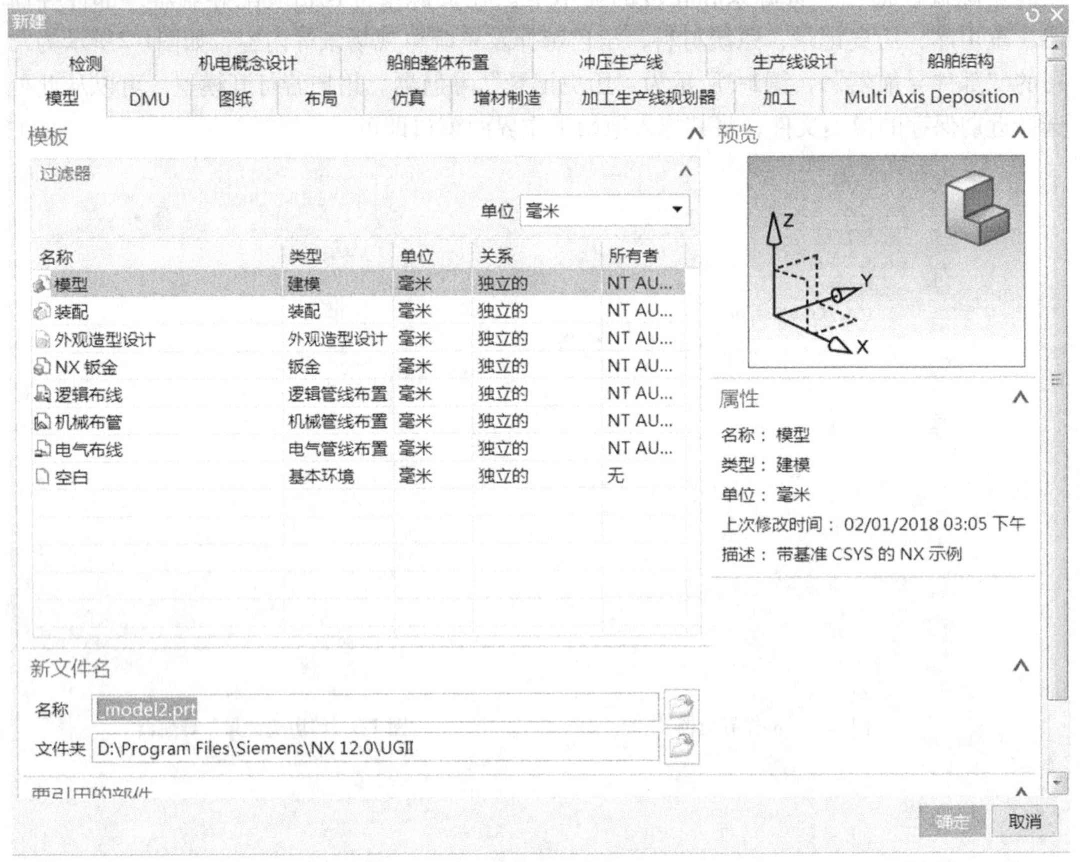

图 1-5 “新建”对话框

2. 选择“新建”命令后系统将在状态条中提示：“选择模板，并在必要时选择要引用的部件”，选择“模型”选项卡，并在模板选项组中选择所需要的“模型”模板，在“单位”选项中选择“毫米”。

3. 在“新文件名”选项组中的“名称”文本框中输入新建文件的名称LZ001（在下划线前输入）。在“文件夹”中可以设置文件的存储路径。完成设置后按“确定”按钮即可。

1.2.2 打开文件

在菜单栏的“文件”菜单中选择“打开”或在工具栏中单击按钮，系统会打开如图1-6所示的“打开”对话框，在对话框中选择要打开的有效文件，然后单击对话框中的“OK”按钮。

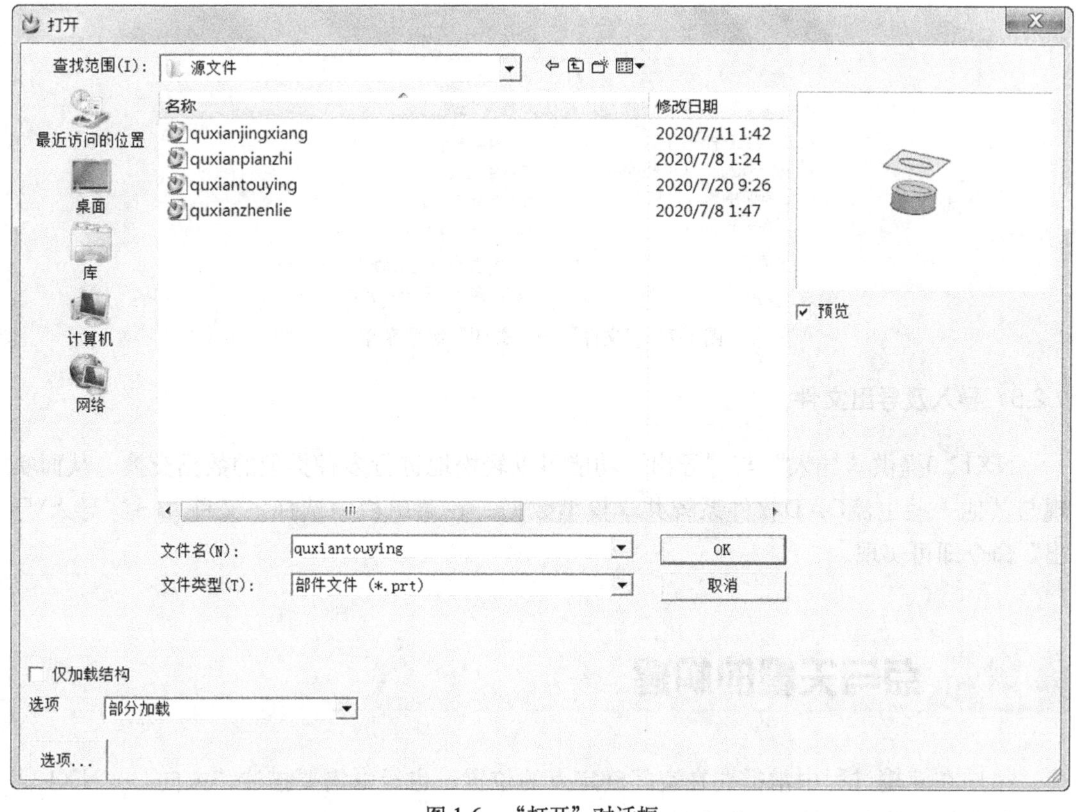

图 1-6 “打开”对话框

1.2.3 保存文件

在菜单栏的“文件”菜单中提供若干用于保存文件的命令：“保存”“仅保存工作部件”“另存为”“全部保存”和“保存书签”命令。这些保存命令的功能如表1-1所示。

表1-1 用于保存内容的命令一览表

序号	命令	功能简要介绍
1	保存	保存工作部件和任何已经修改的组件
2	仅保存工作部件	仅保存工作部件
3	另存为	使用其他名称保存当前工作部件
4	全部保存	保存所有已修改的部件和所有的顶级装配部件
5	保存书签	在书签文件中保存装配关系，包括组件可见性、加载选项和组件组

1.2.4 关闭文件

在菜单栏的“文件”→“关闭”级联菜单中提供了可以不同方式关闭文件的命令，如图1-7所示。在实际操作中用户根据设计情况从该级联菜单中选用其中一种关闭命令即可。

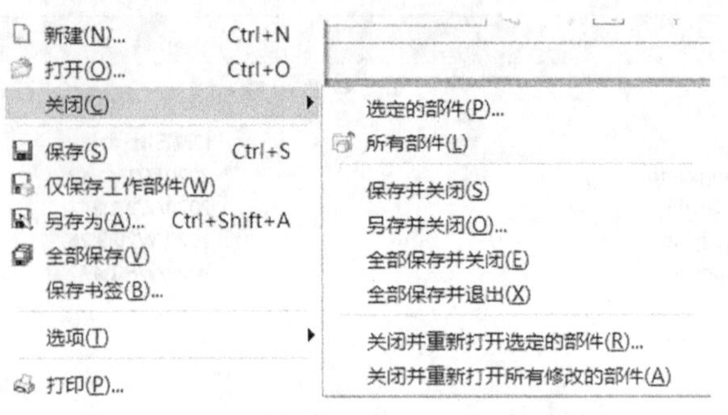

图 1-7 “文件”→“关闭”级联菜单

1.2.5 导入及导出文件

NX12.0提供“导入”与“导出”功能可以轻松地进行多种类型的数据交换，从而实现与其他一些主流CAD软件系统共享模型数据。在菜单栏中选择“文件”→“导入\导出”命令即可实现。

1.3 点与矢量的构建

用户在建模过程中常需要在空间确定点的位置，也经常需要描述“方向”，NX12.0提供了点的构建和矢量的构建解决这两个问题。

1.3.1 点的构建

1. 用“自动判断的点”方式快速确定点：如图1-8所示，用户可以使用捕捉方法确定端点、中点、现有的点、交点等，坐标原点也可以当现有点捕捉。

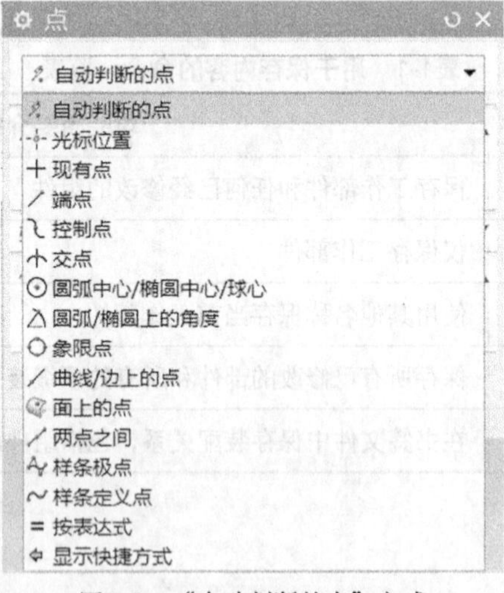

图 1-8 “自动判断的点”方式

2. 坐标输入确定点：若无法使用捕捉方法快速获得所需要的点时，在“点”对话框中单击输出坐标，系统显示对话框如图1-9所示。在该对话框中，有设置点坐标的三个文本框，用户可以直接在其中输入点的坐标值，然后单击“确定”按钮，系统将按输入的坐标值生成点。

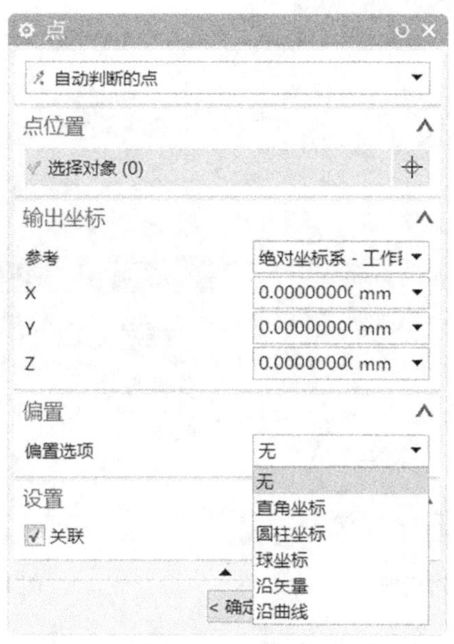

图 1-9 “点”对话框

3. 使用偏置方式确定点：该方式是通过指定参考点和相对于参考点的偏置参数来确定点的位置。参考点的指定可以使用上面所述的任何一种方法，偏置参数的确定取决于偏置方式。如图1-10所示的矩形偏置：偏置点的位置相对于所选的参考点的偏置是在空间直角坐标系中进行的，一旦参考点确定后，对话框中部的基点将变为输入WCS偏置（若选在绝对坐标系，将变为输入绝对偏置值）。

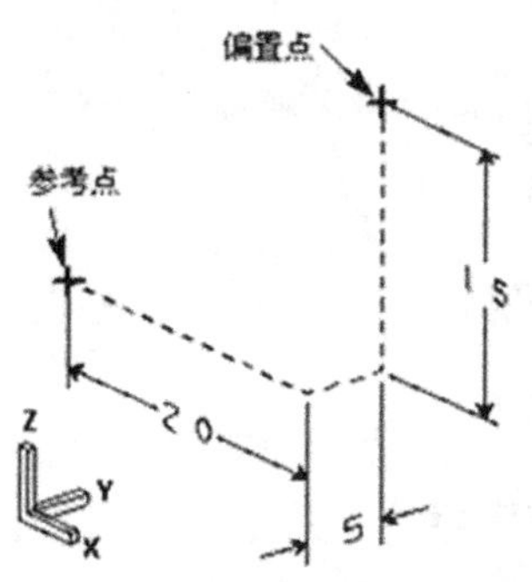

图 1-10 空间直角坐标系偏置

1.3.2 矢量构建

单独构建一个矢量在NX中没有意义，矢量常用于确定特征或对象的方向。在设计零件时经常需要指定一个矢量方向，例如，在建立圆柱体时，不仅需要圆柱的直径和高度数值，还需要确定圆柱的轴向方向。打开矢量的方式有很多，以圆柱为例，在菜单栏的“插入”菜单中选择“设计特征”中的“圆柱”选项，系统会弹出“圆柱”对话框，如图1-11所示。单击“圆柱”对话框中的“指定矢量”按钮，系统会自动弹出“矢量”对话框，如图1-12所示。在“固定”下拉列表中有更复杂的构建矢量的方法，如图1-13所示。

图 1-11　“圆柱”对话框

图 1-12　“矢量”对话框

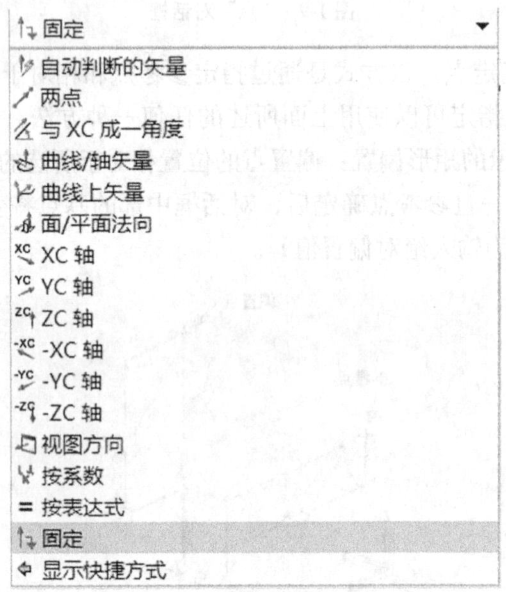

图 1-13　矢量构建方法

1.4 工作坐标系（WCS）操作

NX坐标系统有系统坐标和工作坐标两种类型，系统坐标是不可以随意移动的，工作坐标则可以任意移动，初始状态两个坐标系的原点和方位是完全重合的。NX12.0默认状态下两个坐标系都不显示。

1.4.1 工作坐标系的变换

在菜单栏中选择“格式”→“WCS”下的级联菜单，可以实现对应的操作。若仅对工作坐标进行原点移动、轴向移动或旋转等操作，使用“动态坐标”方式操作更为简单快捷，方法是在菜单栏中选择“格式”→“WCS” →“动态”命令或直接在工具栏“实用工具”条中选择动态坐标按钮。

激活“动态坐标”后，指定新的点即对原点操作（不必拖动，只需选择要移动的目标点即可），也可以指定轴进行“平动”和“转动”，如图1-14和图1-15所示。

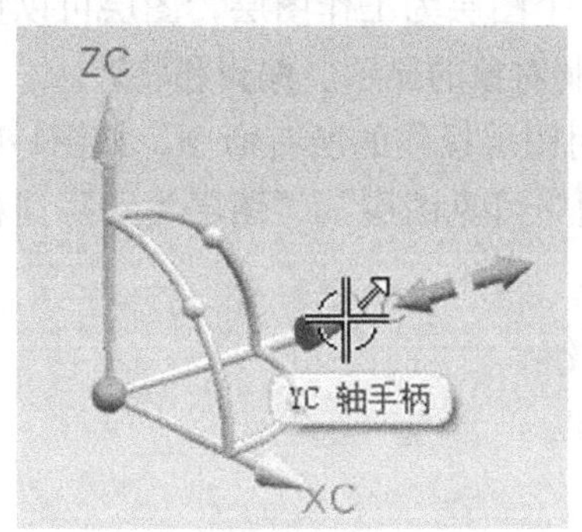

图 1-14 动态坐标的“平动”

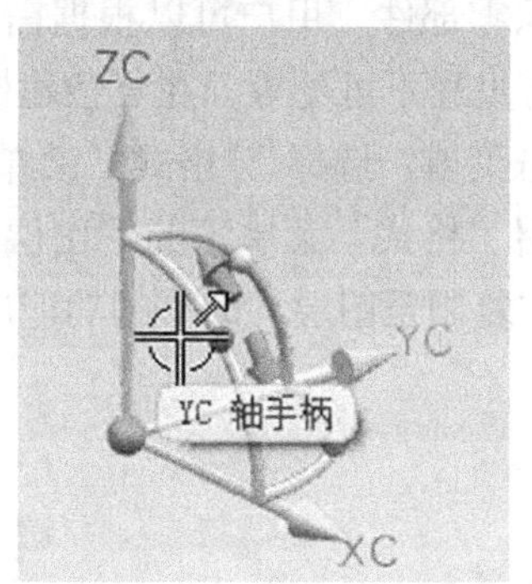

图 1-15 动态坐标的“转动”

1.4.2 定向工作坐标系

选择“格式”→“WCS”→“定向”命令，弹出“坐标系”对话框，如图1-16所示，用户可以使用其提供的方法对工作坐标、方位进行精准调整。若工作坐标需要调整到初始位置，则选择下拉菜单中的“绝对CSYS”，工作坐标将与系统基准坐标完全重合。

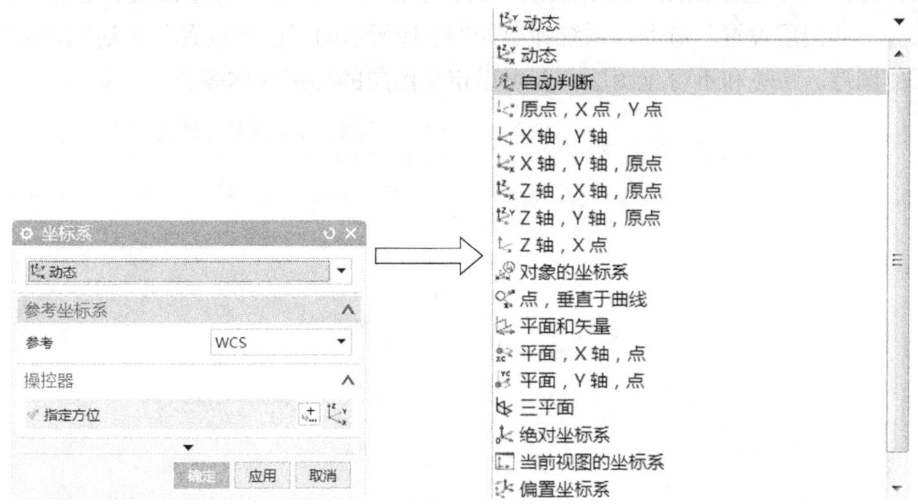

图 1-16 工作坐标定向

1.4.3 工作坐标系的显示和保存

默认状态下工作坐标是不显示的，若需要显示，用户可以设置。修改设置的操作为：选择“格式”→“WCS”→“显示”命令。

变换或定向工作坐标后，可以在菜单栏中选择“格式”→“WCS”→“保存”命令，从而在当前WCS原点和方位创建坐标系对象。

1.5 工作图层的设置

在实际设计中，无论是建模还是装配，应用图层都可以提高建模效率，也有利于管理和组织零部件。用户可以根据需要设置其中一个图层为工作图层，图层可以设置为可选、仅可见和不可见等，在复杂建模时也可以控制对象的显示、编辑和状态。

单击菜单，选择 “格式”菜单项，可以调用图层操作的所有命令，如图1-17所示。下面介绍“格式”菜单下的“图层设置”“视图中可见图层”“图层类别”“移动至图层”和“复制至图层”命令的功能应用。

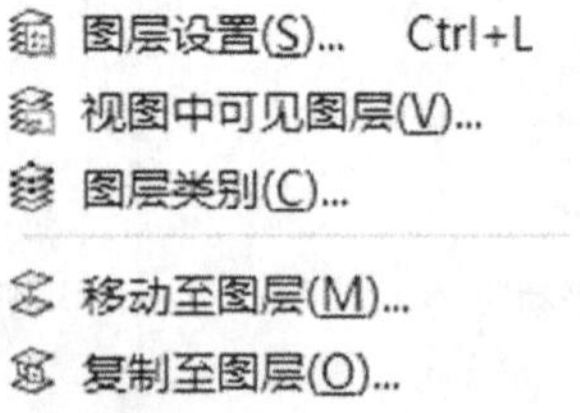

图层设置(S)... Ctrl+L
视图中可见图层(V)...
图层类别(C)...
移动至图层(M)...
复制至图层(O)...

图 1-17 格式菜单下的相关命令

1.5.1 图层的设置

工作图层可以通过如图1-18所示的工具条上的小窗口进行快速设置；在菜单中选择“格式”→“图层设置”命令，系统弹出如图1-19所示的“图层设置”对话框，从中可以设置工作图层、可见和不可见图层，并可以定义图层的类别名称等。

1

工作层

图 1-18 工作图层输入窗口

图 1-19 “图层设置”对话框

1.5.2 视图中可见图层

NX12.0中设置图层的可见与不可见非常方便，在“视图中可见图层”对话框中，只需选中或取消选中相应的选项即可，如图1-20所示。

图 1-20 “视图中可见图层”设置对话框

1.5.3 移动至图层

单击菜单栏中的“格式”→“移动至图层”命令，可以将对象从一个图层移动到另一个图层。

1.5.4 复制至图层

单击菜单栏中的“格式”→“复制至图层”命令，选择要复制的对象就可以将对象从一个图层复制到另一个图层。

1.5.5 图层的使用规则

NX中的图层和AutoCAD不同，无需用户自己创建，只需指定即可，共有256个图层可供选择使用，图层的分配如表1-2所示。对于一般初学者而言，只需记住实体在1~20层、草图在21~40层、曲线在41~60层、基准在61~120层即可。另外，NX12.0系统提供的三面三轴基准占用61层，默认设置是不可见，在建模时若需要，只需将61层设置为可选即可。

表1-2 图层使用说明

图层号	说明	图层号	说明
1	最终设计结果实体	5~15	实体
2	最终设计结果实体用于装配	16~20	指针实体
3	产品略图	21~40	草图
4	干涉几何实体	41~60	曲线

续表

图层号	说明	图层号	说明
61~80	基准	120	图框及标题栏
81~100	片体	121	爆炸图
101~120	二维工程图	122~130	有限元及机构分析
101~104	视图	131~140	机构分析
105~107	中心线	141~150	有限元分析
108~110	尺寸线	151~245	数控编程
111~118	二维工程图其他部分	246~255	保留
119	明细表	256	坐标系

1.6 对象操作

1.6.1 选择对象

1. 类型过滤器

在选择对象时，若使用图1-21所示的“类型过滤器”，在其选择列表里指定要选择对象的类型，将不在选择范围的对象过滤掉，选择将更便捷。

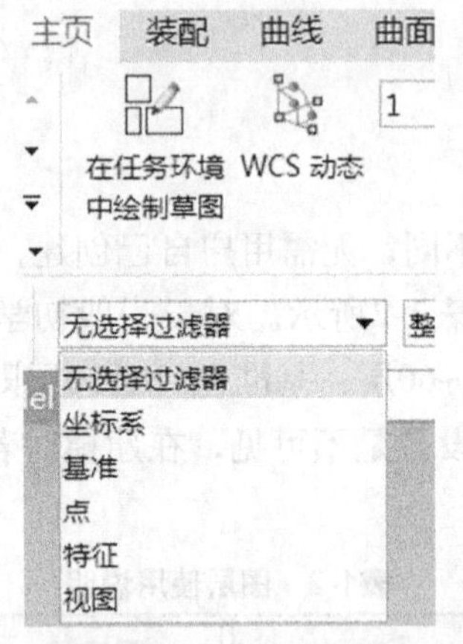

图 1-21　类型过滤器

2. 取消选择对象的方法

用户若需要将已经选择的单一对象或多个对象全部取消，只需按Esc键即可；若需要将已经选择的多个对象中的某个对象取消，只需按住Shift键，同时用鼠标选择要去除的对象即可。

1.6.2　观察对象

在NX各个模块的操作中，会经常遇到要改变观察对象的方位和角度的情况，NX12.0中提供了多种操作方式。一般常用的工具条和光标随位菜单如图1-22所示。

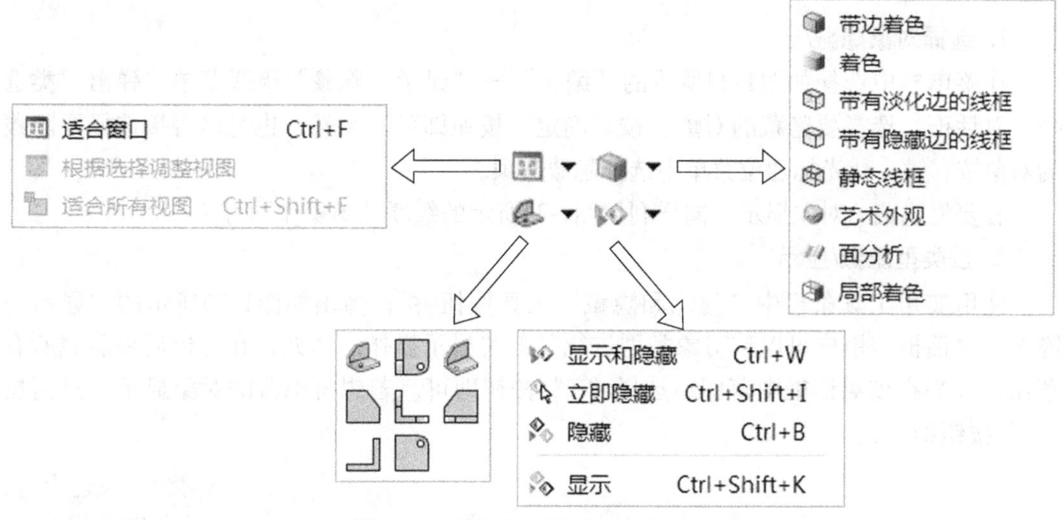

图 1-22　观察对象常用的工具条选项

1. 对象的旋转

（1）万向旋转：按住鼠标中键并拖动，对象将随光标随意旋转。

（2）绕指定的坐标轴旋转：若使对象绕*X*、*Y*、*Z*中的某一个单轴旋转，先以鼠标左键单击屏幕左下角如图1-23所示的方位坐标的某一个坐标轴，被选中的坐标轴将变成金色，再按住中键拖动，对象将只绕着选定的坐标轴旋转。完成后按Esc键即可解除对坐标轴的选择。

图 1-23　方位坐标

（3）绕指定的中心旋转：前两种情况的旋转，其旋转中心都是建模区域视图中心，若要对象绕指定的中心旋转，可以按右键在弹出的光标随位菜单中选择“设置旋转参考”选项，随后左键单击指定的位置即可完成旋转点的设置，按住中键拖动则对象绕指定的点旋转，指定的点将显示出来。指定的旋转点将一直有效直到它被清除。清除方式：右键单击，在弹出的快捷菜单里选择“清除旋转点”即可。

2. 对象的平移

（1）按住Shift键的同时使用鼠标中键拖动，即可平移对象。

（2）按住鼠标中键再同时按右键拖动鼠标，同样可以平移对象。

3. 对象的缩放

（1）按住Ctrl键的同时使用鼠标中键拖动，即可缩放对象；按住鼠标中键再同时按左健拖动鼠标，同样可以缩放对象。

（2）最便捷的方式是直接使用中键滚轮缩放对象。

1.6.3 隐藏与显示对象

1. 选择对象隐藏/显示

在菜单栏中选择如图1-24所示的“编辑”→“显示与隐藏”级联菜单，弹出“类选择”对话框，选择要隐藏的对象，按“确定”按钮即可。当然，也可以直接选择要隐藏的对象按右键，从光标随位菜单中选择隐藏选项。

若要将隐藏的对象显示，同样利用图1-24所示的级联菜单操作即可。

2. 按类型隐藏/显示

使用实用工具条栏中“显示和隐藏”工具按钮，弹出如图1-25所示的“显示与隐藏”对话框，用户可以按对象类型进行隐藏与显示操作。例如，在建模后要隐藏所有草图，只需在该对话框中草图后选择“−”按钮即可。若想将隐藏的对象显示，只需按“+”按钮即可。

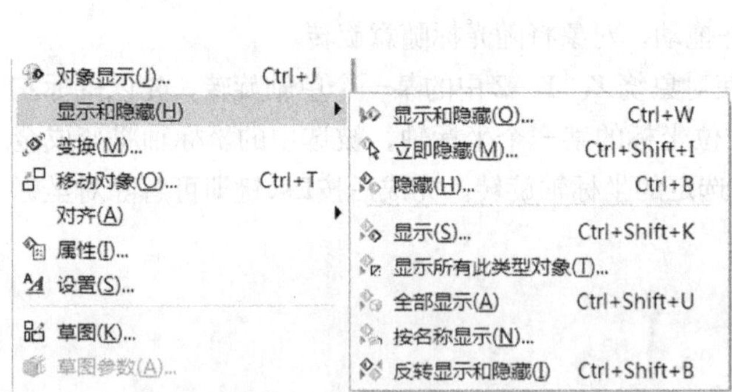

图 1-24 “显示和隐藏”级联菜单

图 1-25 “显示与隐藏”选项对话框

1.6.4 撤销命令和删除对象

如果需要取消当前或之前的操作，可以选择菜单“编辑”→“撤销列表”级联菜单，指定退到哪一步。若单步撤销，则可以选择标准工具条里的按钮或“Ctrl+Z”组合键，还可以右键单击，在弹出的光标随位菜单中选择“撤销”命令。NX12.0提供“反撤销”功能，用户可以取消所做的撤销操作。

若要删除对象，可以选择菜单“编辑”→“删除”级联菜单，或单击标准工具条里的删除按钮，都会弹出“类选择”对话框，选择要删除的对象，按“确定”按钮即可；也可以用鼠标直接选择要删除的对象右键单击，在弹出的光标随位菜单里选择“删除”命令即可。

1.7 思考与练习

1. 单独使用鼠标哪个键可以旋转模型？

   A： MB1（左键）

   B： MB2（中键）

   C： MB3（右键）

   D： 以上都不对 答案：B

2. 根据UGNX推荐的图层使用标准，基准特征通常放在（ ）。

   A： 1~20层

   B： 21~40层

   C： 41~60层

   D： 61~120层 答案：D

3. UGNX中图层的状态有（ ）。

   A： 工作层

   B： 可选层

   C： 仅可见层

   D： 不可见层 答案：ABCD

4. 在UGNX的用户界面中，（ ）区域提示用户下一步该做什么。

   A： 信息窗口

   B： 提示行

   C： 状态行

   D： 部件导航器 答案：B

5. 如果想使所选择的面转到与视线垂直的方位，应按（ ）键。

   A： Home

   B： End

   C： F12

   D： 回车 答案：C

6. UGNX中对象的隐藏可以通过哪些途径实现？

   A： 使对象所在图层不可见（按图层）

   B： 选择对象后按右键，选择“隐藏”（按选择对象）选项

   C： 按Ctrl+W组合键，在“显示和隐藏”对话框中在对象后选择“−”（按对象类型）按钮

   D： 双击对象 答案：ABC

7. 在UGNX中如何平移模型对象？

   A： MB2（中键）

   B： Ctrl+MB（中键）

C： MB3（右键）

D： Shift+MB2（中键） 答案：D

8. 若在操作界面上调用所需要的工具图标，如下哪个正确？

A： 在工具条中，右键单击，选择“定制”

B： 打开工具条，在需要的位置双击

C： 将光标放置到工具条一侧，单击左键

D： 右键单击，使用浮动工具条，显示对话框 答案：A

9. 在建模操作界面，（　　）可以绕点旋转模型。

A： 按住中键，旋转模型

B： 按住中键不放，出现蓝色“+”字光标后旋转模型

C： 按住左键，旋转模型

D： 左右键同时按下，旋转模型 答案：B

第2章 曲线与参数化草图

曲线和二维草图是三维建模的基础。如建立实体截面的轮廓线，通过拉伸、旋转等操作构造三维实体或片体；也可以用曲线和草图创建曲面进行复杂实体造型，曲线或草图也常用作建模的辅助线，如扫描的引导线等。另外，在建模过程中，利用从实体上抽取曲线或投影曲线的操作不仅提高了建模效率，还提升了建模的相关性。本章将重点介绍曲线的创建及编辑、草图的绘制及约束。

本章要点

- NX12.0中曲线的基本操作
- NX12.0中曲线的编辑
- NX12.0中草图的绘制及约束
- NX12.0中草图的操作

2.1 曲线

在NX建模中，虽然曲线也能精准地绘制二维图形，但是极少单独使用曲线构建复杂的二维截面。曲线最大的用途是草图不可替代的，诸如规律曲线、来自曲线集的曲线、来自体的曲线等。

2.1.1 曲线操作

1. 直线

在菜单栏中选择“插入”→“曲线”→“直线”命令，或单击曲线工具条中 ⁄ 按钮，系统会弹出如图2-1所示的“直线”对话框。“起点选项”和“终点选项”可以根据实际情况选择，可以有多种方法确定点的位置。直线可以在任意确定的两个点间绘制，确定起点和终点后可以看到动态绘制的直线，按“确定”按钮完成直线的绘制。

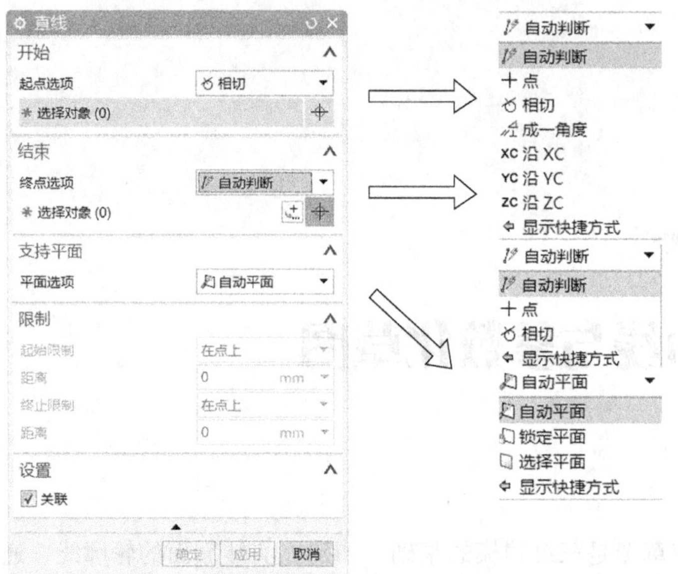

图 2-1 “直线”对话框

2. 圆弧/圆

在菜单栏中选择“插入”→“曲线”→“圆弧/圆”命令，或单击曲线工具条中 按钮，系统会弹出如图2-2所示的“圆弧/圆”对话框。选择不同类型的绘制方法所需要输入的构建条件也不同，绘制时可动态地预览圆弧/圆的绘制，按对话框下方的“确定”按钮即完成其绘制。

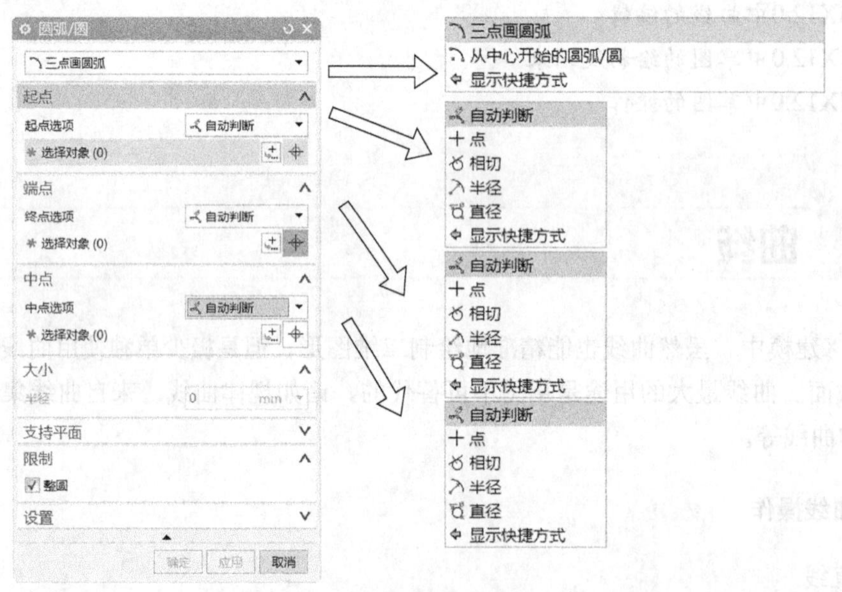

图 2-2 “圆弧/圆”对话框

3. 基本曲线

在菜单栏中选择“插入”→“曲线”→“基本曲线（原有）”命令，将弹出“基本曲线”对话框，如图2-3所示。利用基本曲线可以独立绘制直线、圆弧、圆，还可以对曲线进行倒圆角、修剪等操作。基本曲线的绘制与前面所述曲线绘制方法不同，主要操作见引导实例2-1。

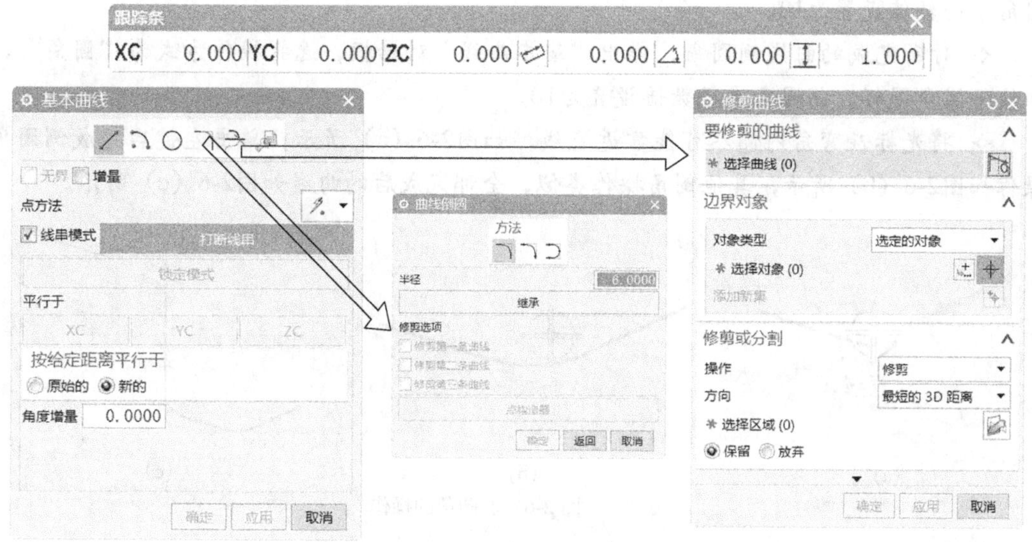

图 2-3 “基本曲线”对话框

◆ 引导实例2-1

创建如图2-4所示的空间曲线，各点的坐标分别为（0,0,0）、（50,0,0）、（50,50,0）、（50,50,100）、（100,50,100）、（100,100,100），所有拐角圆角半径都是10。

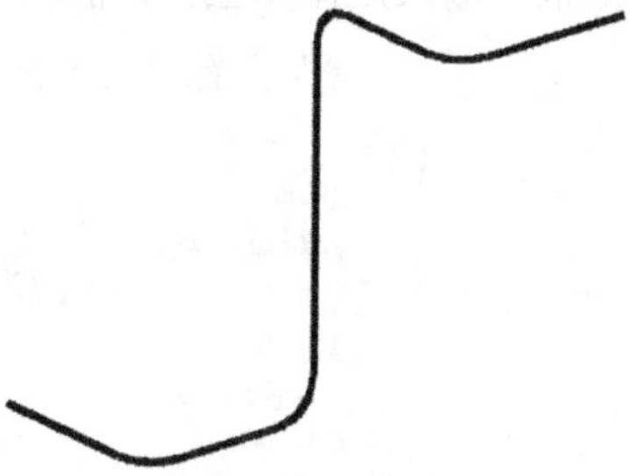

图 2-4 空间曲线

〖操作步骤〗

✧ 在菜单栏中选择“插入”→“曲线”→“基本曲线（原有）”命令，系统将打开“基本曲线”对话框，如图2-5（a）所示。

✧ 选择“直线”，选中“线串模式”，点方法选择“点构造器”选项，打开“点”输入对话框，如图2-5（b）所示。依次输入相应的坐标值，每次输入完成后要单击“确定”按钮，结果如图2-5（c）所示。

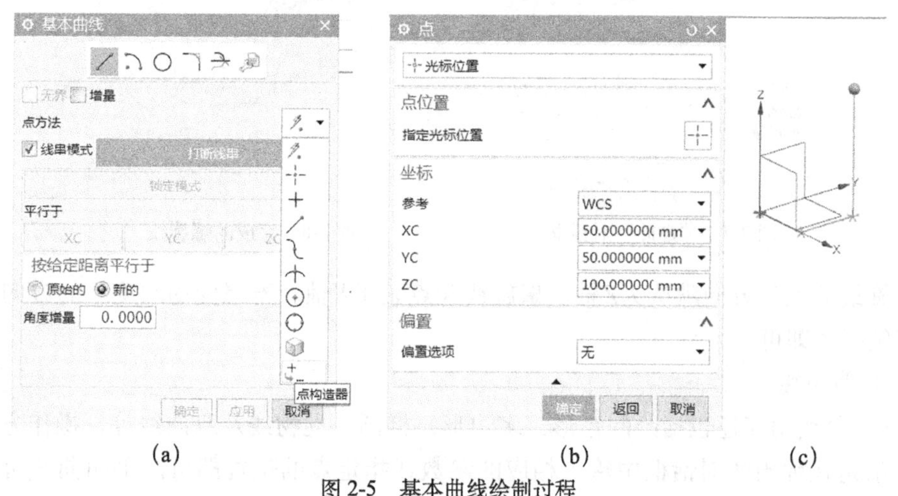

(a) (b) (c)

图 2-5 基本曲线绘制过程

✧ 对所完成的曲线倒圆角，在“基本曲线”对话框中选择操作方式为“圆角”，将圆角半径数值设置为10。

✧ 对所完成的曲线倒圆角，弹出“基本曲线”对话框，选择操作方式为“圆角”，即按下圆角图标，将圆角半径数值设置为10。

✧ 将光标在弯角内侧尽可能靠近直线，如图2-6（a）所示，单击左键后完成倒圆角操作如图2-6（b）所示，其他倒角操作类似，全部完成后的曲线如图2-6（c）所示。

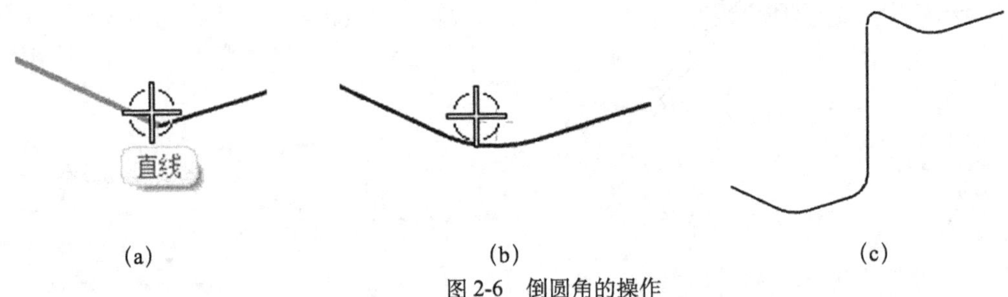

(a)　　(b)　　(c)

图 2-6　倒圆角的操作

4. 螺旋线

螺旋线可以创建具有指定圈数、螺距、弧度、旋转方向和方位的螺旋曲线。在菜单中选择“插入”→“曲线”→“螺旋线”命令，弹出如图2-7所示的“螺旋”对话框。在对话框中输入规律类型、方法和圈数等参数后按“确定”按钮，生成的螺旋线如图2-8所示。

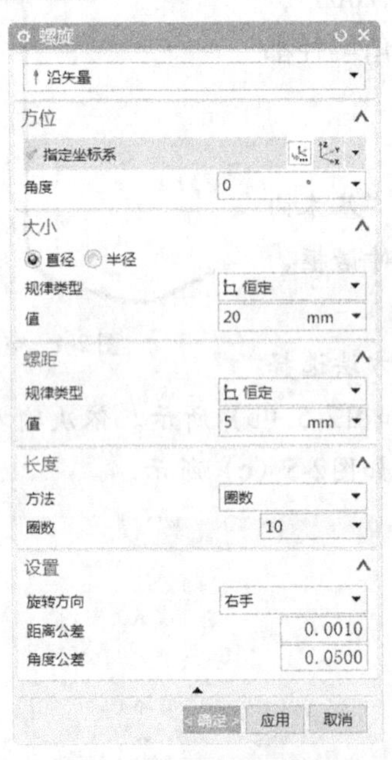

图 2-7　“螺旋”对话框

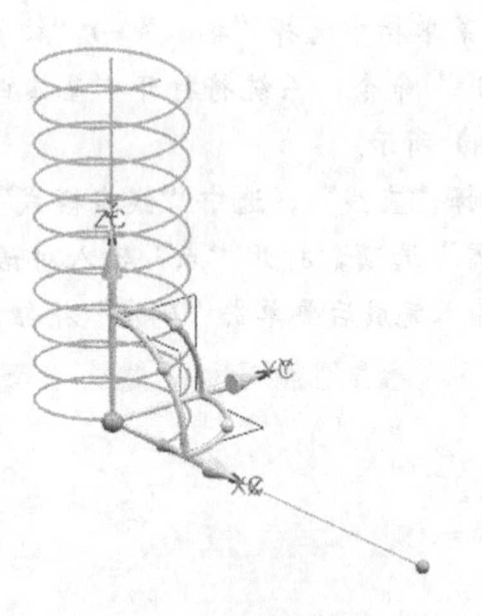

图 2-8　完成的螺旋线

螺旋线的生长方向默认为Z轴，螺旋线起点始于X轴。若想变动螺旋线的方向只需调整指定坐标系即可。

5. 其他曲线

NX中曲线功能还包括绘制矩形、多边形、椭圆、抛物线及双曲线等，操作方法大同小异，都是在弹出的对话框中输入相应的参数或指定点的位置即可。平面曲线可以选择在指定平面创建并锁定平面。

6. 投影

在菜单中执行“插入”→“派生曲线”→“投影”命令，弹出“投影曲线”对话框，如图2-9所示。

图 2-9 “投影曲线”对话框

◆ 引导实例 2-2

将长方板一侧的五边形凸台轮廓线投影至长方板的另一侧。

〖操作步骤〗

✧ 创建长为60、宽为60、高为25的长方板，再创建边长为20的五边形凸台，如图2-10所示。

✧ 选择“插入”→“派生曲线”→“投影”命令，系统弹出如图2-9所示的“投影曲线”对话框。

✧ 在投影曲线对话框中“选择对象”为五边形的边，“指定平面”为五边形凸台所在面的对面，“投影方向”为沿面的法向，即垂直于所选择的面的方向。

✧ 在设置选项中选中关联项，单击“确定”按钮后，完成五边形的投影，结果如图2-11所示。

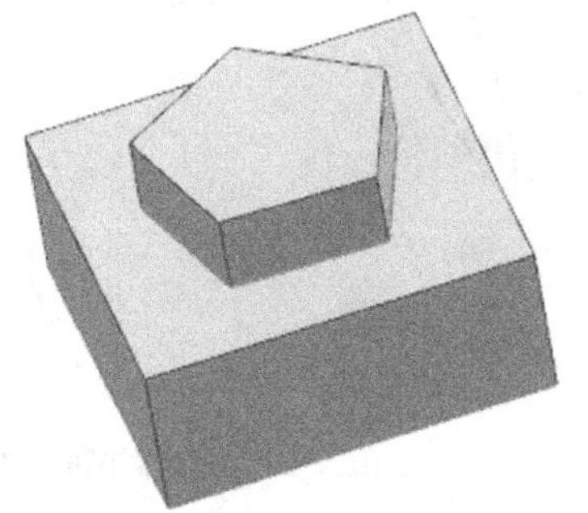

图 2-10 三维模型

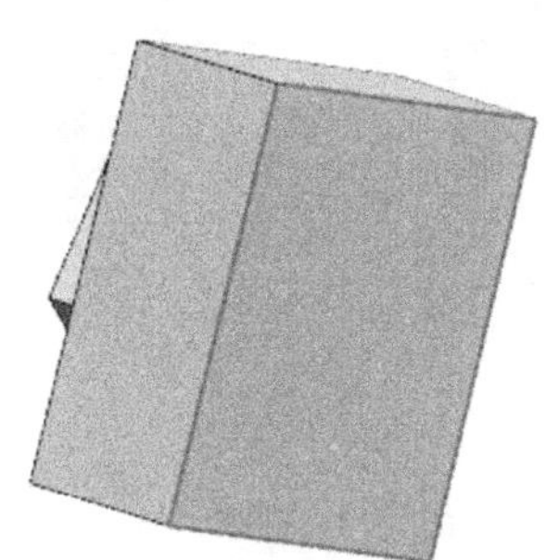

图 2-11 完成的五边形投影

7. 镜像

通过镜像平面基于曲线创建镜像曲线。选择“插入”→“派生曲线”→“镜像”命令，系统弹出“镜像曲线”对话框，如图2-12所示。

图 2-12 “镜像曲线”对话框

◆ 引导实例2-3

对长半轴为150、短半轴为75的椭圆进行镜像。

〖操作步骤〗

✧ 创建长半轴为150、短半轴为75的椭圆，如图2-13所示。

✧ 在菜单中执行“插入”→“派生曲线”→“镜像”命令，系统弹出如图2-12所示的“镜像曲线”对话框。

✧ 在镜像曲线对话框中“选择曲线”为椭圆的边，“镜像平面”为现有平面（也可以创建一个新的平面），在“设置”选项中选中关联项。

✧ 单击“确定”按钮后完成椭圆曲线的镜像，如图2-14所示。

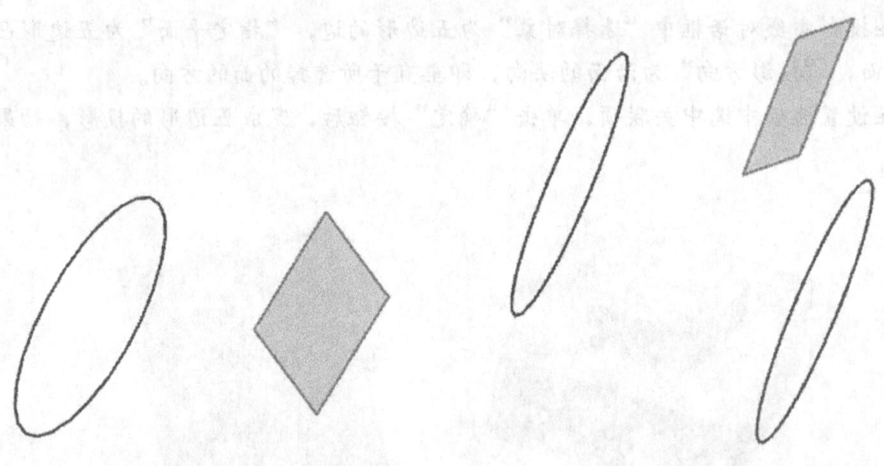

图 2-13 椭圆　　　　图 2-14 完成椭圆的镜像

8. 相交

创建两个对象集之间的相交曲线。相交曲线是有关联的，它会根据定义对象的变化而变化。选择“插入”→“派生曲线”→“相交”命令，弹出“相交曲线”对话框，如

图2-15所示。

图 2-15 “相交曲线”对话框

◆ 引导实例2-4

创建底面直径为30、高为60的圆锥与平面的相交曲线特征。

〖操作步骤〗

✧ 创建底面直径为30、高为60的圆锥和与其相交的平面，如图2-16所示。

✧ 在菜单中选择“插入”→“派生曲线”→“相交”命令，系统弹出如图2-15所示的“相交曲线”对话框。

✧ 在第1组选择面选定圆锥面，第2组选择面选择图2-17中显示的平面，单击“确定”按钮，完成相交曲线特征的创建，如图2-17所示。

图 2-16 圆锥与平面

图 2-17 完成相交曲线特征的创建

9. 缠绕/展开曲线

将平面上的曲线缠绕到可展开面上，或者将可展开面上的曲线展开到平面上。在菜单中选择“插入”→“派生曲线”→“缠绕/展开曲线”命令，弹出“缠绕/展开曲线”对话框，如图2-18所示。

图 2-18 “缠绕/展开曲线”对话框

◆ 引导实例2-5

如图2-19所示，将直线缠绕到圆柱面上。

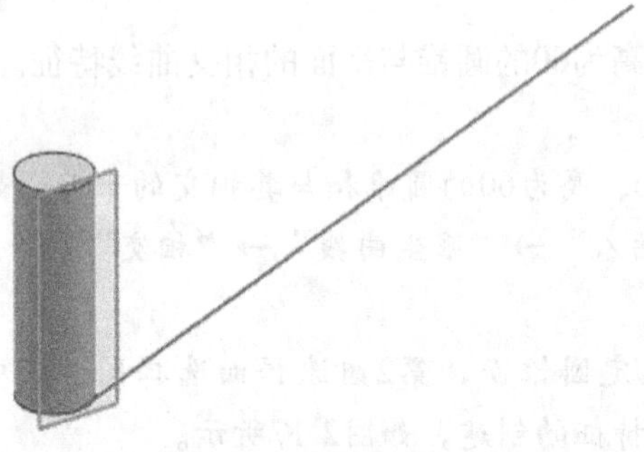

图 2-19 曲线缠绕

〖操作步骤〗

✧ 在菜单中选择“插入”→“派生曲线”→“缠绕/展开曲线”命令，弹出“缠绕/展开曲线”对话框，如图2-18所示。

✧ “曲线或点”选择要缠绕的直线，“面”选择圆柱面，最后一项选择与圆柱面相切（直线位于该平面上）的基准面。

✧ 完成后如图2-20 (a) 所示，将原曲线隐藏如图2-20 (b) 所示。

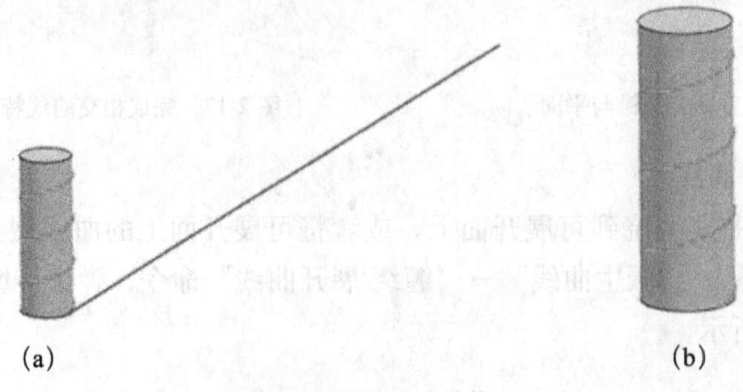

图 2-20 曲线完成缠绕

2.1.2 曲线的编辑

在菜单中选择“编辑”→“曲线”级联菜单，如图2-21所示，或选择“编辑曲线”工具条，如图2-22所示。

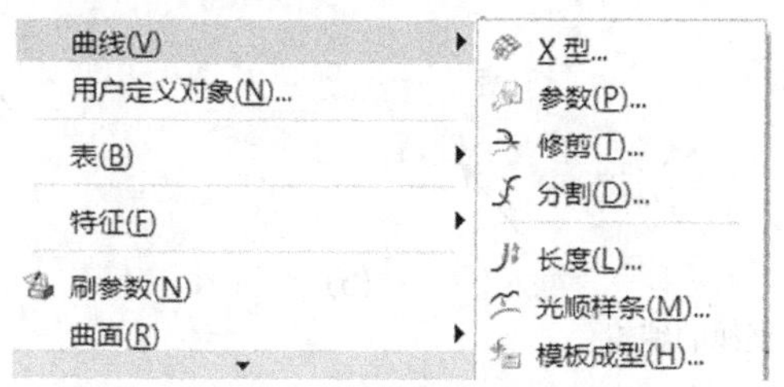

图 2-21 编辑曲线级联菜单

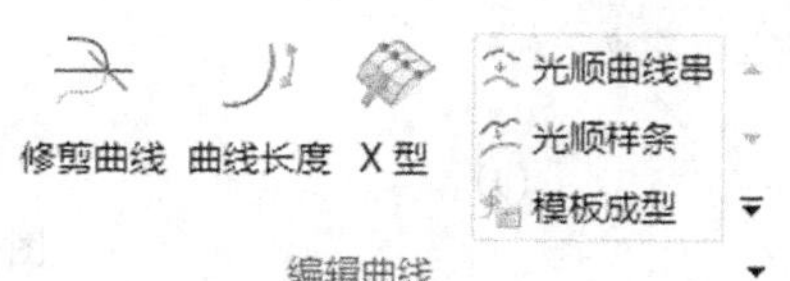

图 2-22 “编辑曲线”工具条

1. 参数

曲线参数可以编辑多数类型的曲线和点的参数。当选择不同类型的特征时系统则会弹出相对应的对话框。在菜单栏中选择“编辑”→“曲线”→“参数”命令，弹出“编辑曲线参数”对话框，如图2-23所示。

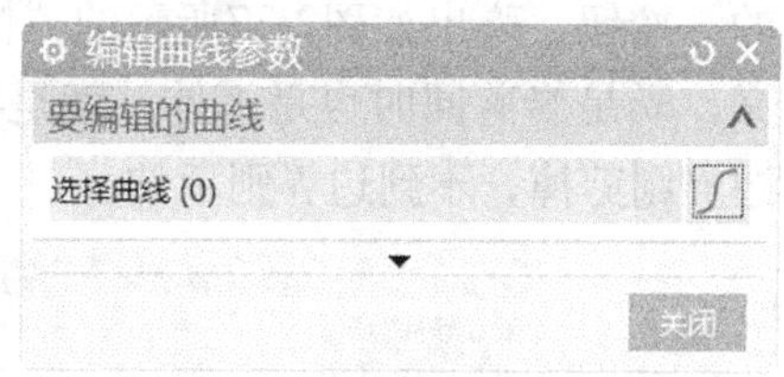

图 2-23 “编辑曲线参数”对话框

◆ 引导实例2-6

创建底面直径为20mm、高为40mm的圆锥与平面的相交曲线特征。

〖操作步骤〗

✧ 创建如图2-24所示的直线。

✧ 在菜单中选择“编辑”→“曲线”→“参数”命令，系统弹出如图2-23所示的“编辑曲线参数”对话框。

✧ 选择图2-24所示的直线，系统弹出如图2-25所示的“直线”对话框。

图 2-24 直线

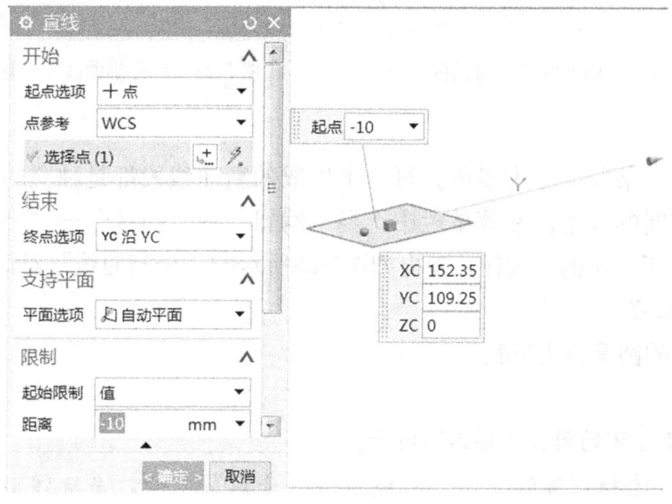

图 2-25 “直线”对话框

✧ 选择并拖动图2-26（a）箭头所指的端点可以改变直线在平面内的位置，选择并拖动图2-26（b）箭头所指的端点可以改变直线的长度；或者在图2-25直线对话框中编辑直线的参数也可实现直线位置与长度的改变。

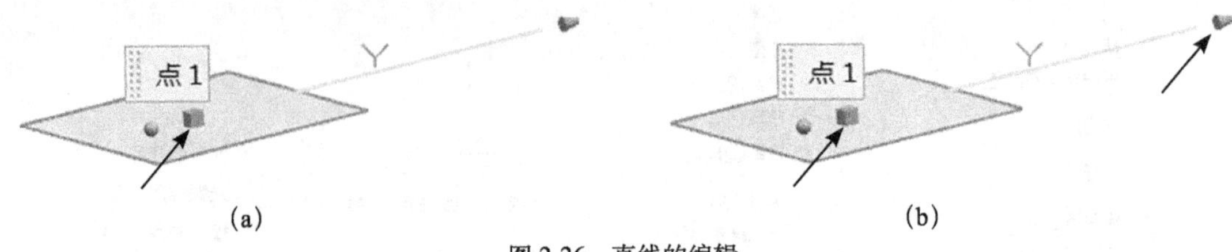

图 2-26　直线的编辑

2. 修剪

在菜单栏中选择“编辑”→“曲线”→“修剪”命令，或单击“编辑曲线”工具条的按钮，弹出如图2-27所示的“修剪曲线”对话框。NX中的修剪操作其实包含两层含义，既是修剪同时也是延伸，就是将要修剪的线段“搭接”到选择的边界对象上，超出边界则剪掉，不到边界则延伸。

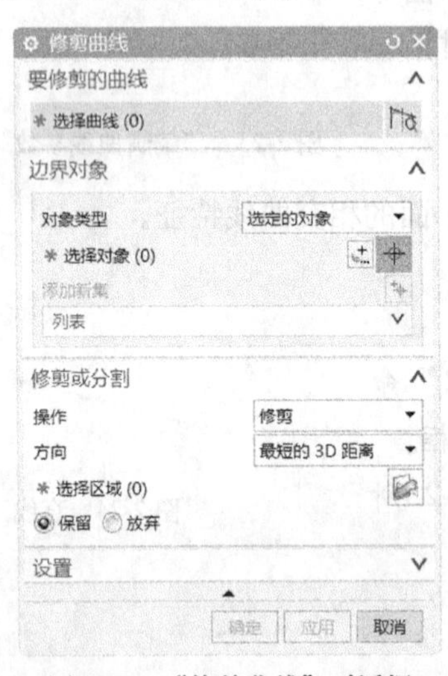

图 2-27　“修剪曲线”对话框

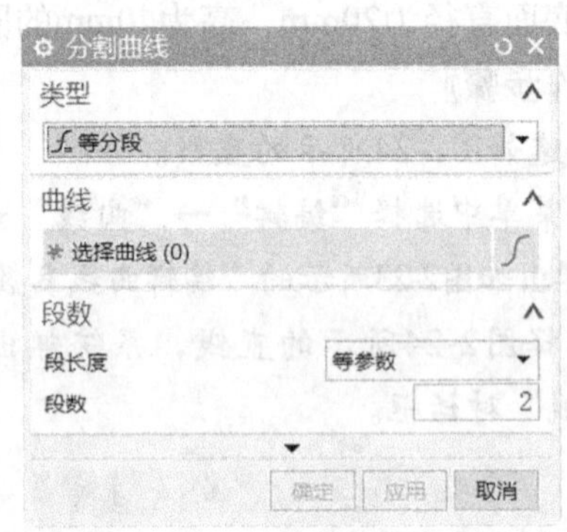

图 2-28　“分割曲线”对话框

3. 分割

分割即是将一条曲线分为多段。每一个生成的新曲线段都是独立的实体，并且与原先的曲线具有相同的线型。在菜单栏中选择“编辑”→“曲线”→“分割”命令，或单击“编辑曲线”工具条的按钮，弹出如图2-28所示的“分割曲线”对话框。

◆ 引导实例2-7

将半径为50的圆等分为6份。

〖操作步骤〗

✧ 创建半径为50的圆，如图2-29所示。

✧ 在菜单中选择“编辑”→“曲线”→“分割”命令，系统弹出如图2-28所示的“分割曲线”对话框。

✧ 选择分割曲线对话框中“类型”为等分段，“选择曲线”为图2-29所示的圆，选择“段长度”为等弧长，选择“段数”为6，如图2-30所示。

✧ 单击“确定”按钮后完成圆的分割，应用“直线”命令连接分割完成的各个端点，如图2-31所示。

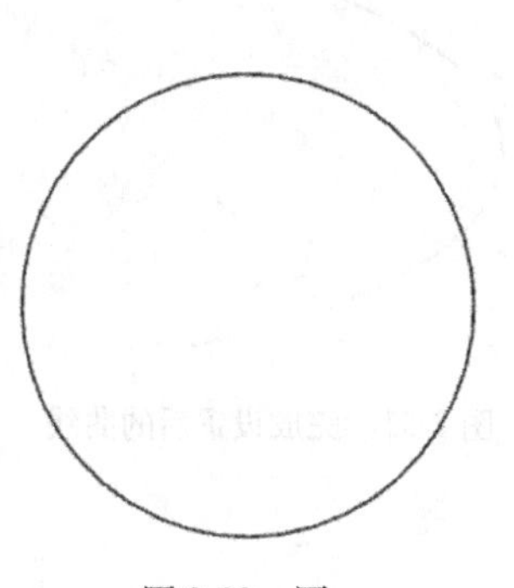

图 2-29 圆

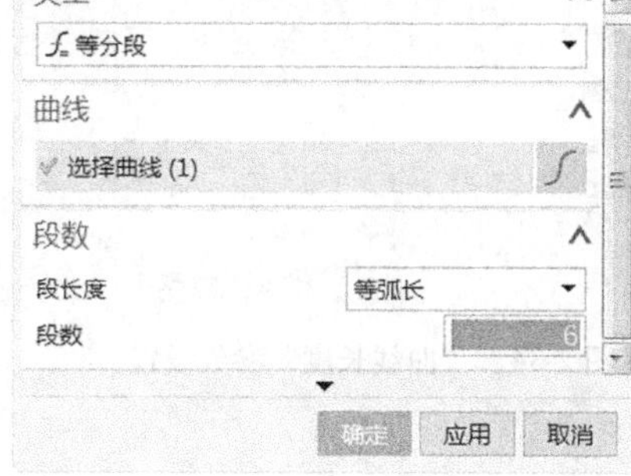

图 2-30 “分割曲线”对话框参数的设置

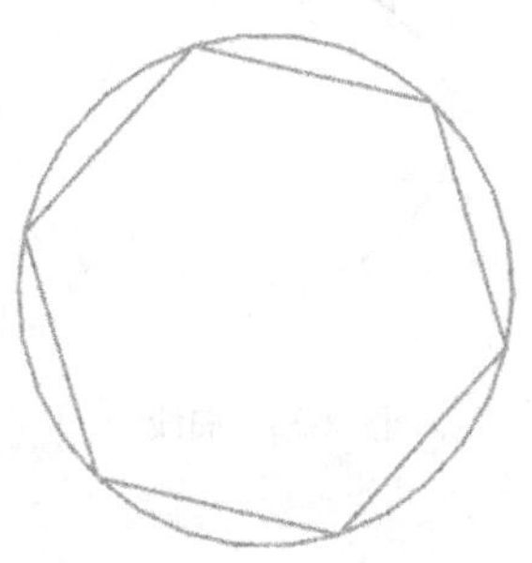

图 2-31 直线连接图示

4. 长度

在曲线的每一端延长或缩短一段长度，或使其达到某一曲线总长。在菜单中执行“编辑”→“曲线”→“长度”命令，或单击编辑曲线工具栏中的按钮，弹出如图2-32所示的“曲线长度”对话框。

图 2-32 “曲线长度”对话框

◆ 引导实例2-8

延伸如图2-33所示的曲线。

〖操作步骤〗

✧ 创建如图2-33所示的曲线。

✧ 在菜单中执行“编辑”→“曲线”→“长度”命令，系统弹出如图2-32所示的“曲线长度”对话框。

✧ 在“曲线长度”对话框中进行如图2-34所示的参数设置，单击“确定”按钮，结果如图2-35所示。

图 2-33 曲线

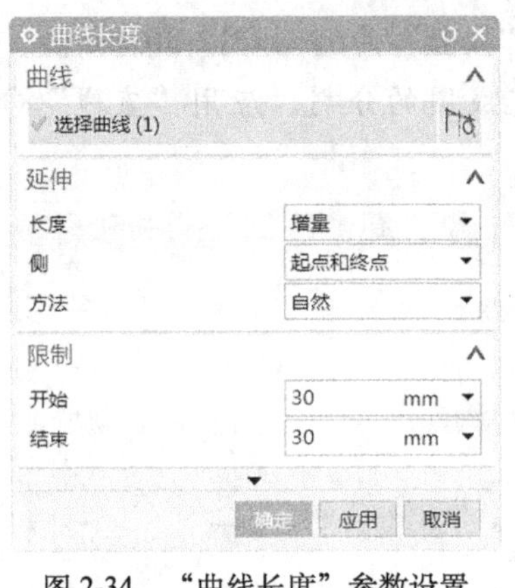

图 2-34 "曲线长度"参数设置

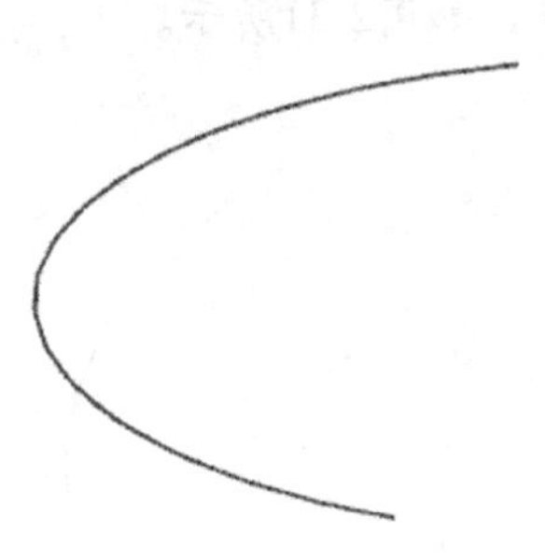
图 2-35 完成设置后的曲线

2.2 草图

NX12.0具有使用十分便捷且功能强大的草图绘制工具。其灵活的绘制方法、完善的几何约束和尺寸约束手段，使用户能高效地绘制出符合自己设计意图的二维图形。二维草图对象需要在某一个指定的平面上绘制，平面可以是坐标平面、创建的基准平面、模型实体的表面等。

NX12.0有"直接草图"和"任务环境中的草图"两种草图方式。"直接草图"是在三维视角下的二维操作，"任务环境中的草图"是完全二维草图模式。两者本质的区别是"直接草图"在编辑草图时模型不按建模"时序"倒退显示，而"任务环境中的草图"在编辑草图时模型将按照"时序"显示，即发生在草图之后的操作都"看不到"。

无论是"直接草图"还是"任务环境中的草图"，系统都将弹出"创建草图"对话框，如图2-36所示，创建草图由此对话框开始。

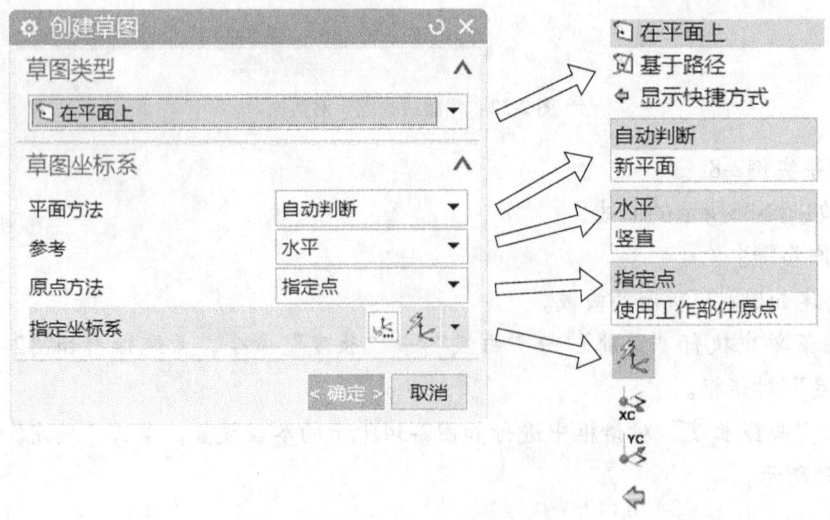

图 2-36 "创建草图"对话框

2.2.1 新建草图

◆ 引导实例2-9

在X-Y坐标平面上新建任务环境下的草图，草图在21层创建。

〖操作步骤〗

✧ 在图层窗口输入21并按回车键，将21层作为工作图层。在图层对话框中选中61层，使61层可选。

✧ 在菜单中选择“插入”→“任务环境中的草图”命令，弹出“创建草图”对话框（参见图2-36），确认对话框中“草图类型”选项是“在平面上”，“平面方法”选择列表为“自动判断”，“参考”后选择列表为“水平”，如图2-37（a）所示，按鼠标左键选择后如图2-37（b）所示，其中三个金黄色坐标为草图坐标，在对话框中按“确定”按钮，完成“任务环境中的草图”的创建，如图2-37（c）所示。

说明

如图2-37（b）所示，金黄色坐标是处于可编辑状态的草图坐标，*Z*坐标是草图平面的法矢量，可以在“创建草图”对话框中的“平面方法”选项里对其进行反向操作。*X*或*Y*坐标是草图所在的平面，可以在“创建草图”对话框中的“参考”选项里对其进行方向设置，*X*、*Y*、*Z*三个坐标轴交点的小球自然是草图坐标的原点，可以在“创建草图”对话框中的“原点方法”选项里对其进行设置。合适的原点与方位的选择可简化草图的约束。

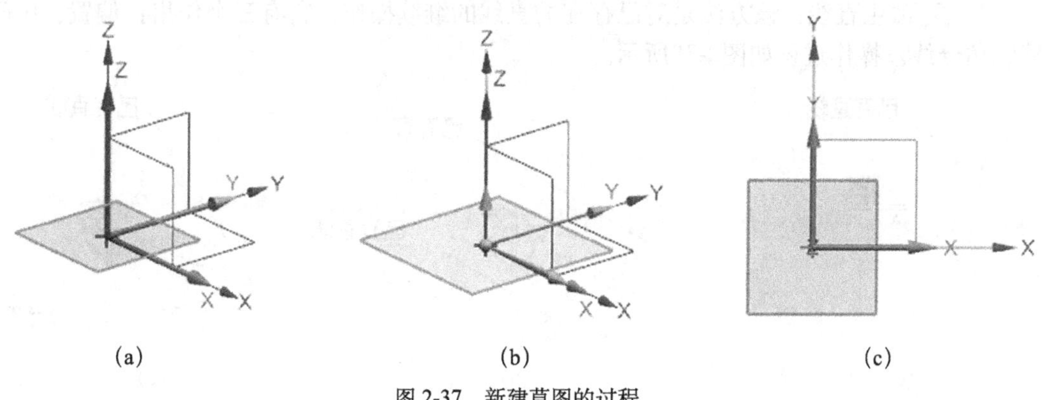

(a)　(b)　(c)

图 2-37　新建草图的过程

2.2.2 草图形状设计工具和约束工具

草图工具包括形状绘制、尺寸约束、几何约束等，草图设计不是“一次成形”，而是逐步完成的。一般的顺序是绘制、几何约束、尺寸约束，但若草图相对复杂，可以边绘制，边约束。下面对草图绘制过程中常见的方法和工具做简要介绍。

1. 动态约束：在画草图时会自动产生部分几何约束，系统对要画的曲线自身或与屏幕上已存在的几何元素可能的约束关系（水平、竖直、相切、平行、垂直……）会提供动态预览，此时在当前的位置单击，则画出的对象按预览显示约束进行约束，动态约束和后施加的几何约束是等效的。若需要锁定某个动态约束，只需在出现动态约束预览时单击中键即可；若要规避某个动态约束，按住Alt键即可，当然也可以放大草图显示，移动光标位置规避。

2. 轮廓：连续画直线或直线接画圆弧。当绘制直线接画圆弧时要注意画圆弧时方向的控制，对于一个端点来说，画圆弧时不同的射出方向靠端点处一个小的象限圆⊗控制，光标从哪个象限引出，则圆弧从哪个象限射出，可以是逆时针方向，也可以是顺时针方向，如图2-38所示。

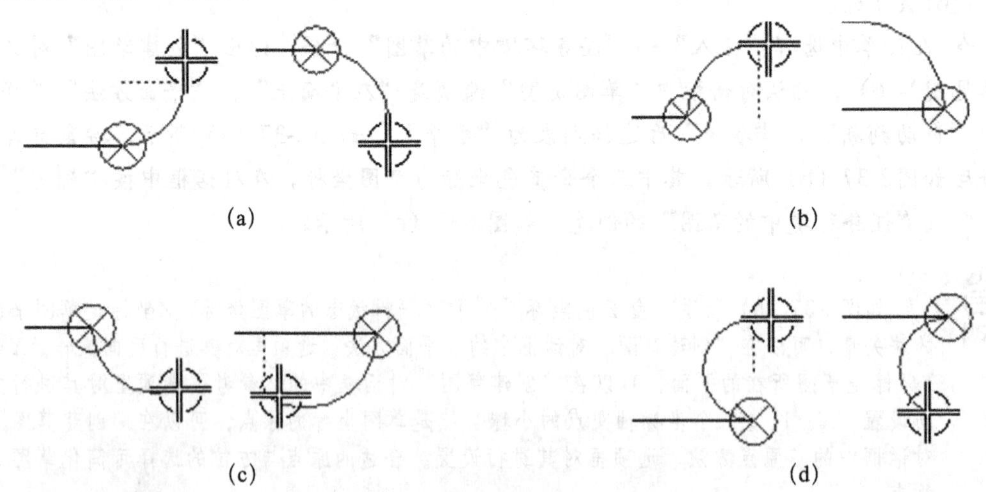

图 2-38　直线接画圆弧时方向的控制

3. 派生直线：该方法是对已存在的直线的继续操作。它有三个作用：偏置、中间线、角分线。操作过程如图2-39所示。

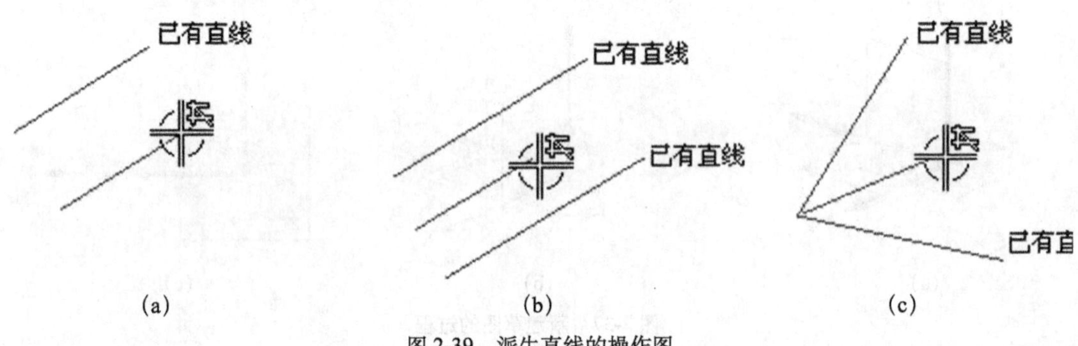

图 2-39　派生直线的操作图

4. 快速修剪：兼具修剪和删除两个作用，选择该操作后，光标变为状，移动该光标到要修剪或删除的对象上，颜色返亮的对象就是要修剪或删除的对象，若认可单击鼠标左键即可，若对多条曲线进行修剪，可以按住鼠标左键并移动画出一个与要裁剪的曲线相交的线段，所有与之相交的曲线都被裁剪到最近的交点上。

5. 快速延伸：选择该操作后，光标变为状，移动该光标到要延伸的对象上，颜色返亮的部分就是延伸后的结果预览，若认可单击鼠标左键即可。若对多条延伸，可以按住左键并移动画出一个与要延伸的曲线相交的线段，所有与之相交的曲线都被延伸到最近的边界上。

6. 倒圆角：选择该操作后分别选中两条直线，通过鼠标的移动调整圆弧半径，预览合适后按鼠标左键完成倒圆角，如图2-40（a）所示。也可以通过按住鼠标左键在两直线上画线的方式对两直线倒圆角，如图2-40（b）所示。注意圆角预览的半径只是显示大小，后续仍需尺寸约束。

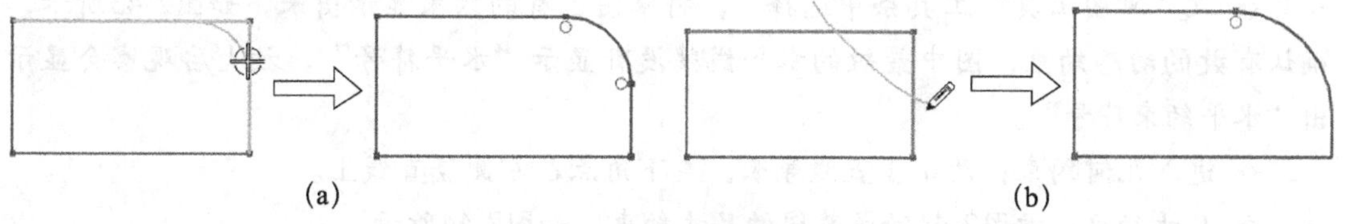

图 2-40　草图倒圆角的操作

◆ 引导实例2-9

以Y-Z面为草图平面，完成如图2-41所示图例的草图，定位情况如图所示，要求完全约束草图。

〖操作步骤〗

✧ 新建草图，在图层21层，选择*Y-Z*面为草图平面，具体操作参见图2-37。

✧ 使用“轮廓”连续绘制草图直线，接受动态约束画一段竖直的线段如图2-42（a）所示，为使后续尺寸约束操作时草图变形尽可能小，可以参考动态显示的尺寸绘制。

✧ 如图2-42（b）、（c）、（d）、（e）所示为使用“轮廓”直线依次绘制，动态约束提供水平及竖直约束时会出现“符号”和“虚线”。其中图2-42（c）、（d）所示的“点线”只是绘图过程的“动态对齐”，并不是约束。

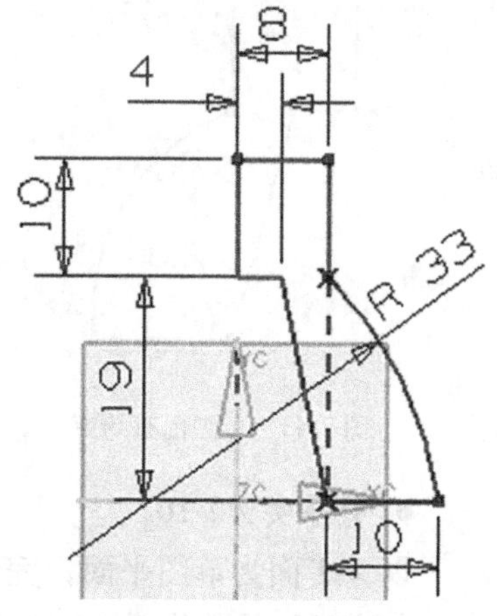

图 2-41　实例2-9的图例

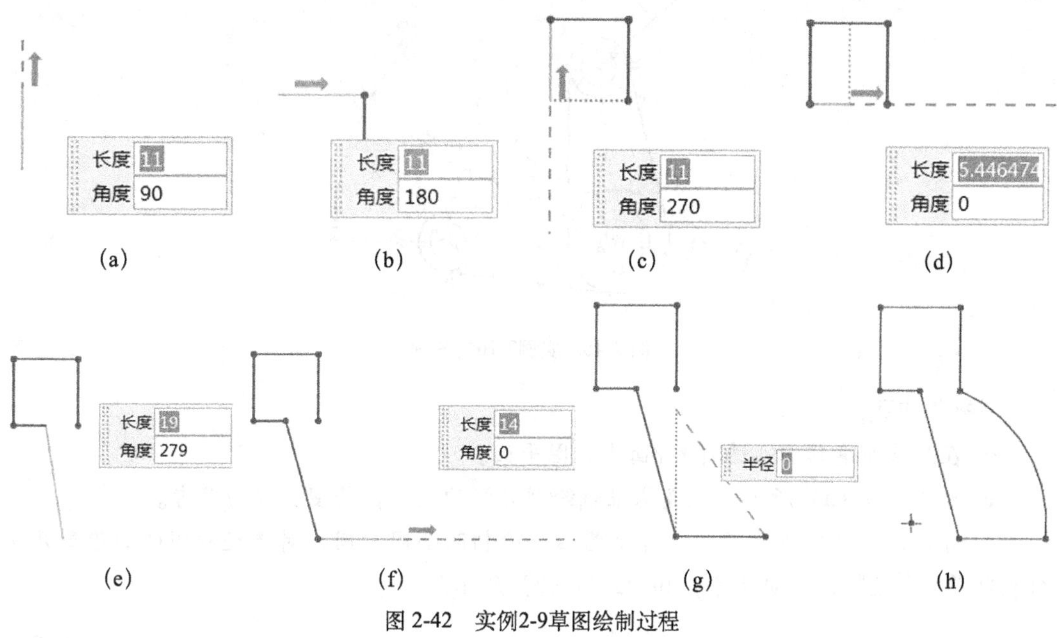

图 2-42　实例2-9草图绘制过程

✧ 单击“草图工具”工具条中的，更改绘图方法为“圆弧”，确认捕捉方式为“端点”，如图2-42（f）所示。依次选择草图中的两个点，完成两个点的选择后如图2-42（g）所示。拖动光标到合适位置，单击鼠标左键后完成绘制，如图2-42（h）所示。

✧ 在“草图工具”工具条中选择，将草图已有的约束显示出来，如图2-43所示，确认有效的动态约束，图中最短的水平线段没有显示“水平符号”，放大后观察会显示出“水平约束符号”。

✧ 进入几何约束：两条竖直线等长、左下角点在右侧竖直线上。

✧ 尺寸约束：按图2-41完成草图的尺寸约束，如图2-44所示。

✧ 草图定位：草图右下角点与原点重合，如图2-45所示。

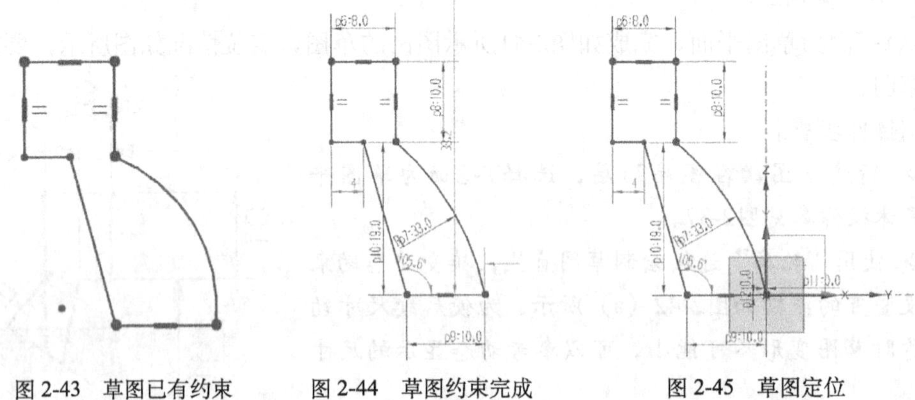

图 2-43　草图已有约束　　图 2-44　草图约束完成　　图 2-45　草图定位

● 引导实例2-10

以*X-Y*面为草图平面，完成如图2-46所示的草图，要求完成草图后，改变半径*R*52或改变角度83°的数值时，草图形状在尺寸驱动下保持结构不变。

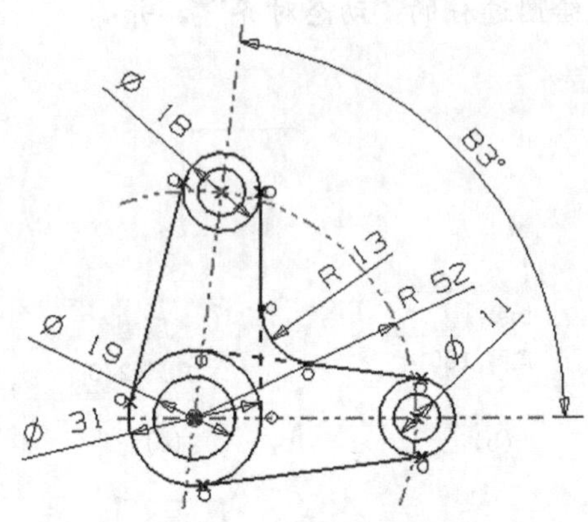

图 2-46　实例2-10的图例

〖操作步骤〗

✧ 在21层新建草图，选择*X-Y*面为草图平面。

✧ 如图2-47（a）所示，完成基准线绘制并驱动尺寸，将图线转为参考。

✧ 分别以三个交点为圆心，各个圆心上绘制两个同心圆，对直径相同的圆设置几何约束为“等半径”，驱动尺寸，如图2-47（b）所示。

✧ 绘制共切线，如图2-47（c）所示，捕捉方式使用“线上的点”。

✧ 对内侧的两条共切线倒圆角，并驱动圆角半径为15，如图2-48（a）所示。

✧ 定位草图，将大圆圆心定位到草图坐标原点，如图2-48（b）所示，使用几何约束的“点重合”，完成后如图2-48（c）所示。

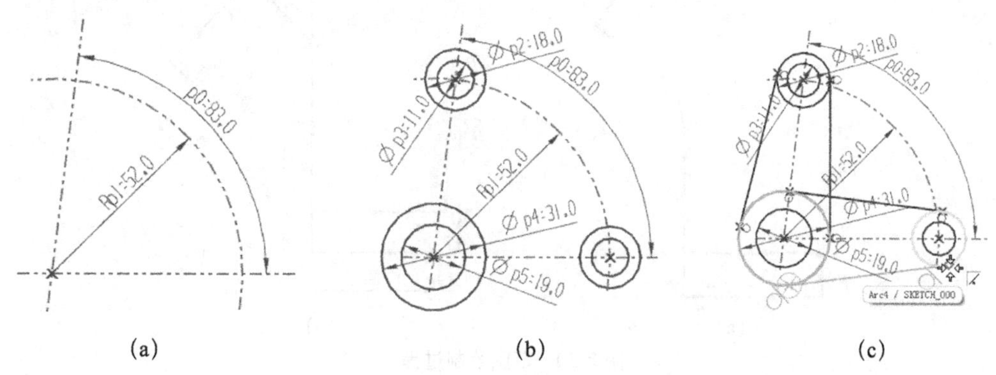

(a) (b) (c)

图 2-47 基准线、圆和共切线的绘制过程

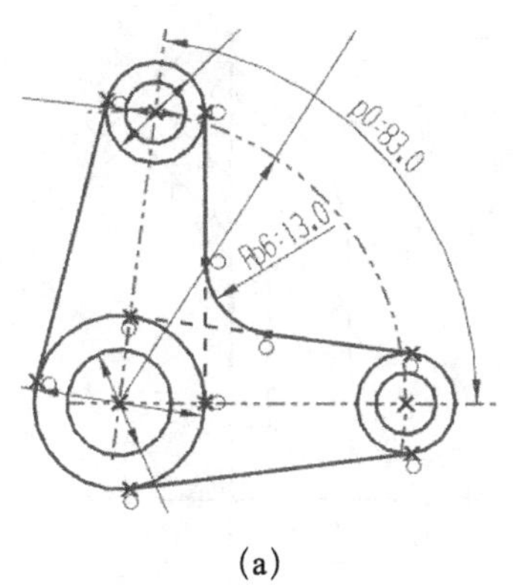

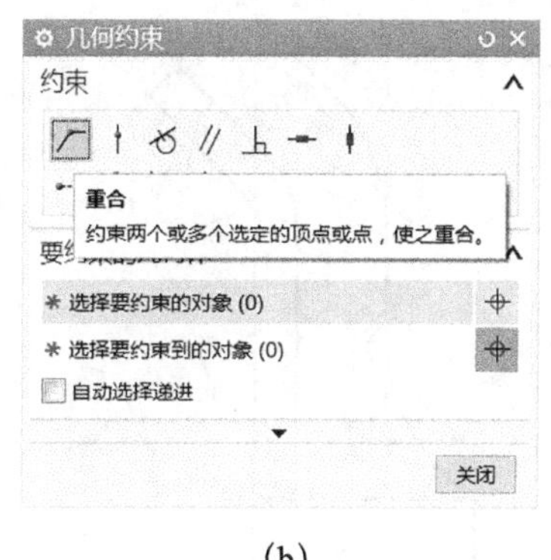

(a) (b) (c)

图 2-48 倒圆角和草图定位

说明

“草图工具”工具条里“轮廓”适合连续画线或接画圆弧，而“直线”适合单独画一条线。对于很多相对复杂的草图，一边绘制一边约束是很好的方法。

◆ 引导实例2-11

以*Y-Z*平面为草图平面，完成如图2-49所示的草图，要求完全约束。

〖操作步骤〗

✧ 在21层新建草图，选择*X-Y*面为草图平面。

✧ 绘制矩形并尺寸约束，即使用“轮廓”线绘制如图2-50（a）所示的直线-圆弧-直线，尺寸约束后如图2-50（b）所示。

✧ 使用“偏置曲线”，如图2-51（a）所示。

✧ 绘制圆弧，“三点画弧”，再尺寸约束，如图2-51（b）所示。

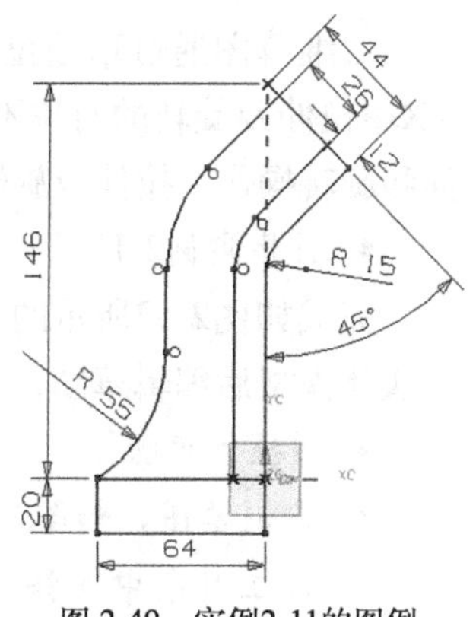

图 2-49 实例2-11的图例

✧ 定位草图，完成后如图2-51（c）所示。

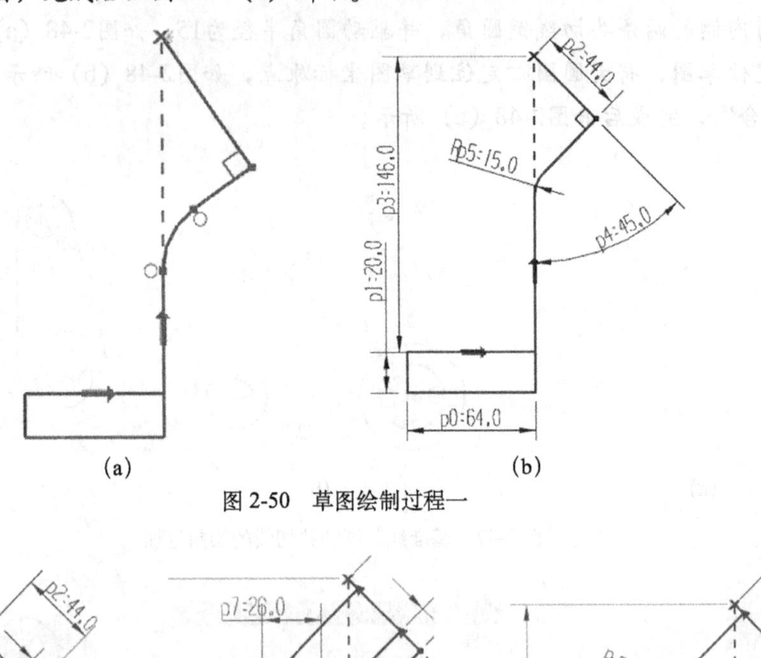

(a)　　　　　　　　　　(b)

图 2-50　草图绘制过程一

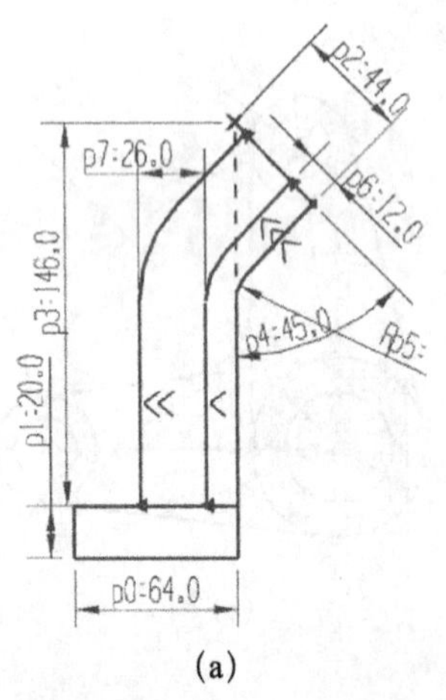

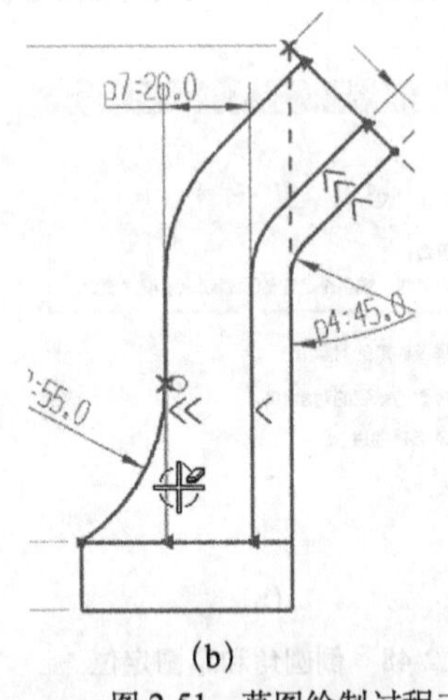

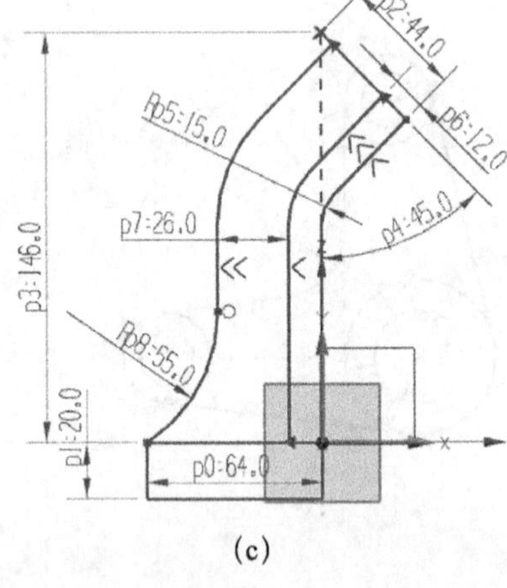

(a)　　　　　　　　　　(b)　　　　　　　　　　(c)

图 2-51　草图绘制过程二

2.3 草图操作

二维草图通过草图拉伸、草图旋转、草图沿引导线扫掠等操作创建三维实体模型。NX中拉伸及旋转的对象不仅可以是草图，曲线及实体的边线等二维对象也都可以进行拉伸和旋转操作。拉伸及旋转操作细节将在后续章节讲述。

◆ 引导实例2-12

完成如图2-52所示的凸块的实体模型，其中凸块高15。完成实体模型后编辑草图，将其中孔的直径改为15。

图 2-52　实例图例

◆ 〖操作步骤〗

✧ 绘制草图，如图2-53（a）所示。

✧ 在工具条中选择按钮，或将光标移动到草图对象上右键单击，在弹出的光标随位菜单中选择“拉伸”选项，如图2-53（b）所示，会打开“拉伸”对话框，如图2-53（c）所示。

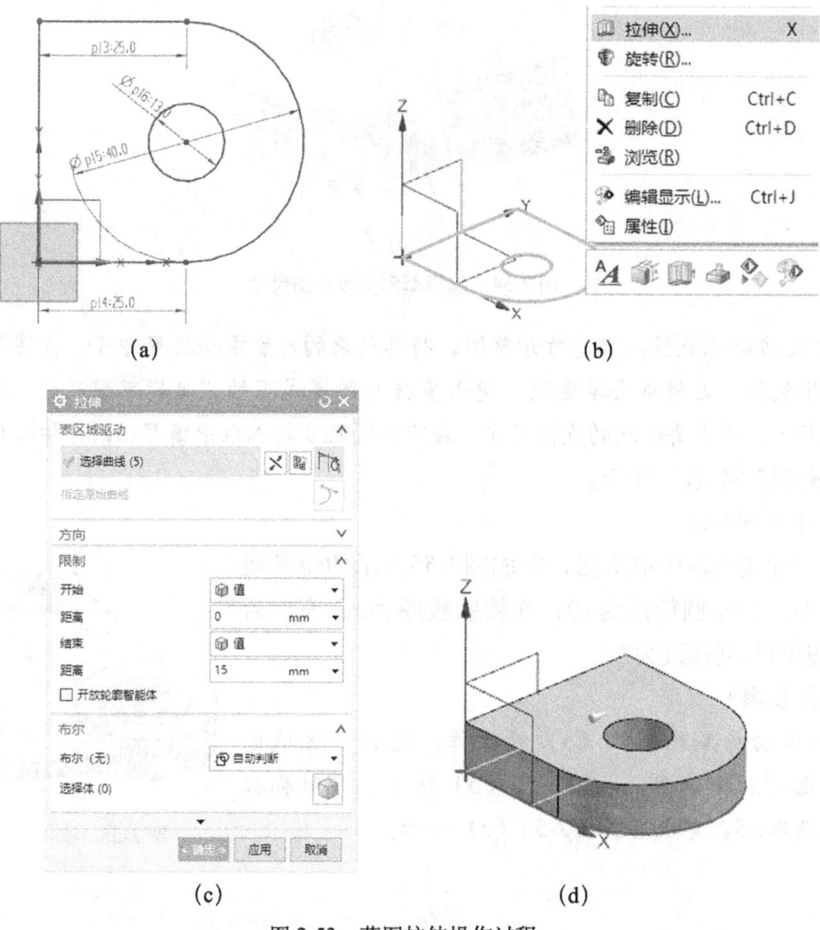

(a)　(b)

(c)　(d)

图 2-53　草图拉伸操作过程

✧ 在对话框中填写拉伸数据，开始为0，即从草图所在的平面开始拉伸，结束距离为15，即沿草图平面法向（此处为Z方向）拉伸高度为15，填写数据后按回车键，可以预览拉伸操作的结果，也可以在对话框下方选中“预览”选项进行预览。

✧ 确认正确后，在对话框中单击“确定”按钮完成拉伸操作，如图2-53（d）所示。

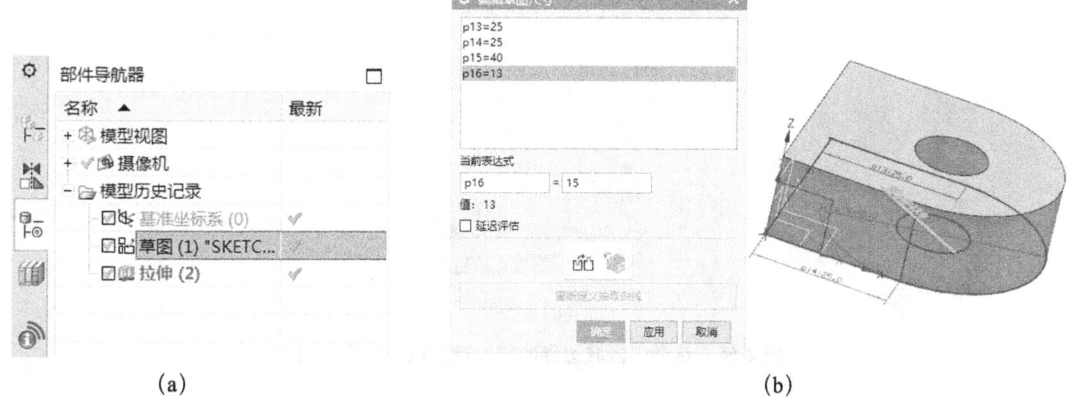

(a)　(b)

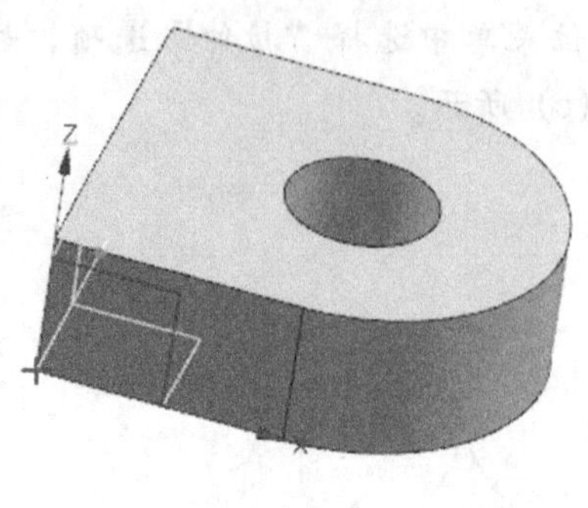

(c)

图 2-54　编辑草图更改草图尺寸

✧ 要改动圆孔直径，只需打开草图，将其约束的尺寸重新设置即可。在图2-54（a）所示的部件导航器中右键单击草图项，进入直接草图模式下的“编辑草图尺寸”界面，如图2-54（b）所示，单击要修改的直径尺寸，在下面的尺寸输入框中填写15，再按Enter键。完成后的模型如图2-54（c）所示。

◆ 引导实例2-13

参照引导实例2-10中草图，完成图2-55所示的角叉架的实体模型，其中圆筒高为10，连接肋板厚为5。完成后将连接肋板的厚度修改为7。

〖操作步骤〗

✧ 拉伸肋板草图2-56（a）的操作：选择“区域边界曲线”选项拉伸草图，如图2-56（b）所示，“对称拉伸”距离设为2.5，完成后如图2-56（c）所示。

图 2-55　实例2-13的图例

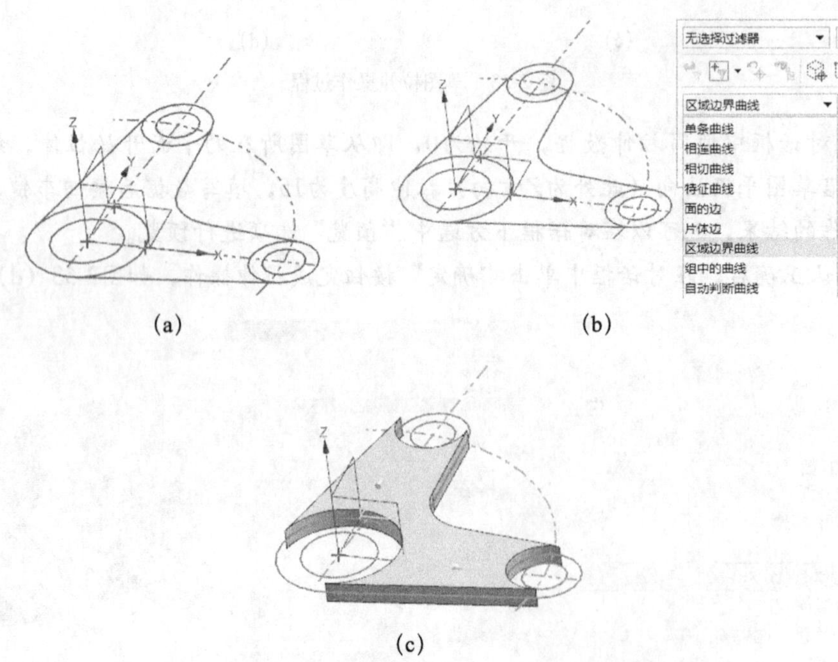

(a)　　(b)

(c)

图 2-56　选择“区域边界曲线”选项拉伸肋板草图

✧ 拉伸三个圆筒草图：如图2-57（a）和图2-57（b）所示，三个圆筒的拉伸操作要和肋板进行布尔求和。完成后如图2-57（c）所示。

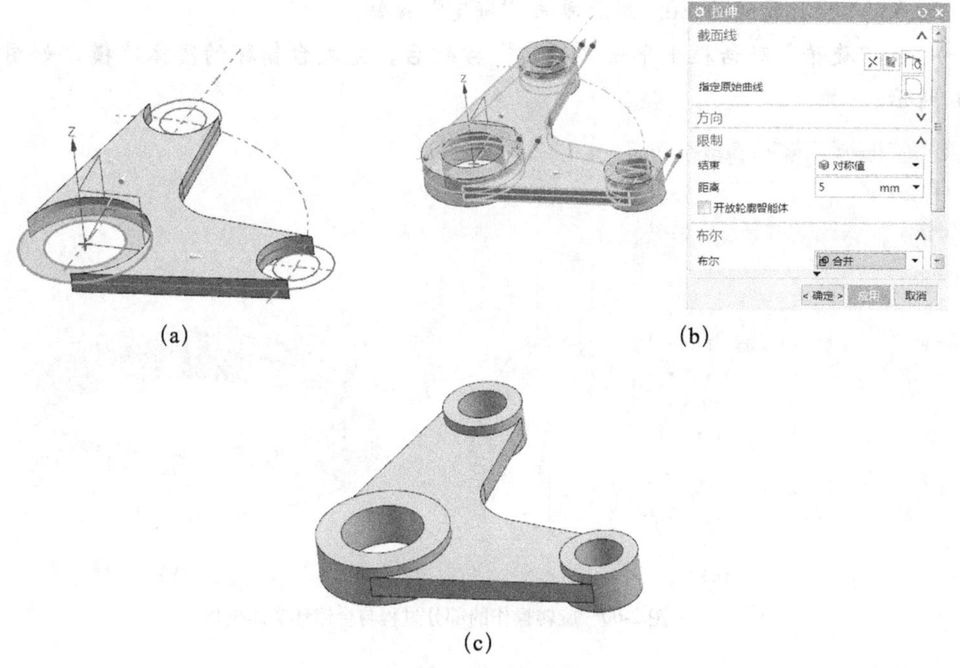

(a)　　(b)

(c)

图 2-57　角叉架拉伸及布尔求和的过程

◆ 引导实例2-14

参照引导实例2-9中的草图，完成图2-58所示的台钳环的实体建模，其中台钳环内孔直径为160。

〖操作步骤〗

✧ 设置当前图层为1层，选择“旋转”操作，打开“旋转”对话框，如图2-59所示。在此对话框中“选择曲线(0)”处，选择草图曲线。

图 2-58　实例2-14的图例

图 2-59　“旋转”对话框

✧ 在“轴”项中通过“指定矢量”和“指定点”确定选择轴，矢量选择Z方向，点的确定选择进入“点对话框”，如图2-60（a）所示。通过图中坐标设置实现内孔直径为160，则点的Y坐标需设为-80。然后单击“确定”按钮。

✧ 在“旋转”对话框中单击“确定”按钮后，完成台钳环的实体建模，如图2-60（b）所示。

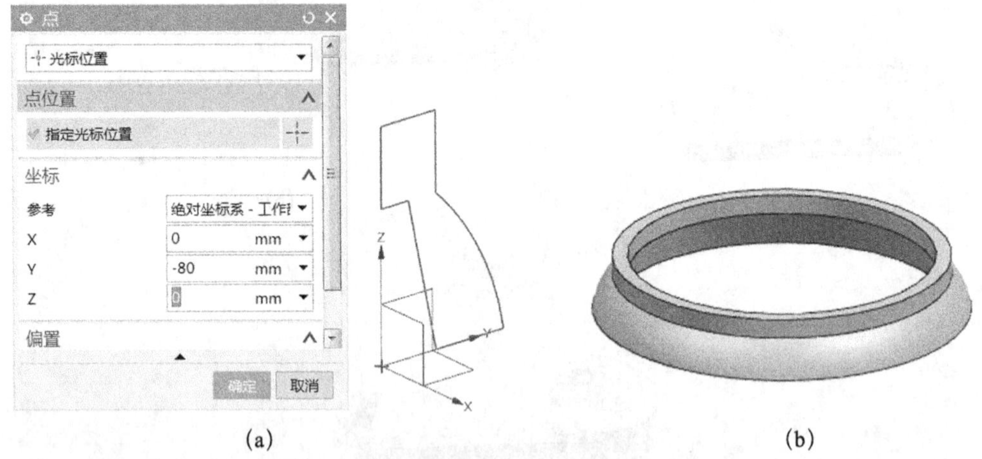

(a) (b)

图2-60 旋转操作的部分过程与台钳环实体模型

◆ 引导实例2-15

完成如图2-61所示的斜圆柱滑板的建模，尺寸参照图示自定义。

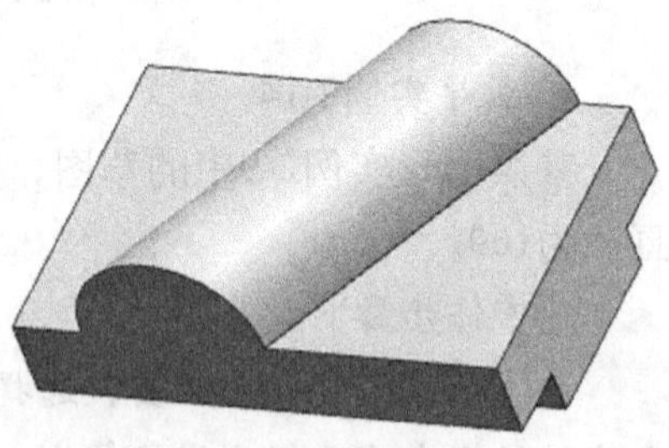

图2-61 斜圆柱滑板

〖操作步骤〗

✧ 在ZC-XC平面创建草图，拉伸长度为100，如图2-62所示。

✧ 实体前端面为草图平面，创建如图2-63所示的草图。

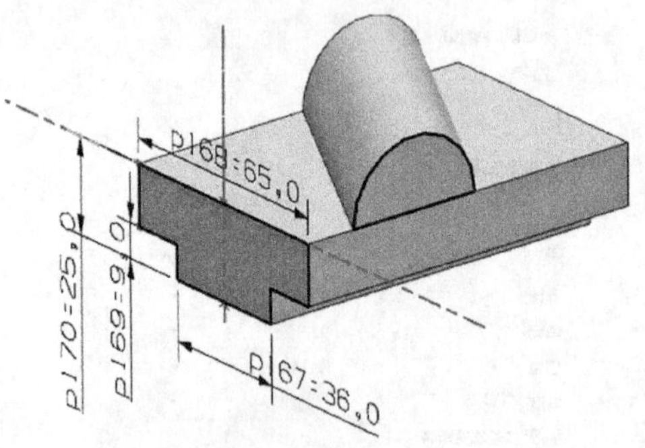

图2-62 草图尺寸及拉伸后实体

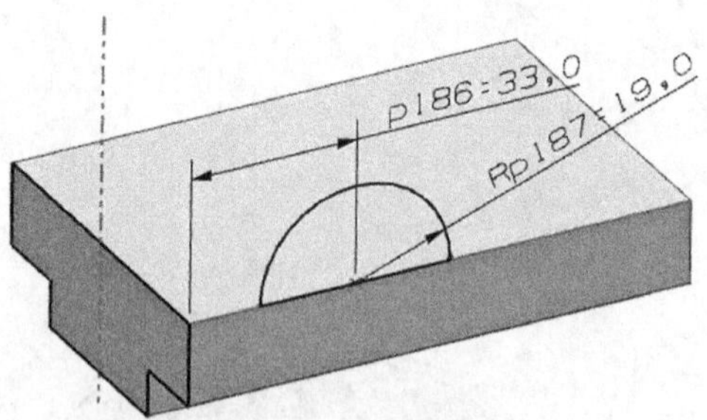

图2-63 在实体前端面创建半圆草图

✧ 拉伸草图。由图2-61所示的模型可见拉伸非“正交拉伸”，所以在拉伸对话框的“指定矢量”项中单击“矢量对话框”构建拉伸矢量。

✧ 选择图2-64所示的“与XC成一定角度”选项，并在下面“角度”项中输入

-30°，单击“确定”按钮后回到拉伸对话框。

✧ 拉伸结束选择“直到延伸部分”项，选择实体后端面（即要延伸到的对象）预览，如图2-65所示。

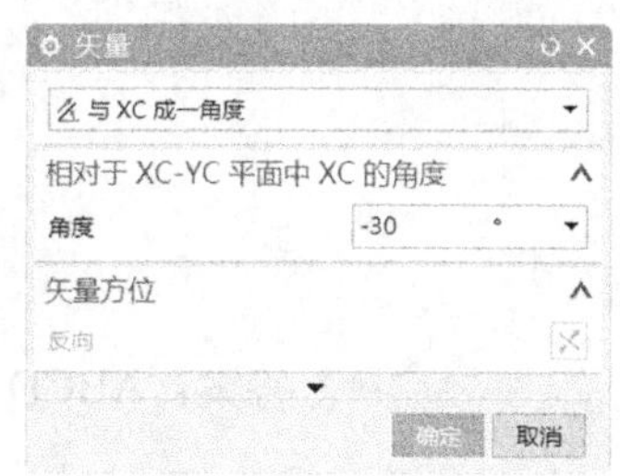

图 2-64 设置拉伸矢量

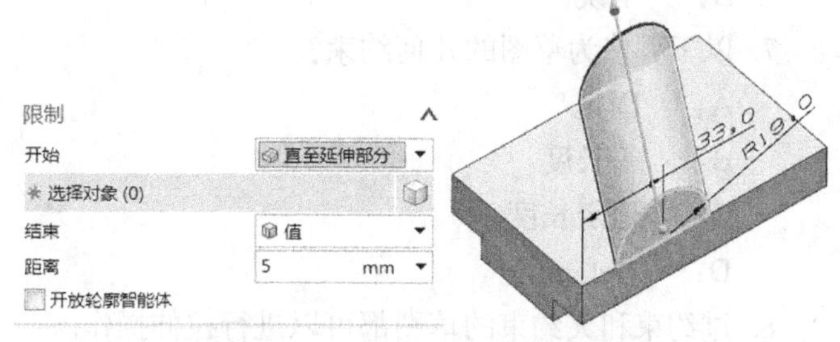

图 2-65 “直至延伸部分”的拉伸

2.4 思考与练习

1. 在空间创建直线时，缺省情况下，直线将建立在哪个平面上？
   A：XC-YC
   B：YC-ZC
   C：XC-ZC
   D：任意平面　　答案：A
2. 一个草图可能处于约束状态，约束状态有哪三个？
   A：完全约束状态
   B：欠约束状态
   C：过约束状态
   D：无约束状态　　答案：ABC
3. 沿引导线扫略时，引导线串必须为连续相切的曲线。
   A：正确
   B：错误　　答案：A
4. 在草图绘制过程中不小心旋转了草图，使用哪个命令可以恢复草图到正常方位？
   A：单击F12键
   B：定向视图到草图
   C：定向视图到模型
   D：重新附着　　答案：B
5. 在未添加任何约束的草图中，一个圆有几个自由度？
   A：3
   B：2
   C：1

D：　4　　答案：A

6. 在草图约束时，“等长度”属于尺寸约束。

A：　正确

B：　错误　　答案：B

7. 以下哪些为草图的几何约束？

A：　固定

B：　等长度

C：　恒定长度

D：　同心的　　答案：ABCD

8. 过约束和欠约束的草图都可以进行拉伸操作。

A：　正确

B：　错误　　答案：A

9. 创建草图时，可以基于（　　）定义草图平面和草图方位。

A：　平面上

B：　路径上

C：　曲面上

D：　片体上　　答案：AB

10. 利用（　　）工具，可以将二维曲线、实体或片体的边按草图平面的法向方向进行投影，将其变为草图曲线。

A：　投影曲线

B：　添加现有曲线

C：　偏置曲线

D：　镜像曲线　　答案：A

11. 草图有“约束”的概念，可以通过（　　）控制草图的图形。

A：　几何约束

B：　尺寸约束

C：　自动约束

D：　显示约束　　答案：AB

12. 在Y-Z平面创建图2-66所示的草图，要求完全约束。

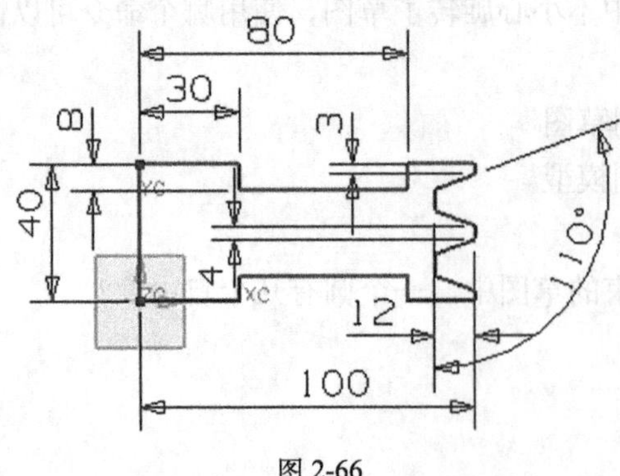

图 2-66

13. 完成图2-67（a）所示的直径为100的曲线圆，要求按正弦规律外偏，最大偏置距离设为10，如图2-67（b）所示。

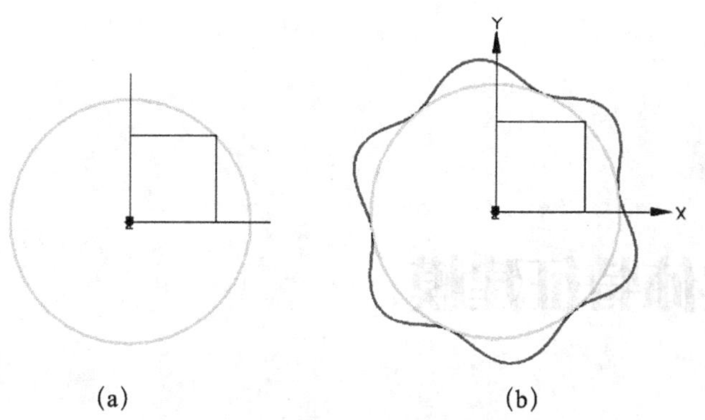

图 2-67　圆曲线的正弦规律偏置

14. 参考引导实例2-12和2-14，完成图2-68所示的台钳环的完整实体模型，其中小耳孔中心到大圆环中心孔距离为110。

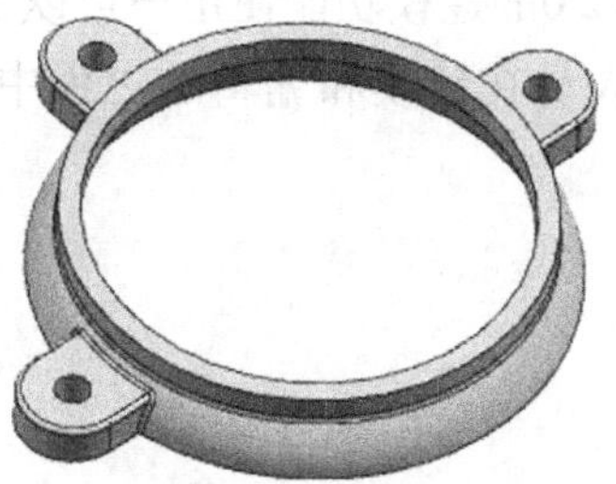

图 2-68　台钳环

15. 完成图2-69所示的轴承座。

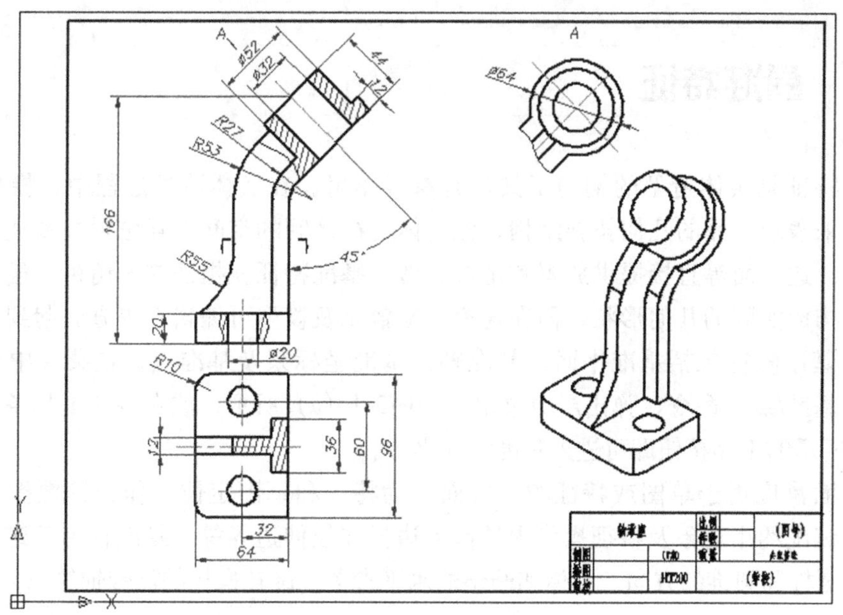

图 2-69　轴承座

第3章 实体特征建模

三维实体特征建模是NX软件的核心功能，实体特征是建模最基础也是最重要的一部分。NX12.0实体特征建模技术是一种基于特征和约束的建模方法，具有交互建立和编辑复杂实体模型的能力。 NX12.0的建模功能使用户可以快速进行概念设计和详细设计，NX12.0提供的新工具使设计人员在建模和编辑的过程中效率更高，所建模型的相关性更好。

本章要点

- 基准特征
- 设计特征
- 水平参考
- 特征的定位

3.1 基准特征

基准特征是实体造型的辅助工具，起参考作用。在实体造型过程中，模型需要由实体特征来表现产品的几何拓扑结构。但实体特征之间的空间相互位置关系往往不能完全由其点、边、面等直接提供放置和定位参考，基准特征就担任这一角色。虽然基准特征不直接构成实际的几何形状，但在建模、参数化及模型可编辑性等方面起到非常重要的作用。基准特征包括基准平面、基准轴、基准坐标系及基准点。在菜单中选择“插入”→“基准/点”命令，弹出层级菜单，如图3-1（a）所示，或在特征工具条中选择图3-1（b）所示的工具按钮即可进入基准特征操作。

基准面常应用于草图或特征的放置面，为特征和草图定位，作为镜像操作的镜像面并作为装配约束对象及特征操作中的修剪边界或拉伸边界等。基准轴用于定义矢量方向，诸如圆柱和圆锥的方向、腔体和凸垫的水平参考、旋转操作的旋转轴等。

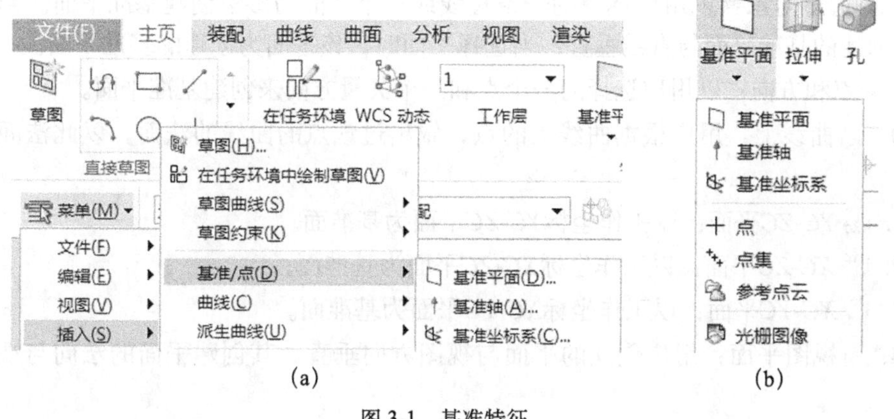

图 3-1 基准特征

3.1.1 基准平面

如图3-1所示，在菜单中选择“插入”→“基准/点”→“基准平面”命令，或单击“特征”工具条中基准面按钮，弹出“基准平面”对话框，如图3-2所示。利用该对话框可以建立相对基准平面。

图 3-2 “基准平面”对话框

1. 自动判断：系统根据用户的选择情况推测出的基准平面，若有多解则按按钮激活，可以在多解中循环选择。

2. 按某一距离：以用户选择的某个参考平面偏置一定距离来创建基准平面。

3. 成一角度：以用户选择的某个参考平面成一定角度来创建基准平面。

4. 二等分：以用户选择的某两个参考平面的中间平面为基准平面。

5. 曲线和点：以用户选择的曲线和点来创建基准平面。

6. 两直线：用户选择两条直线，当两条直线在同一平面内时，则以这两条直线所在的平面为基准平面；当两条直线不在同一平面内时，则基准平面为过第一条指定的直线且和第二条直线平行。

7. 相切：用户选择一个曲面，然后选择该曲面上的一个点、线或平面为参考创建基准平面。

8. 通过对象：以用户选择的一条直线或一个平面为参考创建基准平面。当选择直线时，创建的基准平面与直线垂直；当选择平面时，该平面为创建的基准平面。

9. 点和方向：以用户选择的一个点和一个矢量方向来创建基准平面。

10. 曲线上：用户根据曲线上的点，做出过该点的曲线的法面，以此法面为基准平面。

11. *YC-ZC*平面：以工作坐标*YC-ZC*平面为基准面。

12. *XC-ZC*平面：以工作坐标*XC-ZC*平面为基准面。

13. *XC-YC*平面：以工作坐标*XC-YC*平面为基准面。

14. 视图平面：用户创建的平面与视图方向垂直，其创建平面的法向与视图方向相同。

15. 按系数：用户通过指定系数创建基准平面，系数之间的关系为$ax+by+cz=d$。

◆ 引导实例3-1

如图3-3所示，创建一个与圆柱（直径为50，高度为100）相切的基准面，要求基准平面通过圆周上指定的象限点，基准面放置在62层。

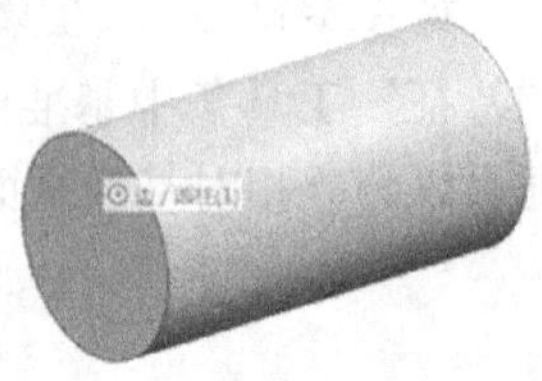

图 3-3　实例3-1的图例

〖操作步骤〗

✧ 在菜单中执行“插入”→“设计特征”→“圆柱体”命令或使用 “更多”里的工具条，将圆柱矢量选择为*Y*方向，并输入直径和高度数值。

✧ 将工作图层设置为62层。单击特征工具条中基准面按钮或执行“插入”→“基准/点”→“基准平面”命令，弹出“基准平面”对话框（参见图3-2），选择默认的“自动判断”方式。

✧ 关闭所有捕捉方式，在圆柱面上单击选择圆柱面，如图3-4（a）。

✧ 若所创建的基准面不在指定的位置，将捕捉方式设定为“象限点”，将光标靠近圆周，待象限捕捉点符号出现，如图3-4（b）所示，单击鼠标左键，基准平面将通过该象限点与圆相切，如图3-4（c）所示。

✧ 预览，若所做符合要求，单击对话框下方的“应用”或“确定”按钮，结果如图3-4（d）所示。

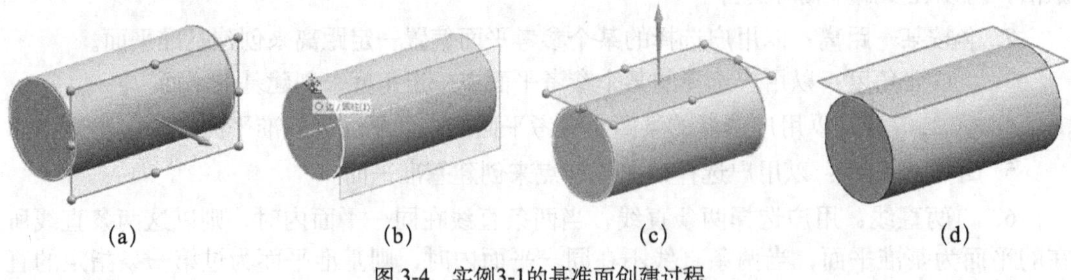

图 3-4　实例3-1的基准面创建过程

说明

基准面上的金黄色箭头代表基准面的“法矢”，它描述基准面的“方向”，可以在基准平面对话框中“平面方位”选项里按“反向”按钮调整其方向，用光标拖动基准面四周金黄色的小球可以调整基准面的大小。要特别说明的是，基准面是无限大的，调整其大小仅仅是视觉上的。

◆ 引导实例3-2

如图3-5所示，以立方体的三个顶点*A*、*B*、*C*确定一个基准面，基准面放置在62层。

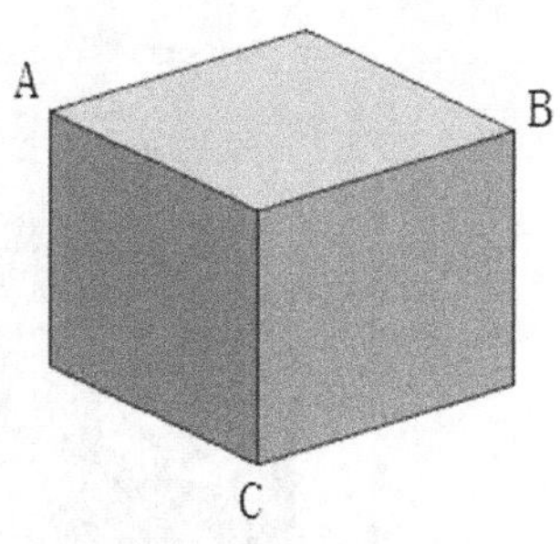

图 3-5　实例3-2的图例

〖操作步骤〗

✧ 将工作图层设置为62层。单击特征工具条中基准面按钮□或在菜单中执行“插入”→“基准/点”→“基准平面”命令，弹出“基准平面”对话框，选择默认的“自动判断”方式。

✧ 单击状态栏上方捕捉工具条中按钮清除所有捕捉方式，再按按钮，设置当前唯一的捕捉方式为端点捕捉。

✧ 分别选择立方体的*A*、*B*、*C*三个顶点（务必待端点捕捉点符号出现再单击左键），如图3-6（a）所示。

✧ 预览，若预览符合要求，单击对话框下方的“应用”或“确定”按钮，如图3-6（b）所示。

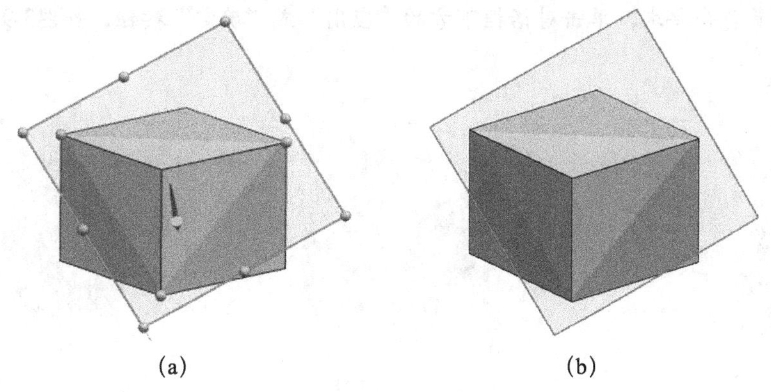
(a)　　(b)

图 3-6　三点创建基准面的过程

说明

在选择*A*、*B*、*C*三点过程中，系统会推测用户意图给出基准面预览，用户输入的条件越多，系统推断的准确性也越高。当确有不止一种可能时，对话框中会显示备选解选项，用户按按钮会依次显示备选解供用户选择。

◆ 引导实例3-3

如图3-7所示，构建一个与立方体上顶面成45°的基准平面，基准面放置在62层。

〖操作步骤〗

✧ 将工作图层设置为62层。单击特征工具条中基准面按钮□或执行“插入”→“基准/点”→“基准平面”命令，弹出“基准平面”对话框，选择“成一角度”方式，对话框选项内容有相应的变化，如图3-8所示。

图 3-7　实例3-3的图例

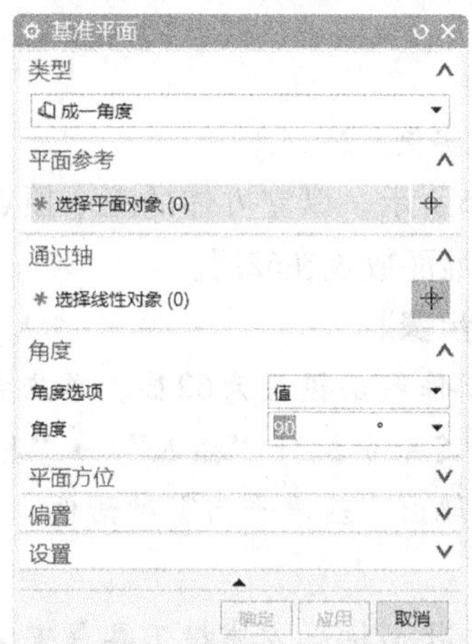

图 3-8　类型为“成一角度”的基准平面对话框

✧ 按系统提示先选择参考平面，即选择立方体上顶面；再选择“通过轴”，即选择上顶面与侧面的棱，出现成90° 的基准面的预览，如图3-9 (a) 所示。

✧ 在角度的输入栏中输入45，按Enter键，出现成45° 的基准面的预览，如图3-9 (b) 所示。

✧ 若预览符合要求，单击对话框下方的“应用”或“确定”按钮，如图3-9 (c) 所示。

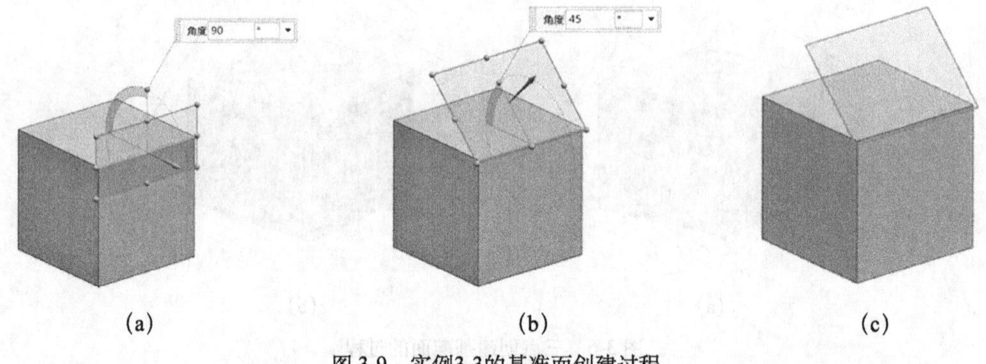

(a)　(b)　(c)

图 3-9　实例3-3的基准面创建过程

说明

本次创建的基准平面同样可以应用默认的“自动判断”方法，只需选择立方体上表面和过上表面的棱，系统会按输入条件推测出用户的意图。事实上，大多数情况下都可以使用“自动判断”方式完成基准面的创建。

◆ 引导实例3-4

如图3-10所示，构建立方体上下平面的中间基准平面，基准面放置在62层。

〖操作步骤〗

✧ 将工作图层设置为62层。单击特征工具条中基准面按钮或执行“插入”→“基准/点”→“基准平面”命令，弹出“基准平面”对话框，选择“二等分”方式，对话框选项内容有相应的变化，如图3-11所示。

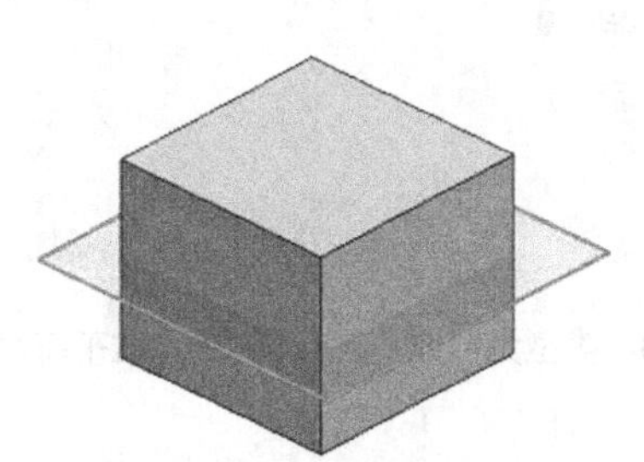

图 3-10 实例3-4的图例

图 3-11 类型为“二等分”的基准平面对话框

✧ 依次选择立方体的上下两个表面，将出现位于两个平面中间的基准面预览，若预览符合要求，单击对话框下方的“应用”或“确定”按钮即可。

说明

“二等分”不仅可以创建两平行参考平面的中间平面，也可以创建两相交平面的中间平面，即创建的基准面与两相交平面所成角度相等。当选择立方体上表面和一侧面时，将出现位于两个相交平面中间的基准面预览，若预览符合要求，单击对话框下方的“应用”或“确定”按钮即可，如图3-12所示。

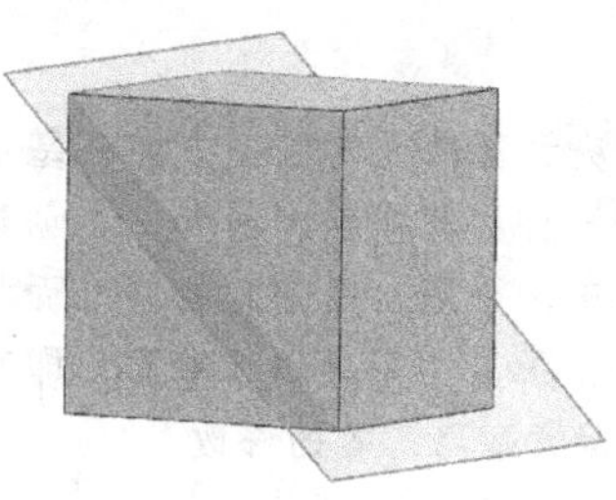

图 3-12 “二等分”方式创建两相交平面的基准平面

◆ 实例引导3-5

如图3-13所示，创建位于立方体上顶面距离为20的基准平面，基准面放置在62层。

〖操作步骤〗

✧ 将工作图层设置为62层。单击特征工具条中基准面按钮或执行“插入”→“基准/点”→“基准平面”命令，弹出“基准平面”对话框，选择“按某一距离”方式，对话框选项内容有相应的变化，如图3-14所示。

✧ 选择立方体的上表面，出现如图3-15（a）所示的预览，在“距离”文本框中填入30并按Enter键，出现如图3-15（b）所示的预览。若预览符合要求，单击对话框下方的“应用”或“确定”按钮即可。

图 3-13　实例3-5的图例

图 3-14　类型为“按某一距离”的基准平面对话框

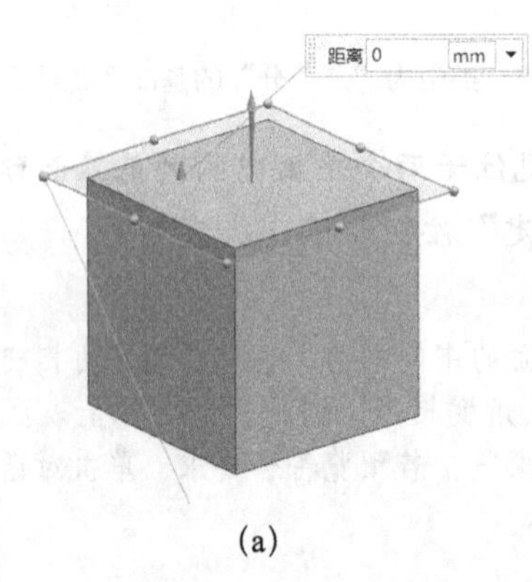

(a)

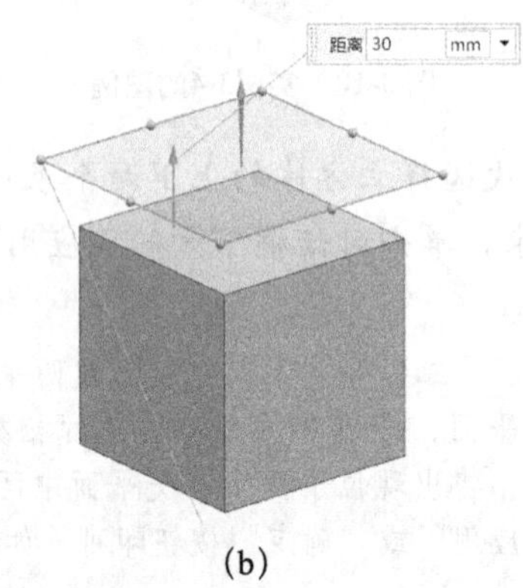

(b)

图 3-15　创建偏置基准面过程

说明

基准面偏置的方向取决于基准面的法矢方向，基准面的法矢在预览中以蓝色箭头显示，可以在对话框中对其进行反向操作。另外，在创建基准面时，对话框中“设置”选项下的“关联”一定要选中，否则，所偏置的基准面相当于“悬”在空中，与所选择的参考平面没有任何相关性。双击已完成的基准面，即可进入编辑状态，编辑状态下可以进行诸如“反向”“改变偏置距离”等的修改。

3.1.2　基准轴

在菜单中执行“插入”→“基准/点”→“基准轴”命令，或单击特征工具条中基准轴按钮（参见图3-1），弹出“基准轴”对话框，如图3-16所示。利用该对话框可以建立基准轴。

1. 自动判断：系统根据光标所选择的几何对象自动推测出基准轴可能的存在方式。

2. 交点：以用户选择的两相交对象创建基准轴。

图 3-16 “基准轴”对话框

3. 曲线/面轴：用户通过选择曲面和曲面上的轴来创建基准轴。
4. 曲线上矢量：沿曲线上点在该曲线上的切线方向创建基准轴。
5. *XC*轴：以工作坐标*XC*轴为基准轴。
6. *YC*轴：以工作坐标*YC*轴为基准轴。
7. *ZC*轴：以工作坐标*ZC*轴为基准轴。
8. 点和方向：以用户选择的一个点和一个矢量方向来创建基准轴。
9. 两点：用户通过两个点，即第一点指向第二点创建基准轴。

◆ 引导实例3-6

如图3-17所示，创建从*A*点指向*B*点的基准轴，基准轴放置在63层。

〖操作步骤〗

✧ 将工作图层设置为63层，在菜单中执行“插入”→“基准/点”→“基准轴”命令，或单击特征工具条中基准轴按钮，弹出“基准轴”对话框，选择“两点”方式，对话框选项内容有相应的变化，如图3-18所示。

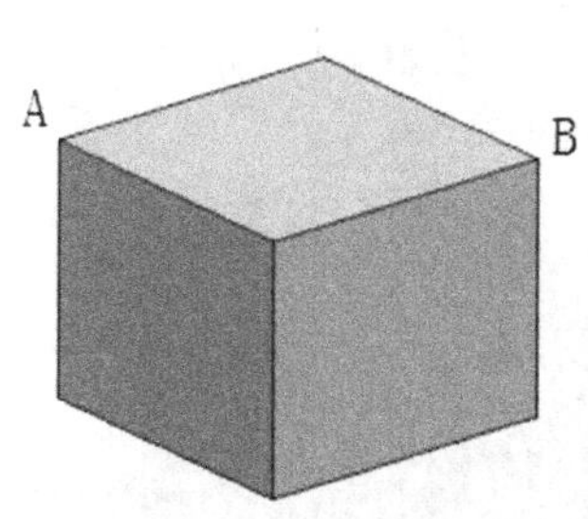

图 3-17 实例3-6的图例

图 3-18 类型为“两点”的基准轴对话框

✧ 单击状态栏上方捕捉工具条中的按钮，清除所有捕捉方式。再按按钮，设置端点捕捉为唯一捕捉方式。

✧ 选择A点，再选择B点将出现基准轴预览，方向由第一点指向第二点。

✧ 预览，确认符合要求，单击对话框中的“应用”或“确定”按钮即可，如图3-19所示。

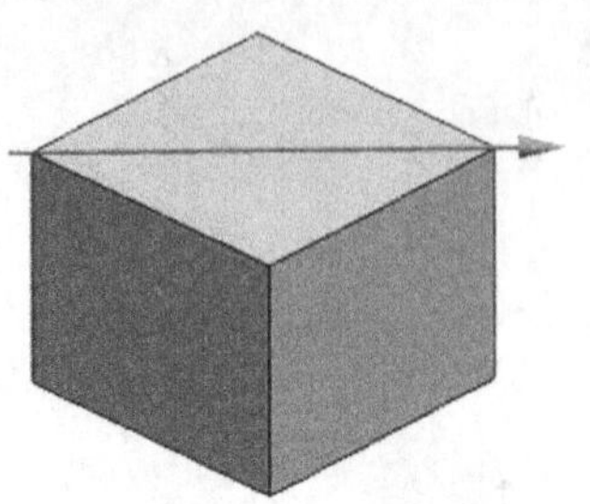

图 3-19　两点方式创建基准轴

说明　本次创建基准轴同样可以应用默认的“自动判断”方法，只需依次选择立方体上A点和B点，系统会按输入条件推测出用户的意图。事实上，大多数情况下都可以使用“自动判断”方式完成基准轴的创建。

◆ 引导实例3-7

如图3-20所示，在引导实例3-6的基础上，过A点做一个和原来基准轴平行但反向的基准轴，所建基准轴放置在64层。

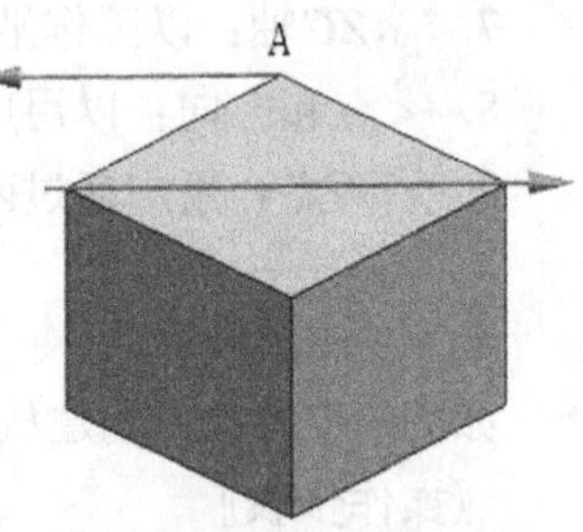

图 3-20　实例3-7的图例

〖操作步骤〗

✧ 将工作图层设置为64层，在菜单中执行“插入”→“基准/点”→“基准轴”命令，或单击特征工具条中基准面按钮↑，弹出“基准轴”对话框。

✧ 默认基准轴创建方法为“自动判断”。单击状态栏上方“捕捉”工具条中按钮，清除所有捕捉方式。再按╱按钮，设置端点捕捉为唯一捕捉方式。

✧ 选择A点，再选择已存在的基准轴，预览如图3-21 (a) 所示。

✧ 在对话框中按“反向”按钮，则所建基准轴方向与原方向相反。按“确定”按钮，完成后的结果如图3-21 (b) 所示。

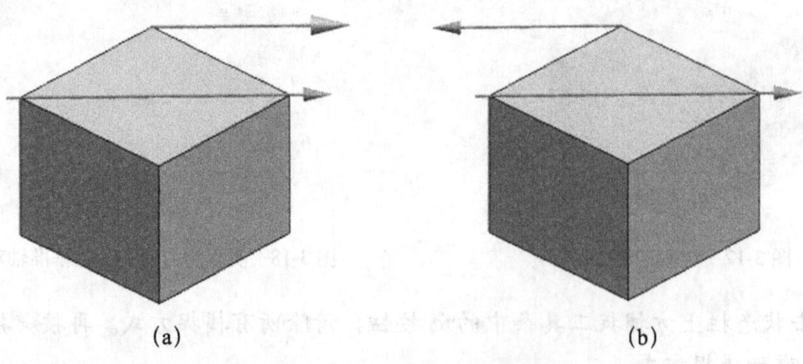

图 3-21　实例3-7基准轴的创建过程

双击已完成的基准轴，即可进入其编辑状态，此时可以进行诸如“反向”等修改操作。

◆ 引导实例3-8

如图3-22所示，以两个基准面的交线创建基准轴，基准轴放置在63层。

〖操作步骤〗

✧ 将工作图层设置为63层，在菜单中执行“插入”→“基准/点”→“基准轴”命令，或单击特征工具条中基准面按钮↑，弹出“基准轴”对话框，选择“交点”方式，对话框选项内容有相应的变化，如图3-23所示。

图 3-22　实例3-8的图例

图 3-23　类型为“交点”的基准轴对话框

✧ 依次选择两个基准面，出现如图3-24（a）所示的预览。

✧ 若预览符合要求，单击对话框中的“应用”或“确定”按钮即可，如图3-24（b）所示。

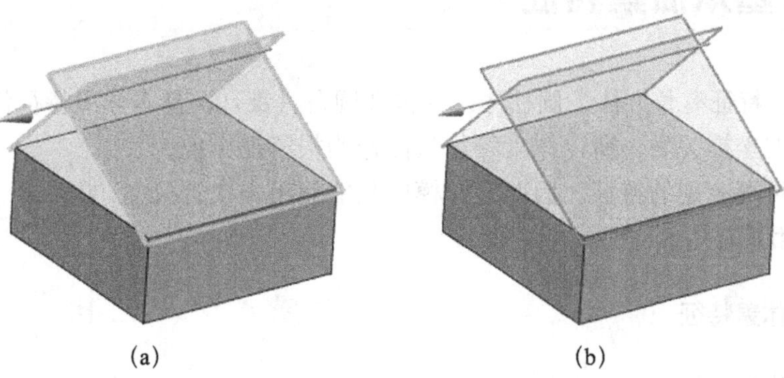

图 3-24　实例3-8基准轴的创建过程

基准轴的方向取决于两个基准面选择的次序，若方向不满足要求，再反向操作即可。

3.1.3 基准坐标系

NX12.0可以在一个文件中使用多个坐标系，但是与用户直接相关的有两个，分别是绝对坐标系和工作坐标系（WCS）。工作坐标系也就是用户坐标系，即当前正在使用的坐标系。在进行建模时可以选择已存在的坐标系，也可以规定新的坐标系。

在菜单中执行“插入”→“基准/点”→“基准坐标系”命令，或单击特征工具条中基准坐标系按钮，弹出“基准坐标系”对话框，如图3-25所示。利用该对话框可以建立系统坐标基准或以系统坐标为基准的基准面或基准轴，也可以理解为绝对基准面或绝对基准轴。事实上， 61层就是系统预创建的基准坐标面和基准坐标轴（三面三轴），供用户选用。

图 3-25 “基准坐标系”对话框

3.2 基本体素特征

基本体素特征有长方体、圆柱体、球体和圆台（锥），基本体素特征没有父对象，只与系统基准坐标关联，所以体素特征只能作为根特征出现，在它之前不可再有别的特征。因此在建模中只能使用一次且只能第一次使用基本体素特征。

3.2.1 基本体素特征

◆ 引导实例3-9

创建如图3-26所示的圆柱，圆柱直径为5，高度为100。

〖操作步骤〗

✧ 新建文件，进入图层对话框，在其中选中61层，工作图层设置为1层。

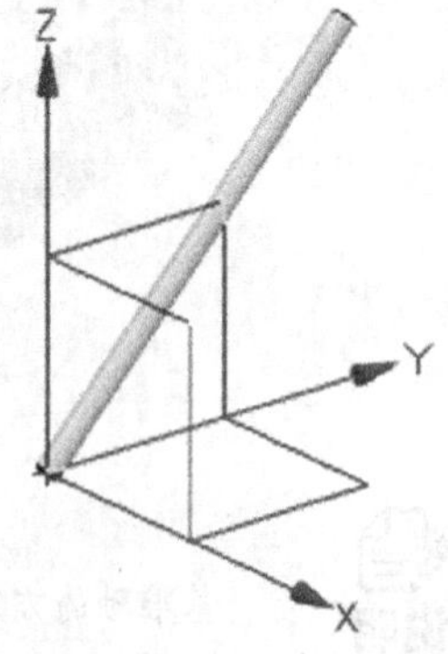

图 3-26 实例3-9的图例

✧ 在菜单中执行“插入”→“设计特征”→“圆柱体”命令或单击特征工具条中的“更多”按钮，再单击圆柱图标，弹出“圆柱”对话框，默认为“直径、高度”方法。

✧ 在对话框中“直径”“高度”文本框中分别填写5、100，“指定点”默认为坐标原点。

✧ 单击“指定矢量”选项按钮，打开“矢量”对话框，在类型里选择“按系数”选项，如图3-27（a）所示。I、J、K分别是*X*、*Y*、*Z*三个坐标方向的单位矢量，依图例圆柱在*YZ*面上，且在其角分线上，因此I、J、K分别设置为0、1、1，单击“矢量”对话框下方的“确定”按钮，结果如图3-27（b）所示。

✧ 确认“圆柱”对话框中的数据填写正确，在对话框预览项中单击预览按钮，确认符合要求后，单击对话框中的“确定”按钮，结果如图3-27（c）所示。

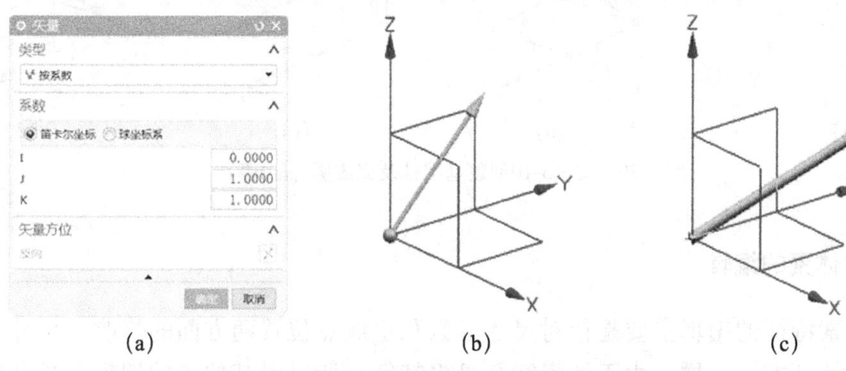

（a）（b）（c）

图 3-27　用矢量对话框中的“系数”构建圆柱方向

◆ 引导实例3-10

构建如图3-28所示的圆柱，圆柱直径为5，高度为100，圆柱上任何一点到三个坐标面的距离都相等。要求用基准轴为圆柱的“指定矢量”。

〖操作步骤〗

✧ 新建文件，将工作图层设置为62，并设置61层为可选。在菜单中执行“插入”→“基准/点”→“基准轴”命令，或单击特征工具条中基准轴按钮，弹出“基准轴”对话框。

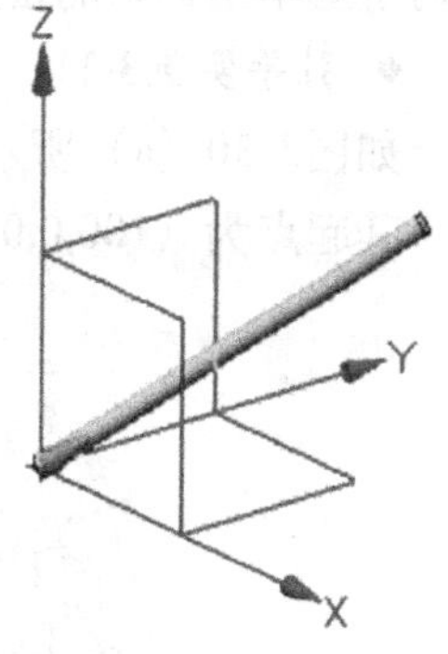

图 3-28　实例3-10的图例

✧ 在“基准轴”对话框中选择“两点”方式创建基准轴，弹出如图3-29（a）所示的对话框。指定出发点：单击按钮进入“点”对话框，默认为（0,0,0）点，屏幕上坐标原点出现金黄色小球预览，单击“确定”按钮；指定终止点：再次单击按钮进入“点”对话框，在“输出坐标”选项中*X*、*Y*、*Z*后都填入1，单击“确定”按钮。预览结果如图3-29（b）所示。

✧ 预览确认符合要求，在“基准轴”对话框中单击“确定”按钮，完成基准轴的构建，如图3-29（c）所示。

✧ 将工作图层设置为1，在菜单中执行“插入”→“设计特征”→“圆柱体”命令或单击特征工具条中的“更多”按钮，再单击圆柱图标，弹出“圆柱”对话框，选择默认的“直径、高度”方法。

✧ 在对话框中“直径”“高度”文本框中分别填写5、100，“指定点”默认为坐标原点。

✧ 在“指定矢量”选项操作中，直接选择构建的基准轴作为圆柱的“方向”，预览符合要求后，单击“确定”按钮，结果如图3-29（d）所示。

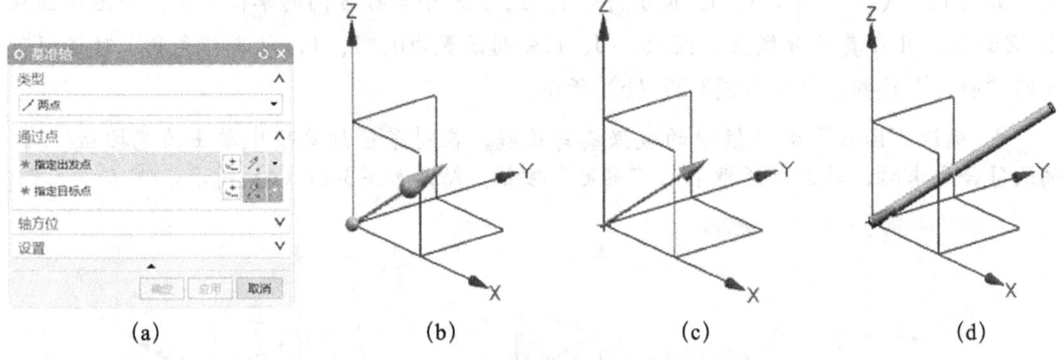

图 3-29　实例3-10创建基准轴及完成圆柱的过程

3.2.2　基本体素的编辑

基本体素特征的编辑主要是指对尺寸参数和生成点位置两方面的修改，尺寸参数的修改与其他特征方法一样。由于体素特征是根特征，所以对其位置的编辑就是其放置点相对于基本坐标系的位置的修改，一般来说编辑体素特征的位置没有意义。

◆ 引导实例3-11

如图3-30（a）所示，圆柱直径为50、高为100，将其编辑为如图3-30（b）所示的图形，其起点为（100,0,0），直径改为20，高度不变。

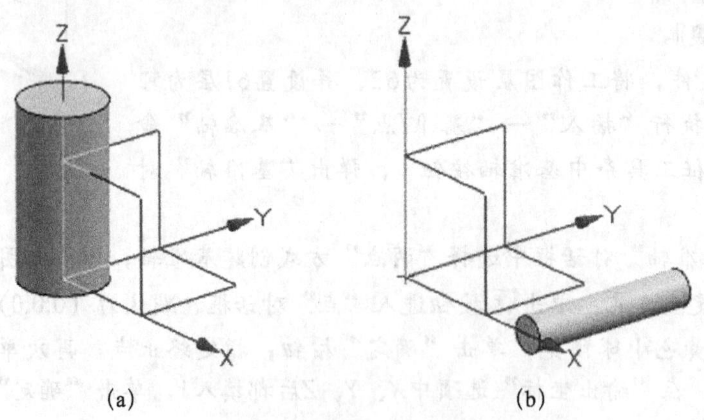

图 3-30　实例3-11的图例

〖操作步骤〗

✧ 将光标放在圆柱上右键单击，在弹出的光标随位菜单中选择“编辑参数”选项或进入“部件导航器”，如图3-31（a）所示，在其特征列表中选择“圆柱”后单击右键，再选择“编辑参数”（也可直接单击上方的编辑参数图标），弹出“圆柱”对话框。

✧ 指定矢量：在矢量下拉列表里选择YC，将圆柱“方向”由Z方向调整为Y方向，预览，如图3-31（b）所示。

✧ 指定点：单击按钮进入“点”对话框，将XC后的坐标值改为100，确定后预览，如图3-31（c）所示。

✧ 尺寸的修改：在“尺寸”选项中，将直径数值改为20，并回车，预览符合要求后按“确定”按钮，结果如图3-31（d）所示。

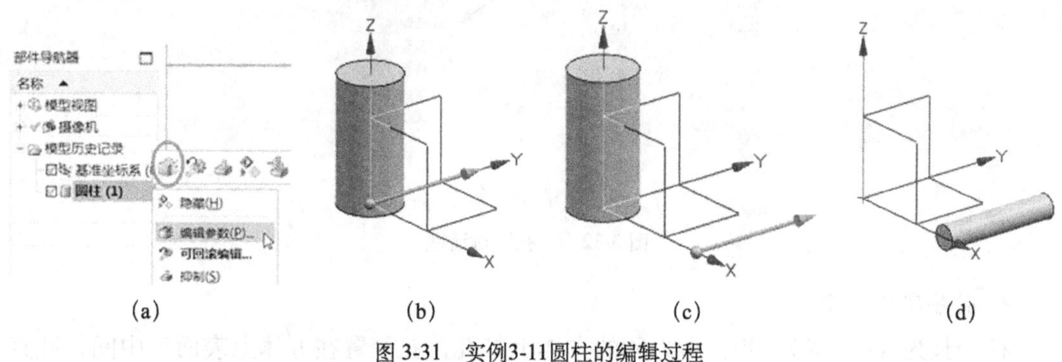

图 3-31　实例3-11圆柱的编辑过程

3.3 基本成形特征

基本成形特征包括拉伸、回转、沿引导线扫掠、管道、孔、凸台、腔体、垫块、键槽、开槽等。拉伸、回转和沿引导线扫掠已经在草图操作中涉及，在此只做补充说明：NX12.0中的凸台、腔体、垫块特征已被“凸起”替代，但通过搜索，依然可以找到“原有”特征，方便用户使用；NX6.0以后，孔特征的改动很大，其他特征的操作也由原来的分步进行改为在一个对话框中集中操作。

3.3.1 孔特征

执行菜单中“插入”→“设计特征”→“孔”命令，或单击特征工具条中的按钮，会弹出“孔”对话框，如图3-32所示。选择不同孔的类型，对话框中“形状和尺寸”“成形”“设置”等选项的内容也不同，但“位置”“方向”等内容是不变的。

在NX12.0中，孔的圆心指定方法很灵活，可以直接捕捉目标点，也可以由进入“绘制截面”即草图模式进行圆心点的定位。孔的方向一般采用“垂直于面”方式，即与圆形所在的面垂直，但若圆心处没有面（例如扩孔），应采用“沿矢量”引导孔的方向，否则系统将报错。孔的深度可以指定数值，也可以指定终止面，若选择“贯通体”则为通孔。孔操作“布尔”选项默认为“减去”，该选项用户不要改动。当孔类型为“螺纹孔”时，螺纹大径、螺纹旋向及端面倒角等参数将可以选择。

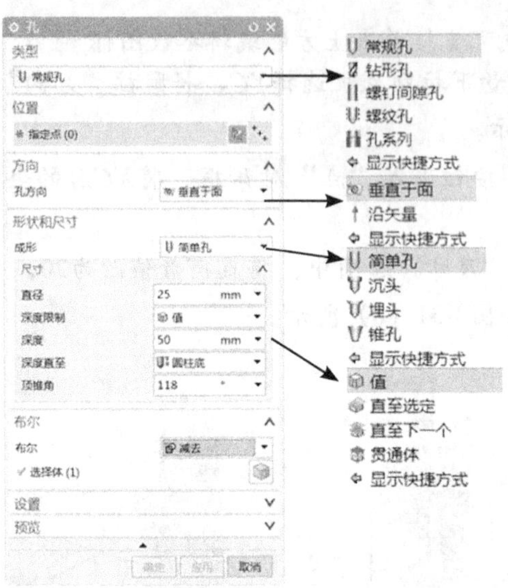

图 3-32 “孔”对话框

◆ 引导实例3-12

在一长为100、宽为100、高为60的方体上打孔，孔位置在方体上表面正中间，孔直径为20、深为30；完成后将再将孔改为通孔。

〖操作步骤〗

✧ 新建模型文件，确认工作图层为1，创建长、宽、高分别为100、100、60的方体。

✧ 执行菜单中“插入”→“设计特征”→“孔”命令，或单击特征工具条中的按钮，在弹出的“孔”对话框（参见图3-32）中确认“类型”为“常规孔”，“孔方向”为“垂直于面”，“形状和尺寸”选项设为“简单孔”，直径为20、深为30。

✧ 确认当前操作在位置选项的“指定点”，光标移到方体上表面，如图3-33（a）所示，单击左键后如图3-33（b）所示，进入草图模式，单击位置处有一标记点即为圆心。

✧ 利用草图尺寸约束对标记点进行定位，完成后如图3-33（c）所示。预览若符合要求，在“孔”对话框中单击“确定”按钮，完成后的孔如图3-33（d）所示。

✧ 对孔进行编辑：展开“部件导航器”，在建模列表中选择“简单孔”，右键单击，在弹出的光标随位菜单中选择“编辑参数”，将弹出“孔”对话框，在“深度限制”列表中原来是“值”，将其更改为“贯通体”，单击“确定”按钮，则孔变为通孔。

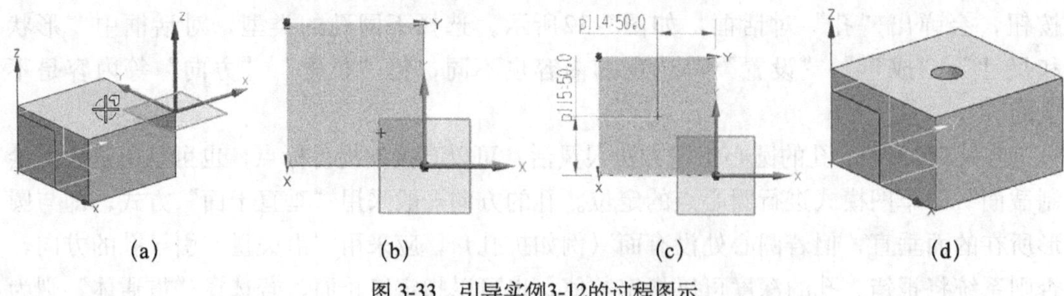

图 3-33 引导实例3-12的过程图示

◆ 引导实例3-13

在直径为100、高度为60的圆柱上打直径为30的通孔，完成后将孔改为阶梯通孔，沉孔直径为50，沉孔深度为10，主孔直径不变，仍为30。

〖操作步骤〗

✧ 新建模型文件，确认工作图层为1，创建直径为100、高度为60的圆柱。

✧ 执行菜单中"插入"→"设计特征"→"孔"命令，或单击特征工具条中的按钮，在弹出的"孔"对话框中确认"类型"为"常规孔"，"孔方向"为"垂直于面"，"形状和尺寸"选项中为"简单孔"，直径为30，"深度限制"选择为"贯通体"。

✧ 确认当前操作在位置选项的"指定点"，将圆心捕捉方式激活，光标移动到圆柱上表面的边缘，当出现如图3-34（a）所示的圆心捕捉标记时单击左键，圆心位置确定，出现如图3-34（b）所示的孔预览，在对话框中单击"确定"按钮，完成后如图3-34（c）所示。

✧ 编辑孔：双击孔同样弹出"孔"对话框，进入编辑模式后孔变为预览显示。在"孔"对话框的"形状和尺寸"选项中将"简单孔"改为"沉头孔"，随后在"沉孔直径"中输入50，"沉孔深度"输入10。注意每次输入后按回车键，预览跟随尺寸的变动而变动。编辑完成后，结果如图3-34（d）所示。

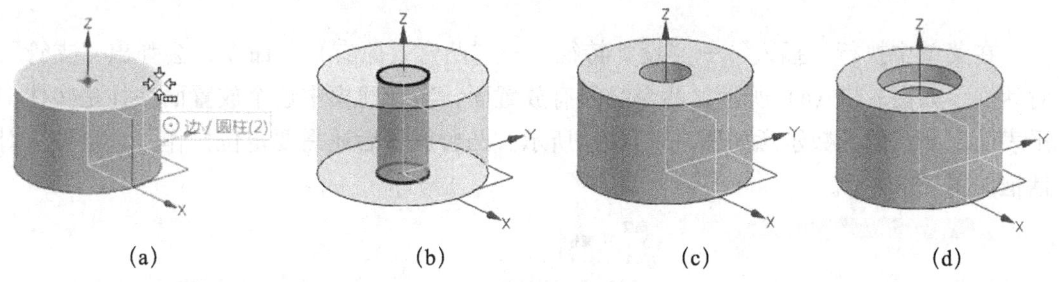

图3-34　引导实例3-13的过程图示

◆ 引导实例 3-14

图3-35（a）和图3-35（b）所示的图中有左右两个直径为30的通孔，要求在右边的通孔上再打一个直径为50、深度为30的孔，完成后的结果如图3-35（c）所示。

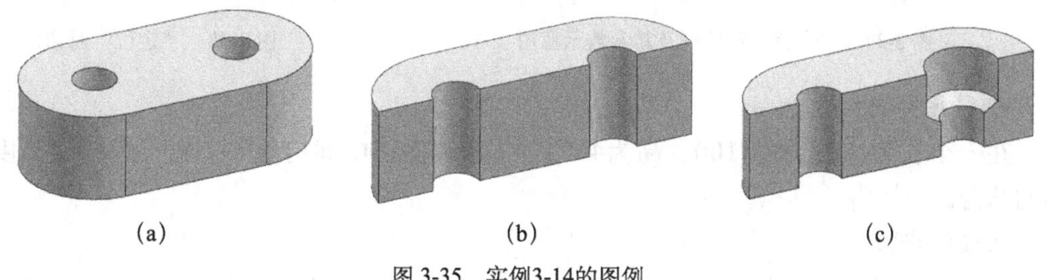

图3-35　实例3-14的图例

〖操作步骤〗

✧ 执行菜单中"插入"→"设计特征"→"孔"命令，或单击特征工具条中的按钮，进入打孔操作。

✧ 在"孔"对话框中，在孔"直径"选项中输入50，"深度"选项中输入30，"孔方向”由“垂直于面”改为“沿矢量”，则当前操作将选择矢量，系统会给出与坐标系方位相同的三个参考矢量，如图3-36（a）所示。

✧ 选择Z方向的参考矢量，在对话框中对其进行“反向”操作，完成后的结果如图3-36（b）所示。注意：在对话框中已完成的操作前会显示✓图标，尚未完成的操作前会显示✱图标，橘黄色条所在位置表示当前操作位置。

✧ 确认当前操作在“指定点”上，激活圆心捕捉，光标会捕捉右侧孔的圆心，出现圆心捕捉标记后单击左键，预览结果如图3-36（c）所示。

✧ 确认预览结果满足要求，则单击对话框中的“确定”按钮，结果如图3-36（d）所示。

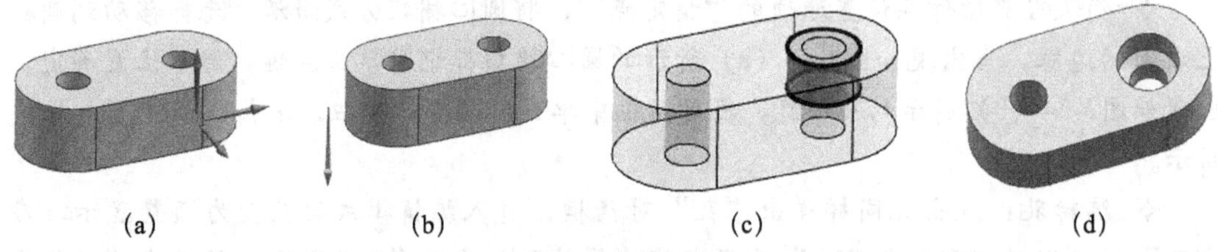

(a)　(b)　(c)　(d)

图3-36　引导实例3-14的过程图示

3.3.2　凸台特征

在菜单中执行“插入”→“设计特征”→“凸台（原有）”命令，会弹出“支管”对话框，如图3-37（a）所示。凸台必须有放置面，实际建模中这个放置面往往是实体中平表面，凸台的参数示意如图3-37（b）所示。凸台放置后还需要定位操作，“定位”对话框如图3-38所示。

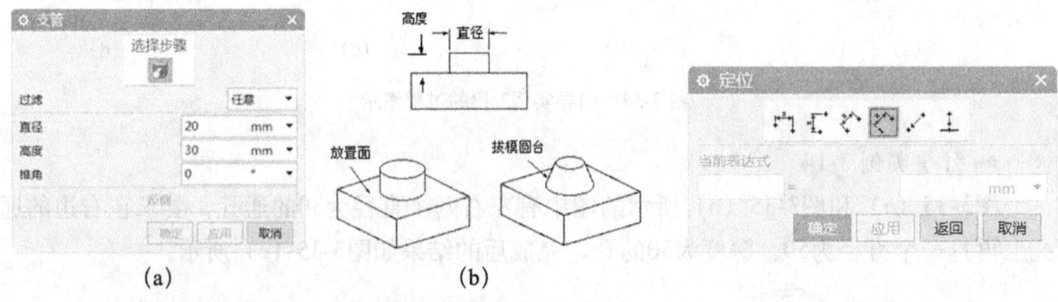

(a)　(b)

图3-37　“支管”对话框及其参数示意图　　图3-38　“定位”对话框

◆ 引导实例3-15

在一个长为100、宽为100、高为40的方体上表面正中间构建一个直径为50、高度为30的凸台。

〖操作步骤〗

✧ 在菜单中执行“插入”→“设计特征”→“凸台（原有）”命令，进入凸台操作。

✧ 在“支管”对话框中，“直径”输入50，“高度”输入30，“锥角”输入0。

✧ 选择方体的上表面为放置面，单击左键，出现如图3-39（a）所示的预览。

✧ 单击“应用”或“确定”按钮，系统会弹出“定位”对话框，定位方式选择“垂直”，选择方体上表面的一条边，“当前表达式”值输入50，再选择相邻的一条边，

“当前表达式”值输入50。

✧ 单击对话框中的“确定”按钮，结果如图3-39（b）所示。

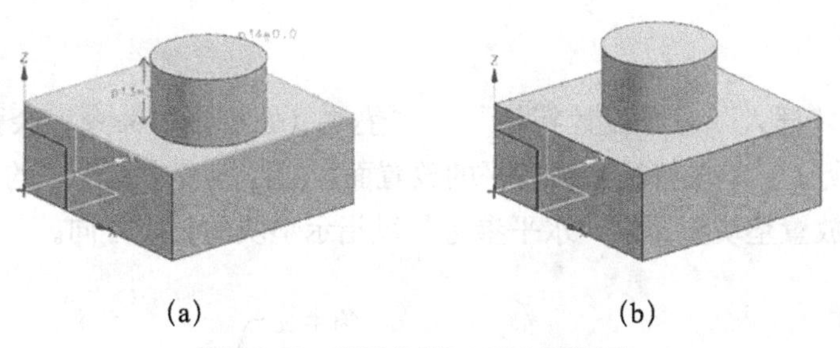

图 3-39　引导实例3-15的过程图示

3.3.3　腔特征

执行菜单中“插入”→“设计特征”→“腔（原有）”命令，会弹出“腔”对话框，如图3-40所示。腔必须有平的放置面，实际建模中这个平的放置面往往是实体的平的表面，放置腔体要提供“水平参考”以指示腔的长度方向。

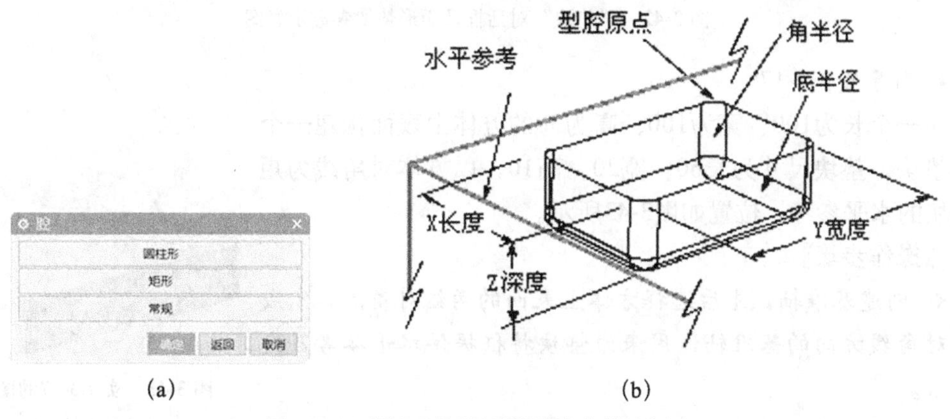

(a)　(b)

图 3-40　“腔”对话框及矩形腔参数示意图

◆ 引导实例3-16

在一个长为100、宽为120、高为50的方体上表面构建一个长为60、宽为40、深为20的矩形腔体，以方体宽度方向为水平参考，腔体定位如图3-41所示。

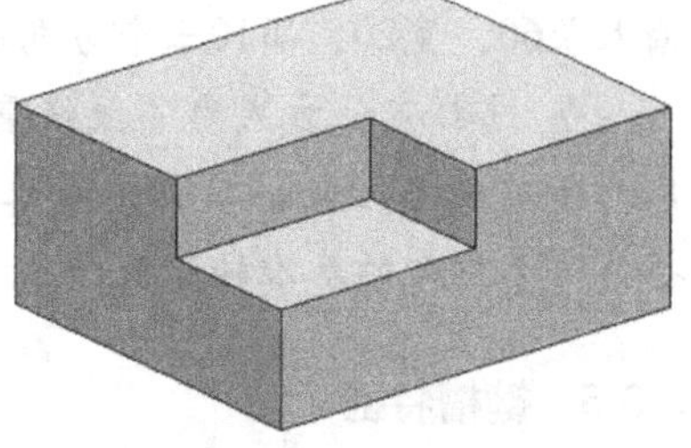

图 3-41　实例3-16的图例

〖操作步骤〗

✧ 选择“腔”特征，按提示选择方体上表面为放置面。

✧ 选择“水平参考”为所创建腔体的引导方向，以基准坐标轴为水平参考即可。

✧ 在随后弹出的“腔特征”对话框中，参照所选水平参考的方向确定腔体的长度方向，分别输入长60、宽40、深20三个方向的尺寸数值，确定后进入特征定位对话框。

✧ 选择定位方式为“线线重合”，“目标体”对象选择方体前边棱线、“工具体”

对象选择腔体前方边沿直线；重复如上定位操作，“目标体”对象选择方体左边棱线、“工具体”对象选择腔体左侧边沿直线，单击“确定”按钮后完成腔体的定位，如图3-41所示。

3.3.4 垫块特征

执行菜单中“插入”→“设计特征”→“垫块（原有）”命令，会弹出“垫块”对话框，如图3-42所示。垫块特征必须有平的放置面，实际建模中这个平的放置面往往是实体的平的表面，放置垫块要提供“水平参考”以指示垫块的长度方向。

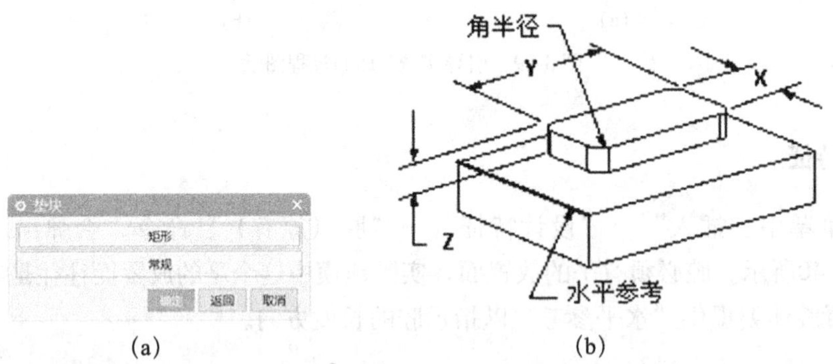

图 3-42 “垫块”对话框及矩形垫块参数示意图

◆ 引导实例3-17

在一个长为100、宽为100、高为30的方体上表面构建一个矩形垫块，垫块尺寸为长60、宽20、高10，以方体对角线为矩形垫块的水平参考，位置如图3-43所示。

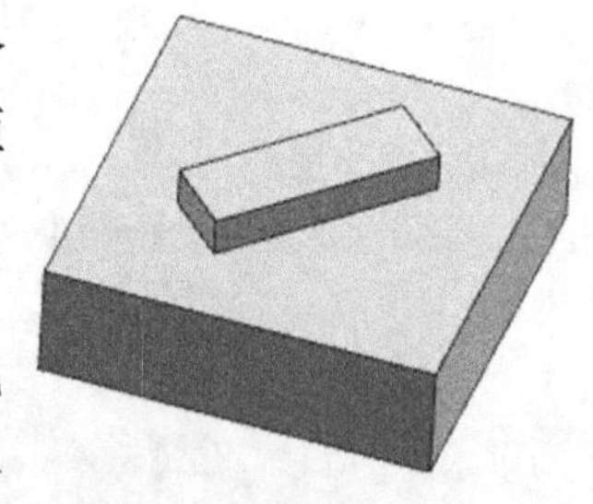

图 3-43 实例3-17的图例

〖操作步骤〗

✧ 创建基准轴，先后选择方体上表面的两组对角点，完成两个对角线方向的基准轴，用来为垫块特征提供水平参考及定位基准。

✧ 选择“垫块”特征，按提示选择方体上表面为放置面，确定后选择所建的某一基准轴为水平参考，放置垫块特征；参照所选水平参考的方向确定垫块的长度方向，分别输入长60、宽20、高10三个方向的尺寸数值。

✧ 选择定位方式为“线线重合”，将模型显示方式调整为“静态线框”，目标体对象为所建的基准轴，工具体对象为垫块中间的“十字线”中的一条，重复如上操作，选择另一个方向的基准轴和另一条十字线，完成垫块的定位。

3.3.5 键槽特征

执行菜单中“插入”→“设计特征”→“键槽（原有）”命令，会弹出“槽”对话框，如图3-44（a）所示。键槽必须有平的放置面，实际建模中这个平的放置面往往是实体的平的表面或基准面，放置键槽要提供“水平参考”以指示键槽的长度方向。键槽若加工成通槽，可以选中对话框中“通槽”选项，通槽需定义起始面和终止面，如图3-44（b）所示。

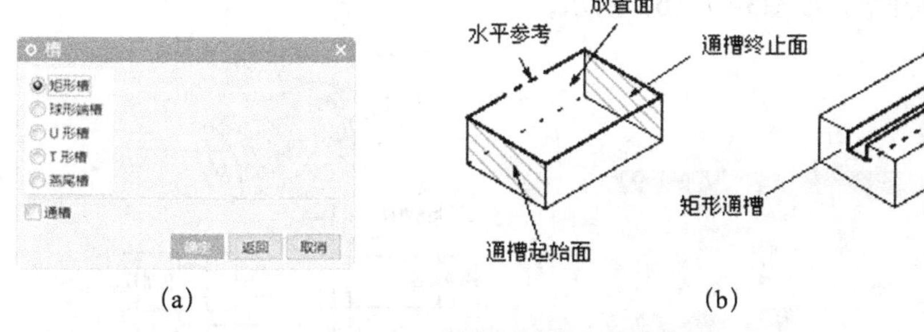

(a) (b)

图 3-44 “槽”对话框及通槽示意图

一般来说，T形槽和燕尾槽都是通槽。矩形槽、T形槽和燕尾槽的参数示意分别如图3-45（a）、（b）、（c）所示。

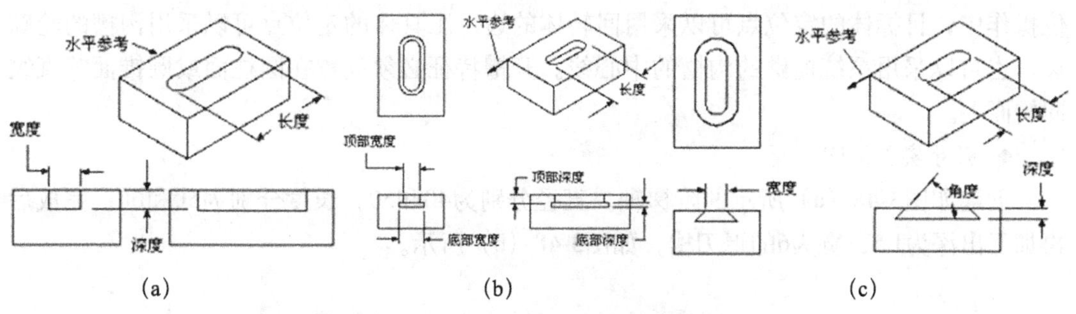

(a) (b) (c)

图 3-45 矩形槽、T形槽及燕尾槽参数示意图

◆ 引导实例3-18

如图3-46所示，圆柱的直径为30、长为80，在其上加工键槽，键槽的长为50、宽为8、深为5。键槽位置见图示。

〖操作步骤〗

✧ 创建与圆柱面相切的基准面，注意可以通过捕捉点调整基准面的位置。

✧ 使用“键槽”特征，选择所创建的基准面为键槽特征放置面，确认键槽加工方向指向实体一侧。

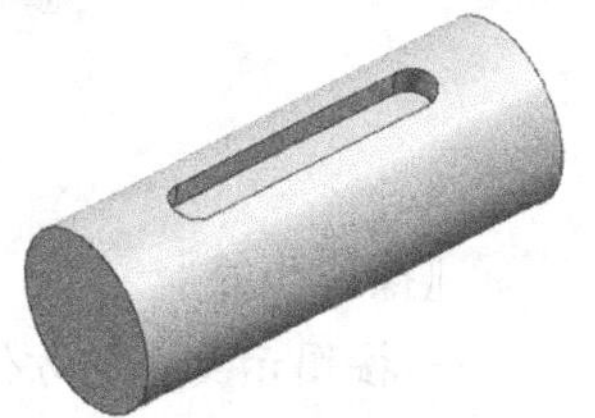

图 3-46 实例3-18的图例

✧ 若选择“水平参考”为键槽特征确定方向，选择圆柱回转表面即可。

✧ 为键槽定位：在定位工具条中选择按钮，即“水平参考”定位，系统默认采用前面的“水平参考”，选择圆柱边缘为目标体对象，再选择键槽中心线（短）为工具对象，输入距离为40，完成键槽的轴向定位。

✧ 为另一个方向的定位采用“线线重合”，选择基准坐标轴为目标对象，再选择键槽中心线（长）为工具对象即可。完成后的结果如图3-46所示。

3.3.6 开槽特征

执行菜单中“插入”→“设计特征”→“槽”命令，或单击特征工具条中按钮，弹出如图3-47（a）所示的“槽”类型对话框，有矩形槽、球形槽、U形槽。开槽可分为外部开槽和内部开槽，如图3-47（b）所示。

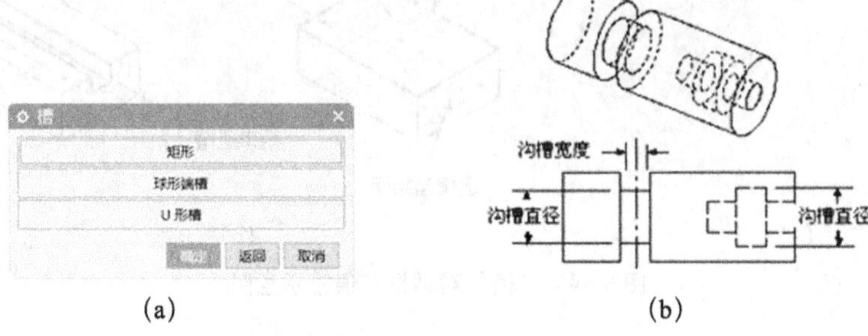

(a) (b)

图 3-47 “槽”对话框及矩形槽参数示意图

开槽的轮廓与放置回转面的回转轴线对称，未完成定位的开槽预览时呈盘状。在定位操作中，目标体的定位点可以采用回转体的边，工具体的定位点可以采用沟槽的轮廓边，也可以采用系统提供的沟槽的中心线。开槽特征必须放置在圆柱面或圆锥面等直纹回转面上。

◆ 引导实例3-19

创建如图3-48（a）所示的阶梯轴，直径分别为40和50，长度分别为50和60；完成后再加工出深为1.5、宽为6的退刀槽，如图3-48（b）所示。

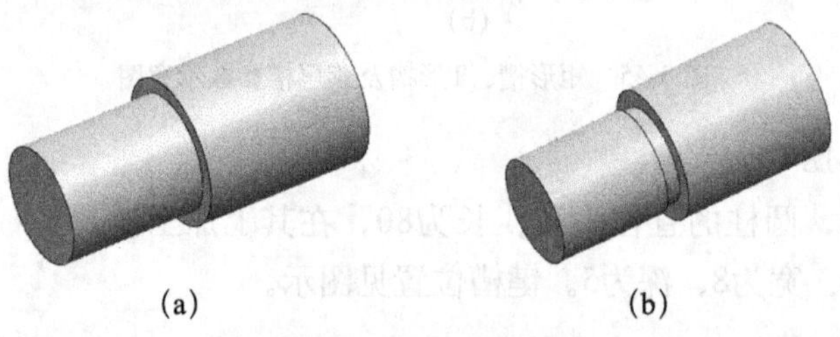
(a) (b)

图 3-48 退刀槽图示

〖操作步骤〗

✧ 按图示要求的方位和尺寸，通过基本体素圆柱创建直径为50、长度为60的圆柱；在圆柱端面放置圆台特征，采用“点到点”定位方式定位，完成后结果如图3-48（a）所示。

✧ 选择“沟槽”特征，沟槽直径为37，宽度为6；选择直径为40的轴段为放置面，出现饼状的“车刀加工轮廓”。

✧ 选择直径为50的左端面为定位目标边，选择饼状右端为定位工具边，“距离”输入0，完成退刀槽的定位，完成后结果如图3-48（b）所示。

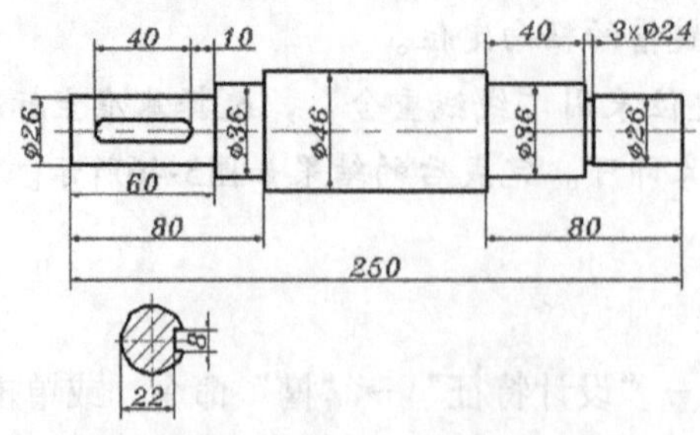

图 3-49 实例3-20的图例

◆ 引导实例3-20

完成如图3-49所示轴的实体建模。要求草图放置在21-40层、基准放置在62-80层、实体放置在1层，完成后只显示实体。

〖操作步骤〗

✧ 新建模型文件，将工作层设为21层，将61层勾选为可选层。进入任务环境中的草图，用鼠标指针在屏幕上选择Y-Z平面为草图平面。

✧ 设计草图轮廓后，确认所有水平位置的线段已施加水平约束，所有竖直的线段已施加竖直约束。对草图进行轴向尺寸约束（为避免草图变形，建议：1. 草图第一次绘制的线段尽可能在动态尺寸显示下与实际尺寸接近。2. 若绘制的草图比实际尺寸小，先约束大尺寸，后约束小尺寸；反之，则先约束小尺寸，后约束大尺寸）。

✧ 使用 | 按钮分别将草图左下角点和右下角点约束到草图X轴上，使用 ∥ 按钮将草图左侧竖线与Y轴共线。约束径向尺寸，完成后结果如图3-50（a）所示。保存草图，退出草图模式。

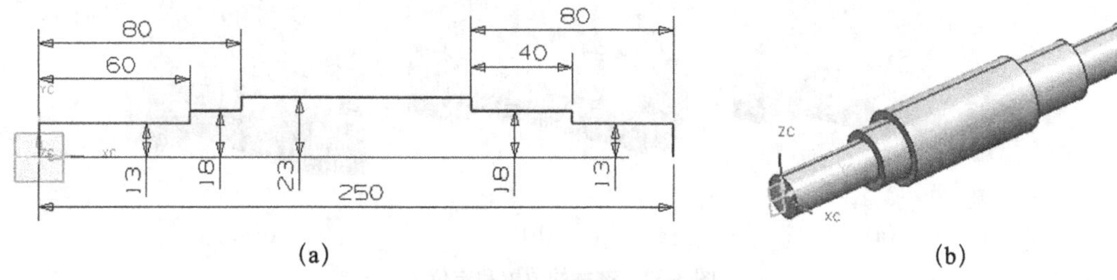

(a) (b)

图 3-50　完成后的草图及草图旋转操作后的轴

✧ 将工作层设为1层，在成形特征工具栏中单击按钮旋转草图：默认“选择意图”中的设置，选择草图后变为黄色，单击中键后变为浅蓝色，完成草图的选择。回转轴应该由“矢量＋点”方式确定，选择对话框中 YC 按钮为回转矢量，确认选中捕捉工件栏中 ⁄ 按钮，选择草图线段两个端点中任意一个即可（也可以通过单击按钮进入“点”对话框，指定（0,0,0）即可），出现旋转操作结果的预览，确认符合要求后单击“确定”按钮或单击中键，结果如图3-50（b）所示。

✧ 选择“格式”→“图层设置”选项或单击按钮，选中21层，将其设置为不可见，单击对话框的“应用”按钮，实体中的蓝色草图消失，单击“取消”按钮退出对话框。

✧ 单击按钮，选择“矩形”选项，然后选择轴的右端直径为26的圆柱面，在弹出的对话框中设置开槽（退刀槽）参数：24、3，确定后沟槽显示为盘状；定位沟槽：选择轴的右端直径为36的右端面为目标边，然后选择开槽轮盘的左轮廓边为工具边，如图3-51（a）所示，距离设为0，单击“确定”按钮完成沟槽的创建，如图3-51（b）所示。

✧ 将工作层设为61层，单击□按钮，建立与轴左端面直径为26的圆柱面相切的基准面，不要改变基准面的大小。

✧ 将工作层设为1层，单击按钮，选择“矩形”选项，不勾选“通槽”；单击“确定”按钮后选择基准面为键槽放置面，若矢量箭头指向实体，选择对话框中的“确定”按钮或单击“接受默认边”，随后弹出“水平参考”对话框，选择圆柱面即可（系统将圆柱面上的素线作为水平参考）。

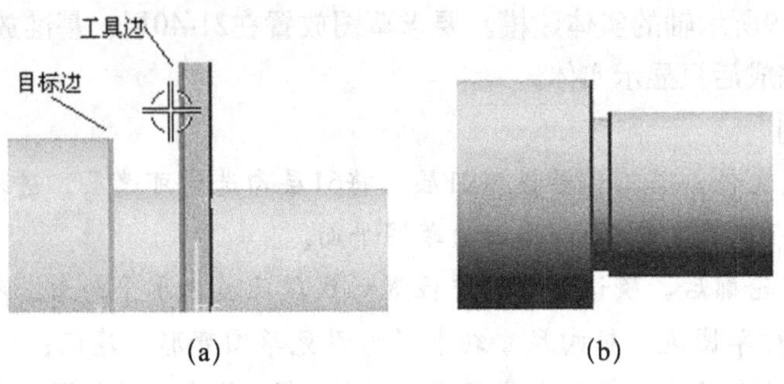

图 3-51　开槽的定位

✧ 在键槽参数输入框中输入：长度40、宽度8、深度4，单击“确定”按钮后弹出定位方式选择框并出现预览，如图3-52（a）所示。

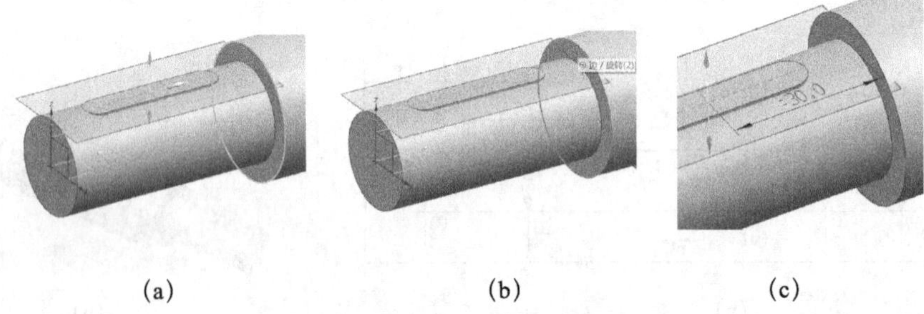

图 3-52　键槽的放置和定位

✧ 选择定位方式为[icon]，选择直径为36的左端面圆周边为目标边，如图3-52（b）所示，在弹出的对话框中选择“终点”；选择键槽中心线为工具边，如图3-52（c）所示，输入距离值30，单击“确定”按钮后在弹出的定位对话框中再次单击“确定”按钮，完成键槽的创建。将61层设置为不可见，最终完成后的结果如图3-53所示。

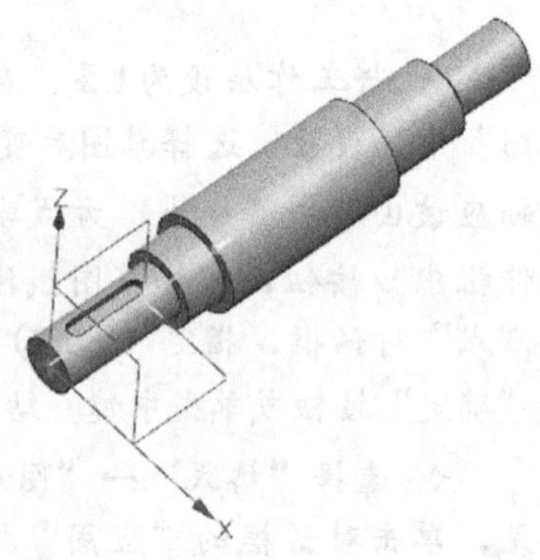

图 3-53　实例3-20最终完成后的轴

3.4 思考与练习

1. 基准平面的主要作用有（　　）。

A：　定义一个草图平面

B：　作为水平或垂直参考

C：　作为特征定位的目标边缘

D：　帮助定义相关的基准轴　　答案：ABCD

2. 在UG NX12.0三维坐标系统中，执行建模操作使用最频繁的坐标为（　　）。

A： ACS

B： WCS

C： FCS

D： UCS　　答案：B

3. WCS的轴有颜色标识：*XC*轴为红色、*YC*轴为（　　），而*Z*轴为蓝色。

A： 黄色

B： 绿色

C： 橙色

D： 灰色　　答案：B

4. 以下属于键槽特征的类型是：

A： U形键槽

B： T形键槽

C： V形键槽

D： 燕尾槽　　答案：ABD

5. 以下属于基本体素特征的是：

A： 长方体（Block）

B： 孔（Hole）

C： 圆台（Boss）

D： 软管（Tube）　　答案：A

6. 基本体素特征是相对于（　　）定位建立的。

A： 父特征

B： 基准

C： WCS坐标

D： 系统绝对坐标　　答案：C

7. UG NX在建模操作中，对基本体素特征的使用如下哪种表述正确？

A： 可以随时使用

B： 只能使用一次

C： 只能使用一次并且只能在建模开始时使用

D： 只能在建模开始时使用　　答案：C

8. 在UG NX中，诸如特征定位操作、布尔运算等都涉及"目标体"和"工具体"，关于"目标体"和"工具体"，下述哪些表述是正确的？

A： 从时序上看，目标体在先，工具体在后

B： 在布尔运算时，目标体只能选一个，工具体可以多选

C： 被改变被编辑的是目标体，改变目标体的是工具体

D： 在特征定位操作中，目标体在先，工具体在后　　答案：BCD

9. 在特征定位中"点落在点上"（即"点点重合"），指的是什么点落到什么点上？

A： 目标体上的点落到工具体点上

B： 工具体上的点落到目标体点上

C： 目标体上的点落到坐标原点上

D： 工具体上的点落到坐标原点上　　答案：B

10. 关于“水平参考”，如下表述哪些是正确的？

A： 系统要求用户指定的一个矢量方向

B： 一定是WCS的XC轴的方向

C： 实体的边、基准轴或集聚成线的基准面都可以选择做水平参考

D： 一定是ACS的X轴方向　　答案：AC

11. 完成如图3-54所示的滑板的建模，尺寸自定。

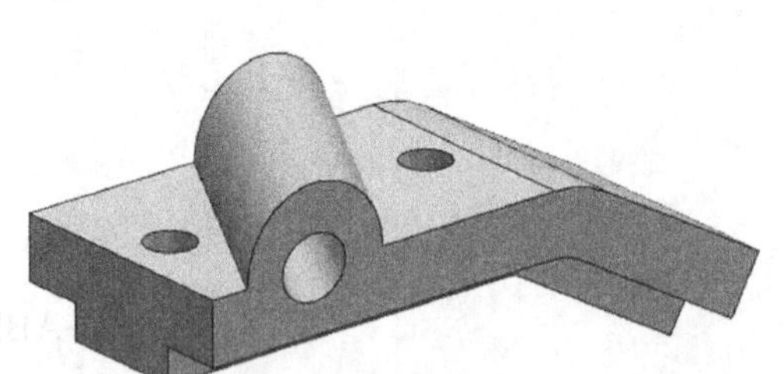

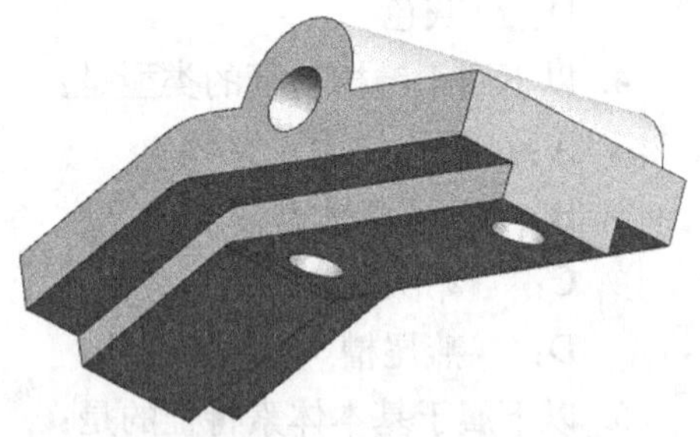

图 3-54　滑板

第4章 特征操作与特征编辑

利用草图拉伸和各种特征的使用建立实体模型后，通过特征操作还可以细化实体模型，建立更复杂的结构；通过特征编辑可以方便地修改和调整设计意图。特征操作本身也是特征，因此是参数化的，是可以编辑的。

本章要点

- 特征操作
- 布尔运算
- 特征时序重排
- 表达式

4.1 特征操作

特征操作是对已存在的实体或特征进行诸如倒圆角、边倒角、拔模、做螺纹和抽壳等操作，这些操作本身也是特征，很容易进行编辑。常用的特征操作选项都列在特征操作工具栏中，如图4-1所示，单击“更多”按钮，会显示更多特征操作。

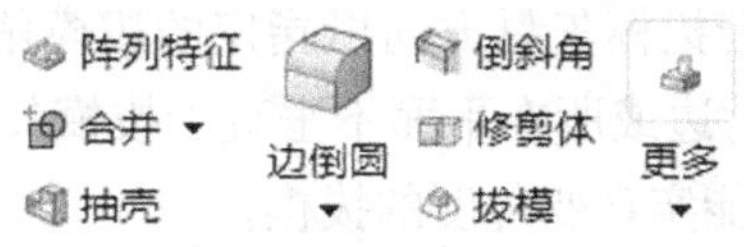

图 4-1　特征操作工具栏

4.1.1　拔模

拔模，是指通过更改相对于脱模方向的角度来修改面，也就是按照指定的方向对相关的面进行倾角处理，使之形成合适的斜度的特征操作。拔模特征的操作原理是给定一个拔模方向矢量，再指定沿该方向的角度，拔摸面按该角度向内或外变化。在菜单中执行“插入”→“细节特征”→“拔模”命令，或单击特征工具条中的拔模图标，系统弹出“拔模”对话框，如图4-2所示。

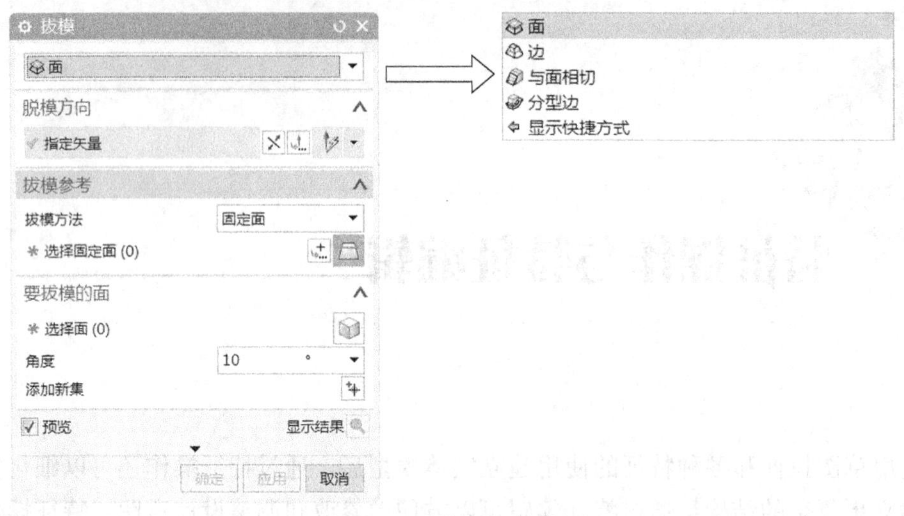

图 4-2 “拔模”对话框

1. 面拔模

从给定的固定参考平面开始，对选择的表面沿矢量方向以指定的拔模角度倾斜，在拔模角操作过程中，该平面保持不变。图4-3（a）所示分别为固定参考平面在长方体的下表面和固定参考平面在长方体的上表面的拔模情况，两者虽然拔模矢量方向相同，但结果却不同。

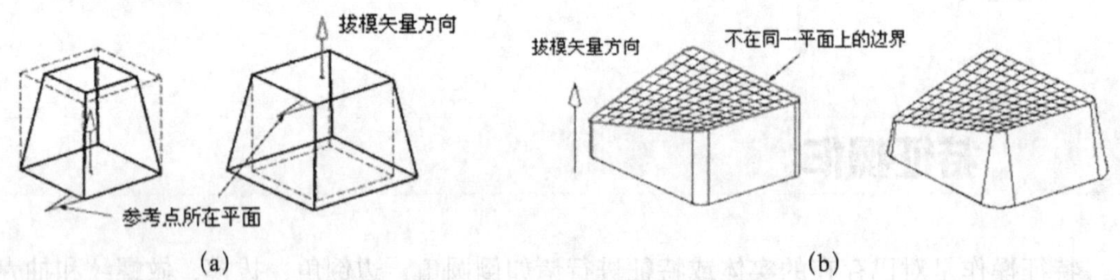

图 4-3 从面拔模和从边拔模示意图

2. 边拔模

以选择的边为起始，沿着拔模矢量方向以指定的拔模角度产生倾斜。从固定边拔模可以实现多条不在同一平面的边或所在平面不垂直于拔模矢量的多条边的拔模，如图4-3（b）所示，另外从边拔模还能实现变角度的拔模。

3. 与面相切拔模

拔模面沿拔模矢量方向，按指定的拔模角度产生斜面与选择的面相切，如图4-4（a）所示。该方法在拔模后只能增加材料而不能去除材料。

4. 分型边拔模

在拔模前，用分割面将实体表面分割为两部分；操作时，选择分割线，指定拔模方向，再沿矢量方向对分割线所在面进行拔模，拔模角度从参考点开始计算，如图4-4（b）所示。

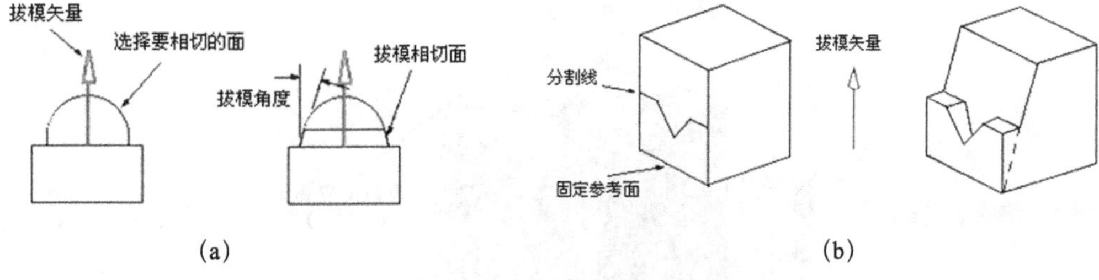

(a) (b)

图 4-4 与面相切拔模和分型边拔模示意图

◆ 引导实例4-1

对一个长100、宽100、高80的长方体四周进行“从平面”的拔模操作，拔模角度为7°，以长方体下表面为固定面。

〖操作步骤〗

✧ 新建模型文件，创建长100、宽100、高80的长方体，如图4-5（a）所示。

✧ 在菜单中执行“插入”→“细节特征”→“拔模”命令，或单击特征操作工具栏中的拔模图标，系统弹出“拔模”对话框。在该对话框中确认拔模类型为“面”，确定当前操作在“脱模方向”的“指定矢量”中，系统提供参考矢量坐标，可以选择Z坐标，也可以选择长方体上表面，如图4-5（b）所示，系统会将长方体上表面的法矢当作拔模矢量。

✧ 在“拔模”对话框中的“拔模方法”选项中选择“固定面”，选择长方体的底面为拔模固定面，“角度”填写7并按Enter键。

✧ 确定当前操作在“要拔模的面”的“选择面”中，此时选择方体的侧面会出现拔模预览，如图4-5（c）所示，预览状态下可以通过拖动蓝色箭头动态地调整拔模角度。

✧ 预览确认无误，再选择其他三个侧面，按“确定”按钮完成方体四周的拔模，结果如图4-5（d）所示。

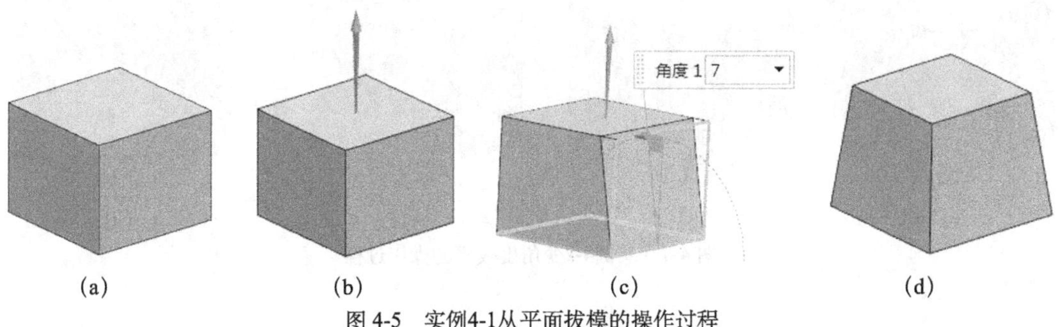

(a) (b) (c) (d)

图 4-5 实例4-1从平面拔模的操作过程

◆ 引导实例4-2

在长、宽和高都是100的正方体上实现变角度拔模，拔模参数如图4-6所示。

〖操作步骤〗

✧ 新建模型文件，按尺寸创建正方体。

✧ 在菜单中执行“插入”→“细节特征”→“拔模”命令，或单击图标，选择拔模类型为“边”；拔模矢量的选择同上例完全相同。

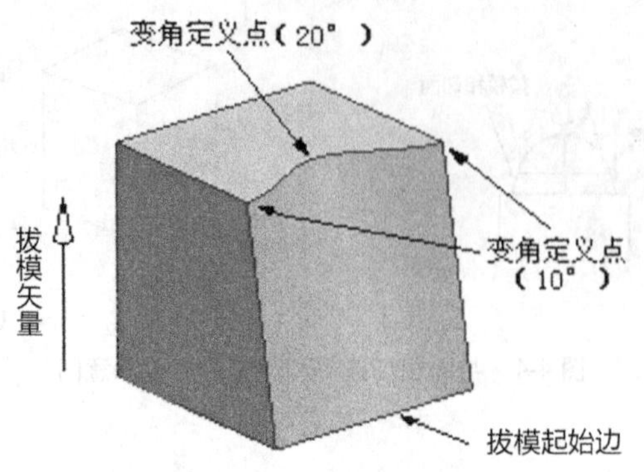

图 4-6　实例4-2的图例

✧ 确认当前操作在“固定边”的“选择边”中，选择如图4-6所示的“拔模起始边”，即选择拔模面和方体底面的交线为固定边缘。

✧ 确认当前操作在“可变拔模点”的“指定点”中，选择“点”对话框，将捕捉方式设置为“两点之间”，选择正方体棱的两个端点，如图4-7（a）所示，在Pt1A后的“角度”文本框中输入20并按Enter键。

✧ 确认当前操作仍在“可变拔模点”的“指定点”中，将捕捉方式设置为“端点”，选择正方体棱的端点，如图4-7（b）所示，在Pt2A后的“角度”文本框中输入10并按Enter键。

✧ 确认当前操作仍在“可变拔模点”的“指定点”中，确认捕捉方式为“端点”，选择正方体棱的另一个端点，在Pt3A后的“角度”文本框中输入10，预览如图4-7（c）所示。

✧ 展开对话框下方的列表，可以方便地更改三个点的角度数值，确认无误后单击对话框的“确定”按钮，完成后的结果如图4-7（d）所示。

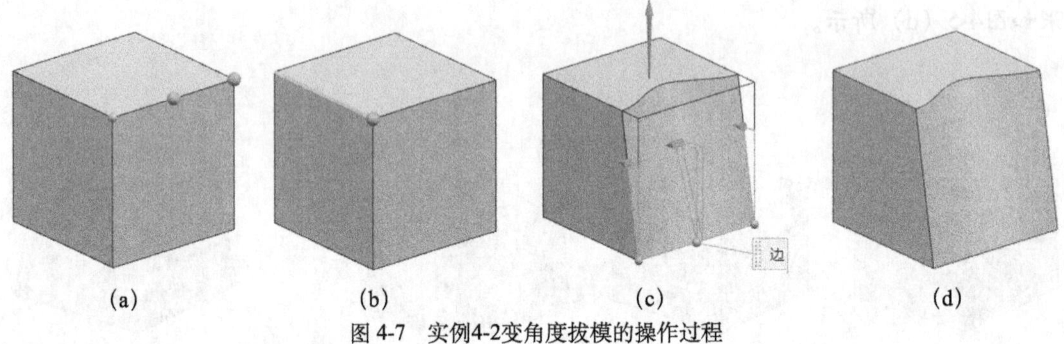

图 4-7　实例4-2变角度拔模的操作过程

4.1.2　边倒圆

在菜单中执行“插入”→“细节特征”→“边倒圆”命令或在特征操作工具栏中单击图标，进入边倒圆操作，弹出“边倒圆”对话框，如图4-8（a）所示。边倒圆操作可以创建恒定半径的倒圆角，如图4-8（b）所示；可以创建变半径倒圆角，如图4-8（c）所示；可以创建突然停止点以终止缺乏特定点的边倒圆，如图4-8（d）所示；可以创建添加拐角回切点以更改边倒圆拐角形状的倒圆角，如图4-8（e）所示。

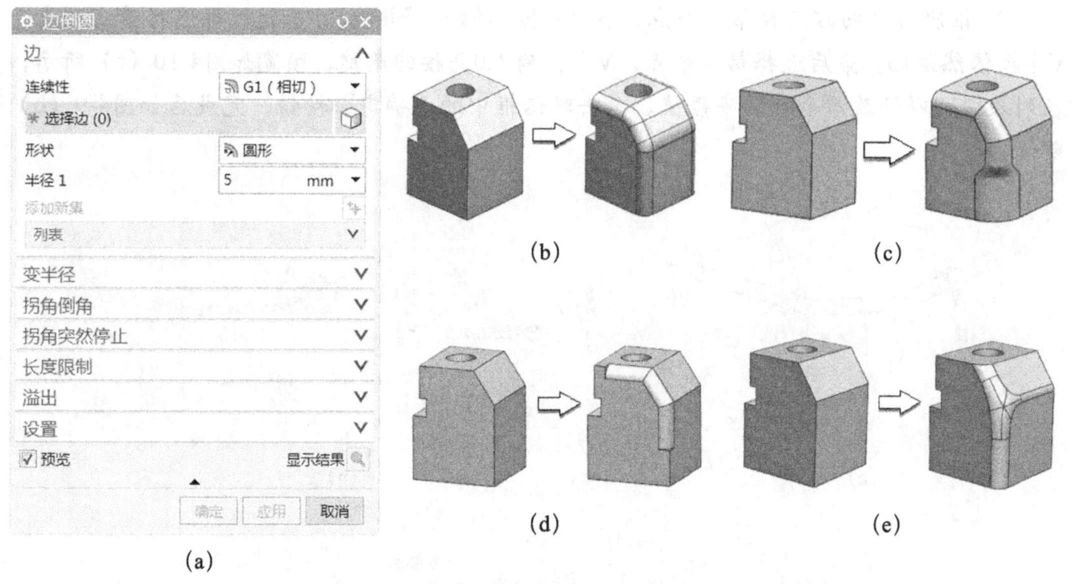

(a) (b) (c) (d) (e)

图 4-8 “边倒圆”对话框及各种类型的边倒圆示意

◆ 引导实例4-3

如图4-9（a）所示，长方体的长、宽、高分别为100、100、60，前方立棱对称倒斜角为30°；图4-9（b）前方圆角半径为15，两个端点的半径为0，完成倒圆角的操作。

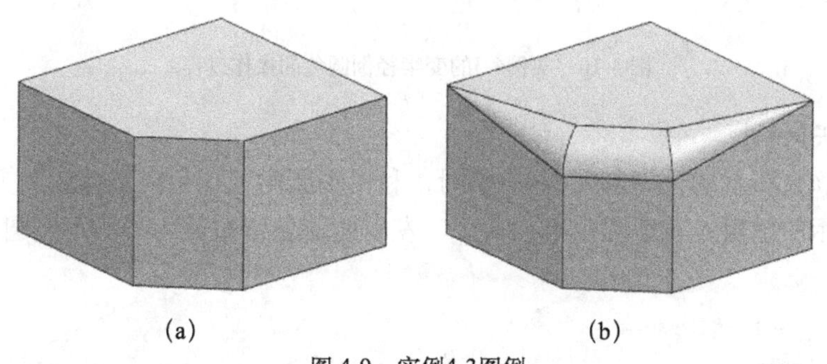

(a) (b)

图 4-9 实例4-3图例

〖操作步骤〗

✧ 新建模型文件，按尺寸创建方体。

✧ 在菜单中执行“插入”→“细节特征”→“倒斜角”命令或在特征操作工具栏中单击图标，弹出“倒斜角”对话框，确认横截面方式为“对称”，距离输入30，确认当前操作在“边”选项的“选择边”中，选择长方体前方立棱，预览正确后在对话框中按“确定”按钮，完成后结果如图4-9（a）所示。

✧ 在菜单中执行“插入”→“细节特征”→“边倒圆”命令或在特征操作工具栏中单击图标，弹出“边倒圆”对话框，确认当前操作在“边”选项的“选择边”中，选择要倒圆角的三个边，如图4-10（a）所示。

✧ 确认当前操作在“变半径”的“指定半径点”中，确认其右侧的点选择方式为“自动判断”的点，选择左侧端点，如图4-10（b）所示，在V半径后输入0并按Enter键，预览如图4-10（b）所示。

✧ 依次自左向右选择第二个点，在V半径后输入15并按Enter键；再选择第三个点，V半径依然是15；最后选择第四个点，V半径输入0并按回车键，预览如图4-10（c）所示，在列表中可以修改四个点的半径值。单击对话框中的“确定”按钮，完成后如图4-9（b）所示。

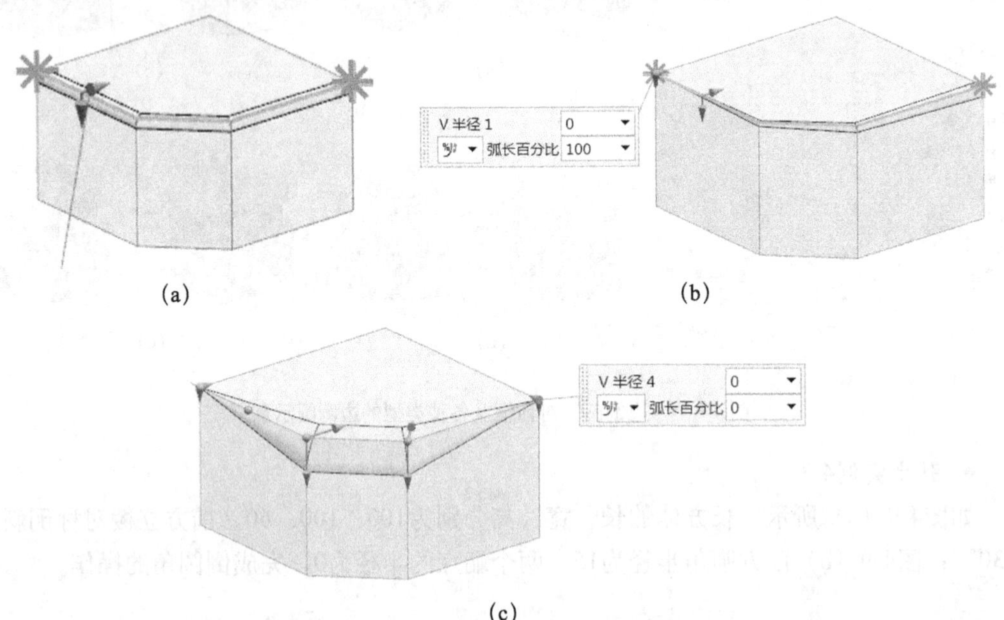

图 4-10　实例4-3的变半径倒圆角的操作过程

◆ 引导实例4-4

图4-11（a）所示的模型与实例4-3相同，利用倒圆角“拐角突然停止”方式实现如图4-11（b）所示的圆角，其中圆角半径为15，左右两侧各留边长为35的不倒圆角。

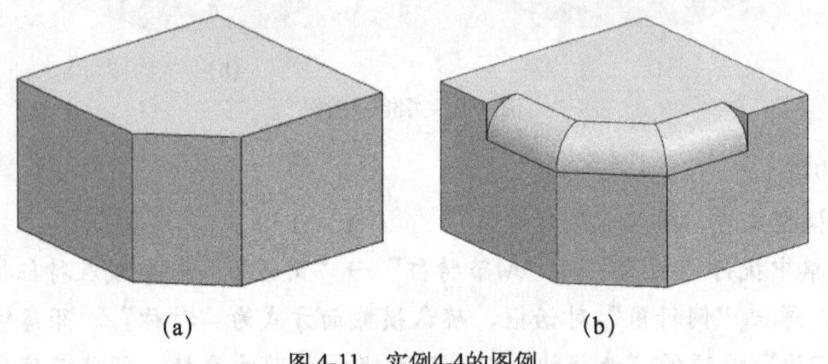

图 4-11　实例4-4的图例

〖操作步骤〗

✧ 在菜单中执行“插入”→“细节特征”→“边倒圆”命令，或在特征操作工具栏中单击图标，弹出“边倒圆”对话框，确认当前操作在“边”选项的“选择边”中，确认圆角半径值为15，选择要倒圆角的三个边，预览如图4-12（a）所示。

✧ 在对话框中展开“拐角突然停止”选项，确认当前操作在其“选择端点”中，此时系统捕捉方式中只有“端点捕捉”，选择倒圆角边的一侧端点，预览如图4-12（b）所示。

✧ 确认“位置”选项选择“弧长”，输入35并按Enter键，则出现如图4-12（c）所示的预览。

✧ 不要在对话框中按“确定”或“应用”按钮，继续再选择另一侧端点，操作步骤同前，预览符合要求后按“确定”或“应用”按钮，完成后的模型如图4-11（b）所示。

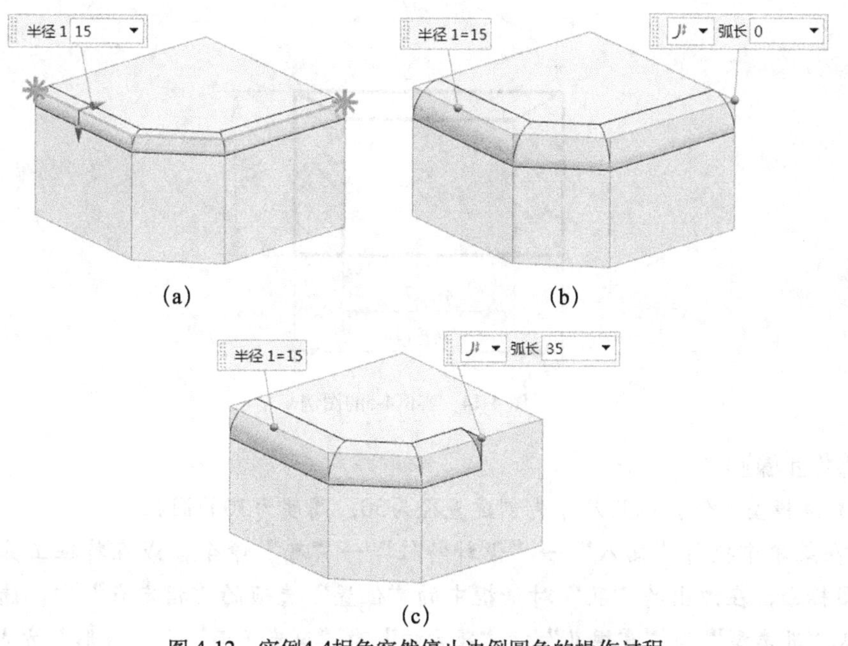

图 4-12　实例4-4拐角突然停止边倒圆角的操作过程

说明

也可以根据具体情况选择其他方式确定“停止点”，如弧长百分比等。

4.1.3　倒斜角

倒斜角是按指定的倒角尺寸斜切实体棱边的操作，在菜单中执行“插入”→“细节特征”→“倒斜角”命令或在特征操作工具栏中单击图标，弹出“倒斜角”对话框，如图4-13（a）所示。倒斜角操作有三种方式：对称、非对称、偏置和角度，如图4-13（b）所示。

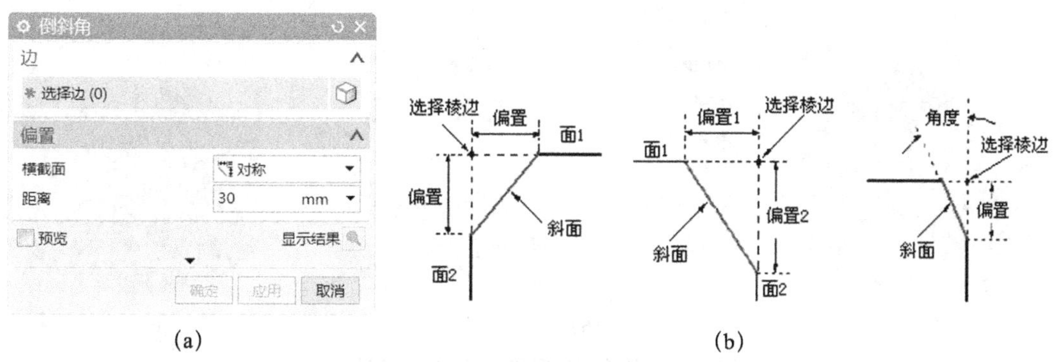

图 4-13　倒斜角对话框及其类型图示

◆ 引导实例4-5

创建如图4-14所示的实体模型。

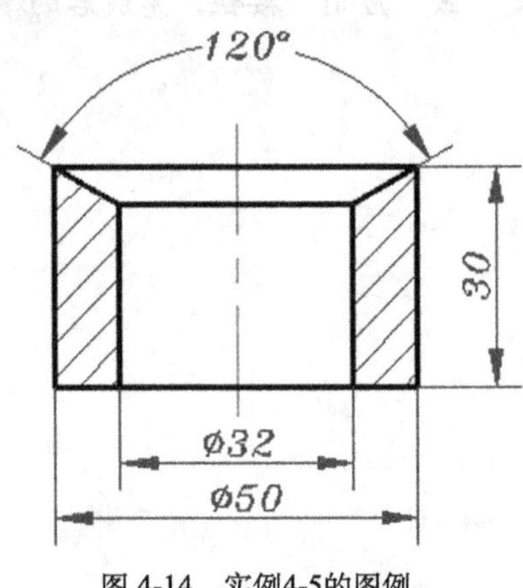

图 4-14 实例4-5的图例

〖操作步骤〗

✧ 新建模型文件，依照尺寸先创建直径为50、高度为30的圆柱。

✧ 在菜单中执行“插入”→“设计特征”→“孔”命令，或在特征工具栏中单击孔特征图标，在弹出的“孔”对话框中的“位置”选项的“指定点”中，选择圆柱圆心，确认“孔类型”为“常规孔”，“孔方向”为“垂直于面”，“成形”方式为“简单孔”，直径输入32并按回车键，“深度”选择“贯通体”，“布尔运算”选择“减去”，出现孔预览，确认符合要求后按“确定”按钮，完成后的模型如图4-15（a）所示。

✧ 在菜单中执行“插入”→“细节特征”→“倒斜角”命令或在特征操作工具栏中单击图标，弹出“倒斜角”对话框。该对话框中横截面方式、距离及角度设置如图4-15（b）所示。注意：“偏置和角度”方式中角度指的是偏置距离所在方向与将完成的斜角边方向之间的夹角。

✧ 确认当前操作在“边”项目中的“选择边”中，选择孔的边缘，单击“确定”按钮后完成倒斜角操作，结果如图4-15（c）所示。

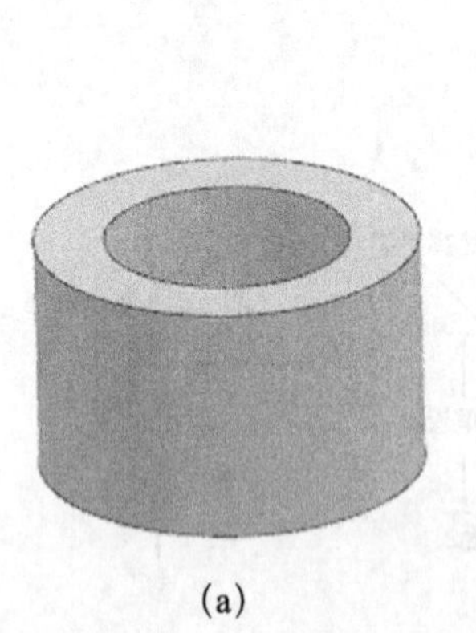

(a)

(b)

(c)

图 4-15 实例4-5偏置和角度倒斜角的过程

4.1.4 抽壳

以指定的厚度为壁厚挖空实体，常用来创建壳体。在菜单中执行“插入”→“偏置/缩放”→“抽壳”命令或单击特征操作工具栏中的图标，弹出如图4-16（a）所示的“抽壳”对话框。抽壳操作有两种类型：一种是“移除面，然后抽壳”，如图4-16（b）所示；另一种是“对所有面抽壳”，即没有一个面是移除的中空抽壳，这种抽壳操作的实际意义不大。图4-16（c）展示的是抽壳操作时方向对结果的影响。抽壳操作可以对不同的面采用不同的厚度进行。

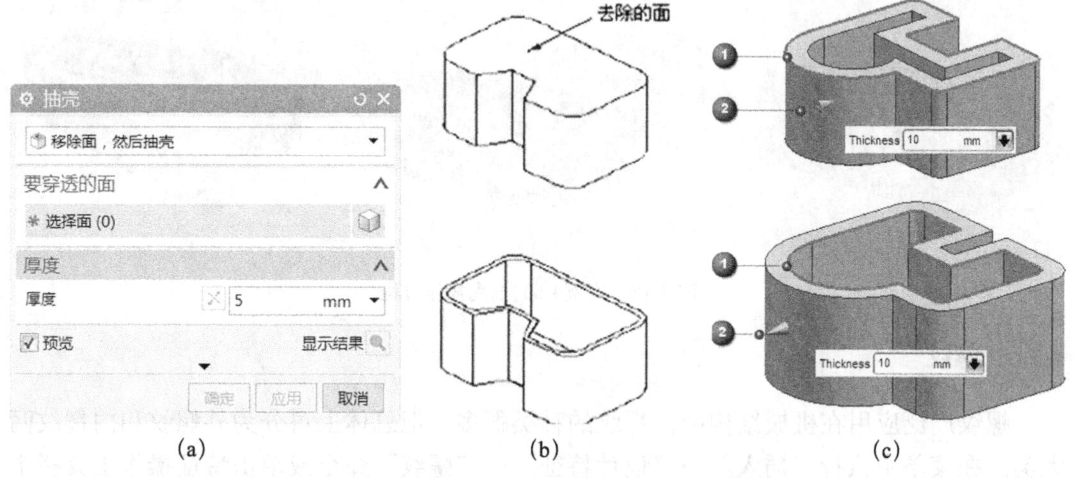

(a) (b) (c)

图 4-16 “抽壳”对话框及移除面抽壳示意

◆ 引导实例4-6

如图4-17所示，完成抽壳操作：四个直角边抽壳厚度为5，斜边抽壳厚度为10。原长方体长、宽、高尺寸分别为60、100、30；斜边采用不对称倒角，长为100的边倒斜角距离为50，长为60的边倒斜角距离为30。

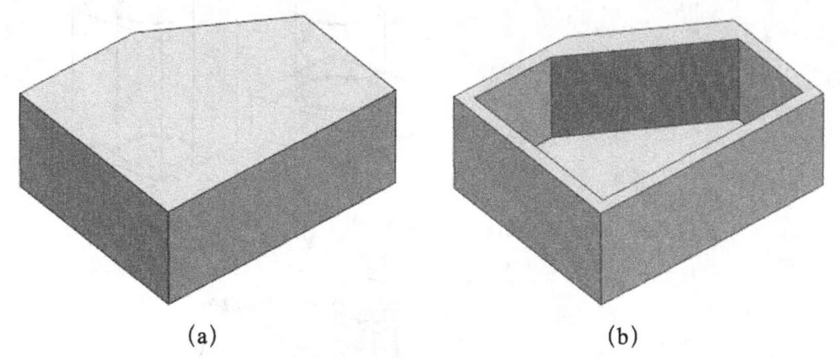

(a) (b)

图 4-17 实例4-6的图例

〖操作步骤〗

✧ 新建模型文件，按要求尺寸完成长方体。

✧ 在菜单中执行“插入”→“细节特征”→“倒斜角”命令或在特征操作工具栏中单击图标，进入倒斜角操作；采用“非对称”倒斜角，两个距离值设置为50、30。

✧ 选择要倒斜角的棱边，观察预览，若长短边颠倒可以按“反向”调整，预览符合要求后单击"确定"按钮即可，如图4-18（a）所示。

✧ 在菜单中执行"插入"→"偏置/缩放"→"抽壳"命令或单击特征操作工具栏中的图标，弹出"抽壳"对话框；选择类型"移除面，然后抽壳"，设置抽壳厚度为5，确认当前操作在"要穿透的面"的"选择面"中，选择模型上表面，预览如图4-18（b）所示。

✧ 确认当前操作在"备选厚度"的"选择面"中，将厚度1设置为10，选择倒斜角的面的外侧，预览如图4-18（c）所示，其厚度变为10。

✧ 确认符合要求后按"确定"按钮，完成模型，如图4-17（b）所示。

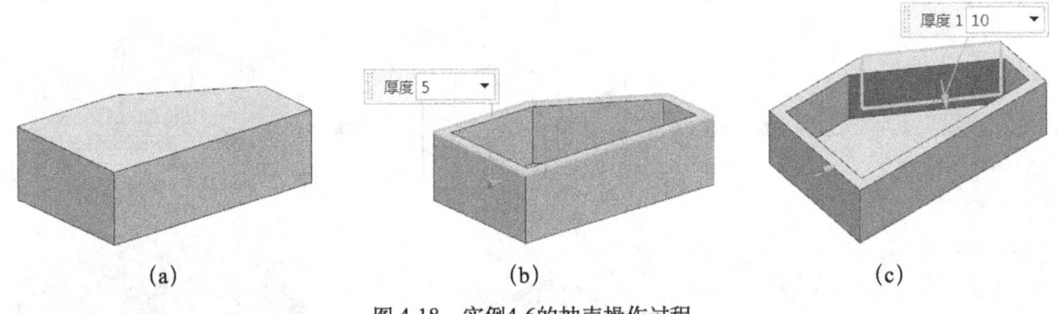

图 4-18　实例4-6的抽壳操作过程

4.1.5　螺纹

螺纹广泛应用在机械结构中，螺纹的种类很多，但总体上可分为外螺纹和内螺纹两大类。在菜单中执行"插入"→"设计特征"→"螺纹"命令或单击特征操作工具栏中的图标，弹出如图4-19（a）所示的"螺纹切削"对话框。NX中表达螺纹有"符号"螺纹和"详细"螺纹，分别如图4-19（b）和图4-19（c）所示。两者最根本的区别在于导出二维工程图时，只有符号螺纹能在二维图中显示螺纹符号。NX12.0孔特征里有螺纹孔，所以螺纹孔可以在打孔时直接创建。

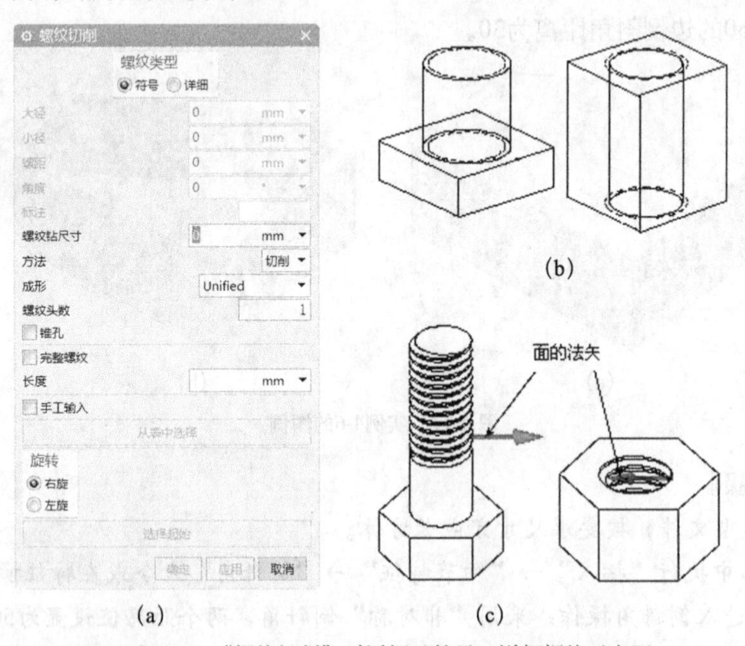

图 4-19　"螺纹切削"对话框及符号、详细螺纹示意图

◆ 引导实例4-7

M20的双头螺柱如图4-20所示，完成其建模，要求使用详细螺纹和符号螺纹方式分别创建，端面倒斜角为C1.5。

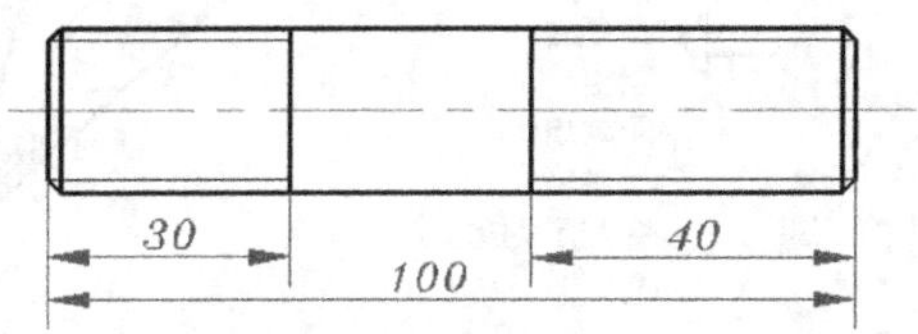

图 4-20　实例4-7的双头螺柱

〖操作步骤〗

✧ 新建模型文件，创建直径为20、高度为100的圆柱，圆柱指定矢量为*Y*轴。

✧ 在菜单中执行“插入”→“细节特征”→“倒斜角”命令或在特征操作工具栏中单击图标，进入倒斜角操作，选择“对称”方式，“距离”输入1.5，选择两侧圆边，完成后的模型如图4-21（a）所示。

✧ 在菜单中执行“插入”→“设计特征”→“螺纹”命令或单击特征工具栏中的图标，弹出“螺纹切削”对话框［参见图4-19（a）］。“螺纹类型”选择“详细”，选择圆柱左下方回转面，系统将弹出对话框提示用户“选择起始面”，选择左下方端面即可，预览如图4-21（b）所示。在对话框中将“长度”改为30，单击对话框中“确定”按钮，结果如图4-21（c）所示。

✧ 再次进行螺纹操作，步骤同上，选择圆柱回转面的右上方，“长度”改为40，完成后的结果如图4-21（d）所示。

✧ 创建符号螺纹的过程类似，此处略。

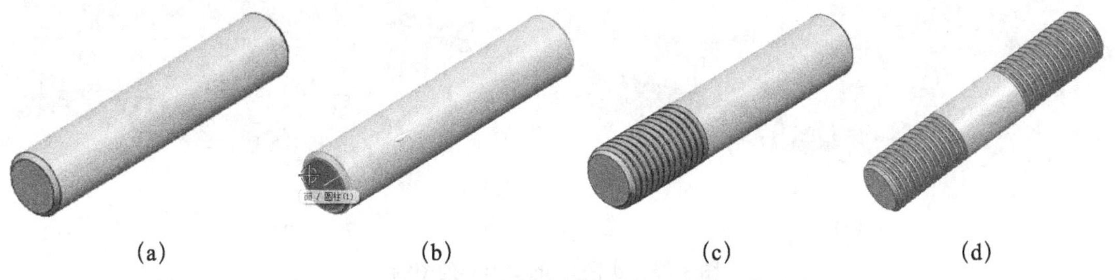

(a)　(b)　(c)　(d)

图 4-21　实例4-7双头螺柱详细螺纹方式的操作过程

4.1.6　阵列特征

在菜单中执行“插入”→“关联复制”→“阵列特征”命令或单击特征工具栏中的图标，弹出如图4-22（a）所示的“阵列特征”对话框。“阵列特征”的操作实质是按照一定的分布规律对主特征实现复制，复制后的对象称为成员特征。图4-22（b）所示为“线性”阵列（两次线性阵列即实现矩形阵列）操作结果，图4-22（c）所示为“圆形”阵列操作结果。

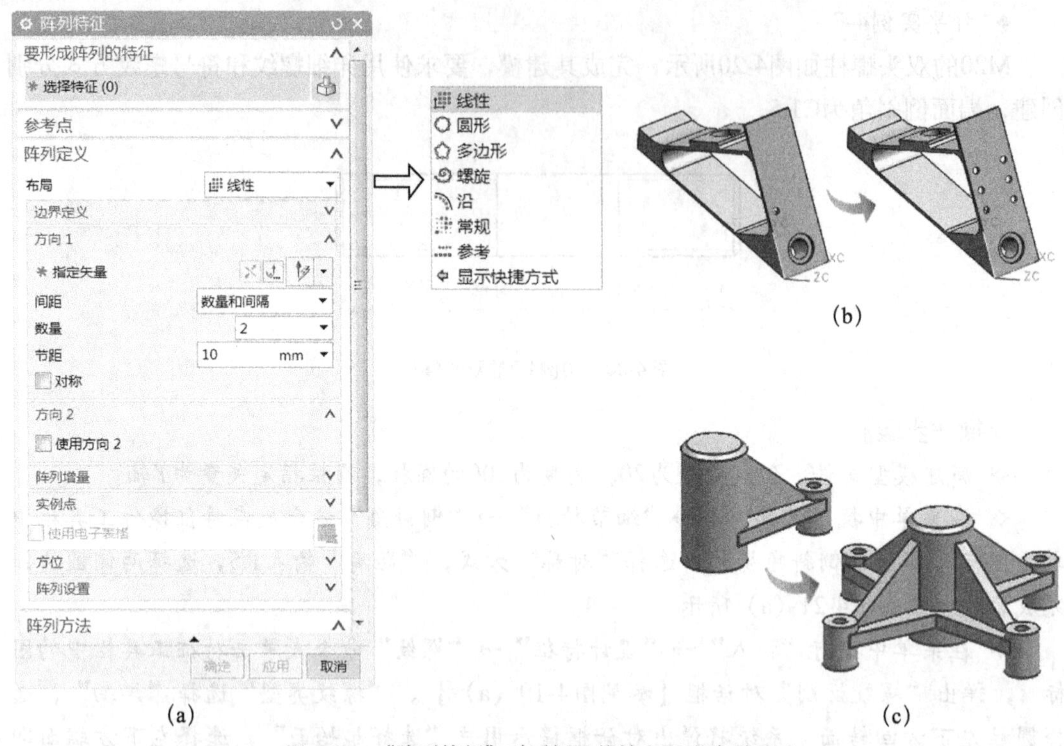

图 4-22　“阵列特征”对话框及线性和圆形阵列图示

◆ 引导实例4-8

如图4-23（a）所示，长方体长、宽、高分别为60、100、10，长方体上的孔直径为6，其孔心距两直角边定位尺寸都是10，完成如图4-23（b）所示孔的阵列。

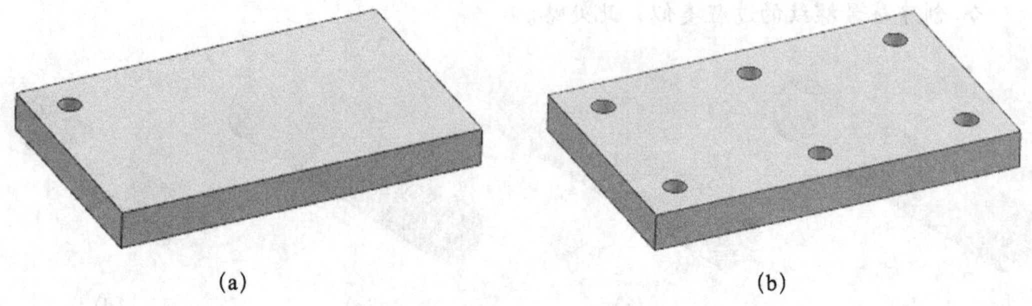

图 4-23　实例4-8的矩形阵列图例

〖操作步骤〗

✧ 新建模型文件，按尺寸要求创建长方体。

✧ 在工具条中单击孔特征图标，在“孔”对话框中确定孔类型为“常规孔”、孔方向为“垂直于面”、成形为“简单孔”、直径输入6、深度限制选择“贯通体”；确认当前操作在“位置”项的“指定点”中，在方体表面拾取一点，系统进入草图模式，利用草图的尺寸约束对孔心定位，如图4-24（a）所示。

✧ 退出草图后，出现孔预览，确认符合要求后单击对话框中的“确定”按钮，完成后的结果如图4-23（a）所示。

✧ 在菜单中执行“插入”→“关联复制”→“阵列特征”命令或单击特征工具栏中的图标，进入“阵列特征”操作，确认当前操作在“选择特征”中，在模型上选择孔（也可以在部件导航器中选择孔特征）、在其对话框中“布局”选项选择“线性”。

✧ 将当前操作调整至“方向1”的“指定矢量”上，系统弹出参考矢量，选择X轴，如图4-24（b）所示，“数量”填写2，“节距”填写40；在对话框中勾选“使用方向2”，“数量”填写3，“节距”填写40，选择Y轴为参考矢量，预览结果如图4-24（c）所示。

✧ 单击对话框中“确定”按钮，完成矩形阵列后的模型如图4-24（d）所示。

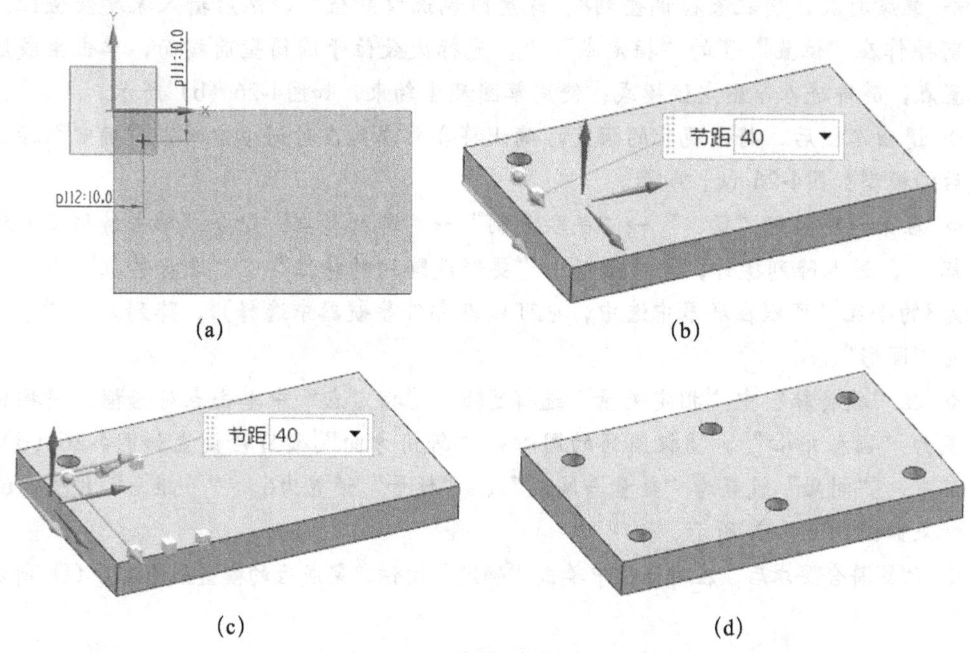

图 4-24　实例4-8长方体的矩形阵列的操作过程

◆ 引导实例4-9

如图4-25（a）所示，圆筒外径为100、内径为60、高度为100，筒壁上孔直径为8，孔深为12，完成后的结果如图4-25（b）所示。

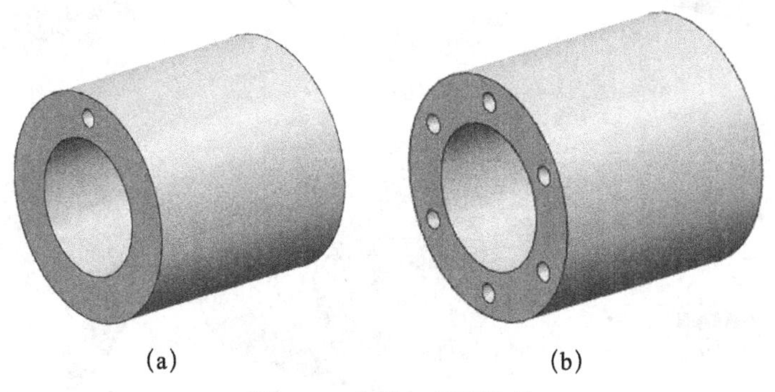

图 4-25　实例4-9圆形阵列

〖操作步骤〗

✧ 新建模型文件，创建直径高度均为100的圆柱，矢量选择Y轴，使圆柱方向与图4-25（a）所示一致。

✧ 在工具条中单击孔特征图标，在“孔”对话框中确定孔类型为“常规孔”、孔方向为“垂直于面”、成形为“简单孔”、直径输入60并按Enter键、深度限制选择“贯通体”；确认当前操作在“位置”项的“指定点”中，选择圆柱底面，随即进入草图定位模式，使用草图尺寸约束，设置指定点与原点重合，完成草图，预览符合要求后单击“应用”按钮，完成后的结果如图4-26（a）所示。

✧ 继续打孔，将孔直径调整到8、深度限制选择“值”，然后输入深度数值12。确认当前操作在“位置”项的“指定点”中，光标大致位于圆筒壁前端面，单击生成圆心的位置点，随即进入草图定位模式；使用草图尺寸约束，如图4-26（b）所示。

✧ 退出草图后，将出现孔的预览，确认符合要求后在对话框中单击“确定”按钮，完成后的模型如图4-26（c）所示。

✧ 在菜单中执行“插入”→“关联复制”→“阵列特征”命令或单击特征工具栏中的图标，进入阵列操作，在对话框中“要形成阵列的特征”下“选择特征”中，选择直径为8的小孔（可以在屏幕中选中，也可以在部件导航器中选择），阵列方式“布局”设置为“圆形”。

✧ 在“旋转轴”中“指定矢量”选择Y轴；“指定点”中单击点对话框，将捕捉方式设置为“圆弧中心”，捕捉圆筒的圆心；“斜角方向”项目栏设置如图4-26（d）所示，其中，“间距”设置为“数量与间隔”，“数量”设置为6，“节距角”设置为60，预览结果如图4-26（e）所示。

✧ 预览符合要求后，在对话框中单击“确定”按钮，完成后的模型如图4-26（f）所示。

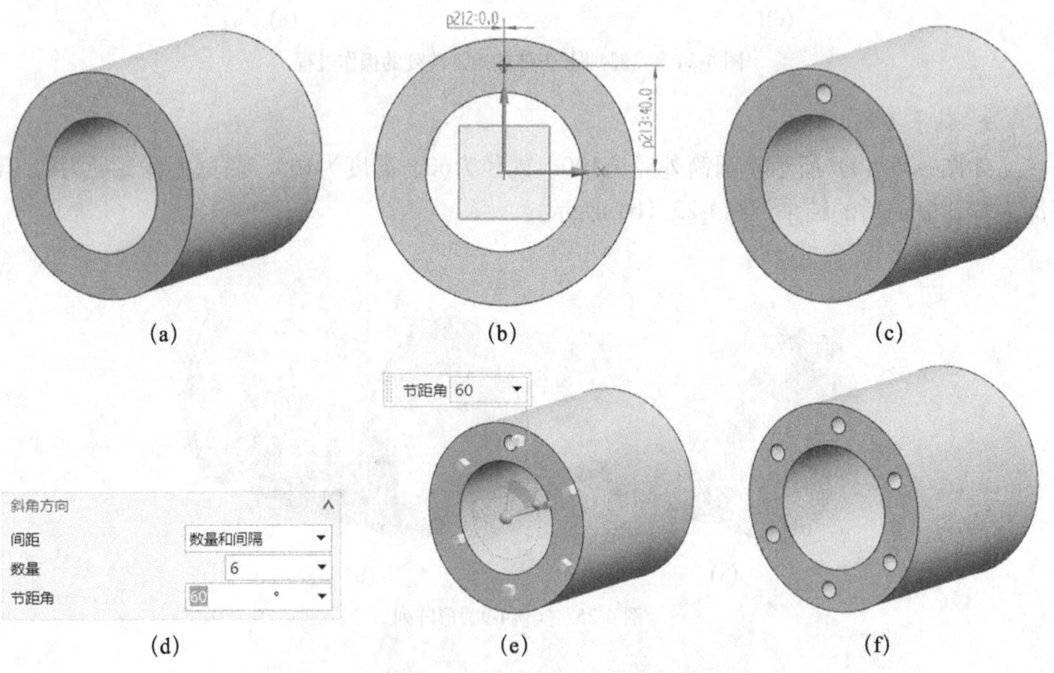

图 4-26 实例4-9圆孔定位及圆形阵列的操作过程

4.1.7 镜像特征

在菜单中执行“插入”→“关联复制”→“镜像特征”命令或单击特征工具栏中的图标，弹出如图4-27（a）所示的“镜像特征”对话框。

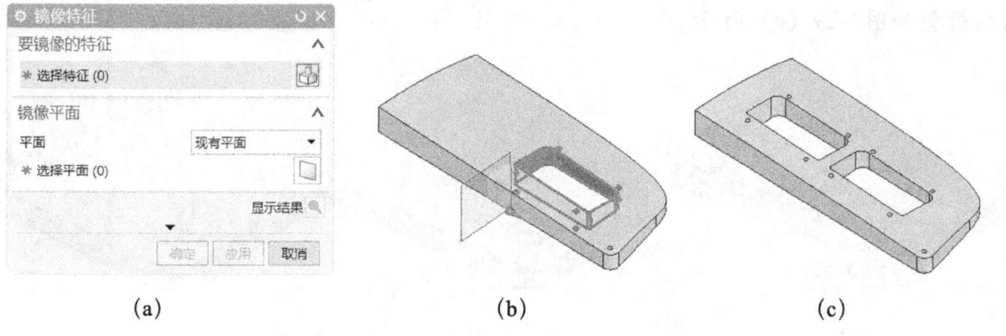

(a)　　(b)　　(c)

图 4-27　“镜像特征”对话框及镜像特征图示

◆ 引导实例4-10

如图4-28（a）所示，长方体长、宽、高分别为60、100、10，圆角半径为15，孔与圆角同心直径为10。运用特征镜像操作完成圆角和孔的构建，如图4-28（b）所示。

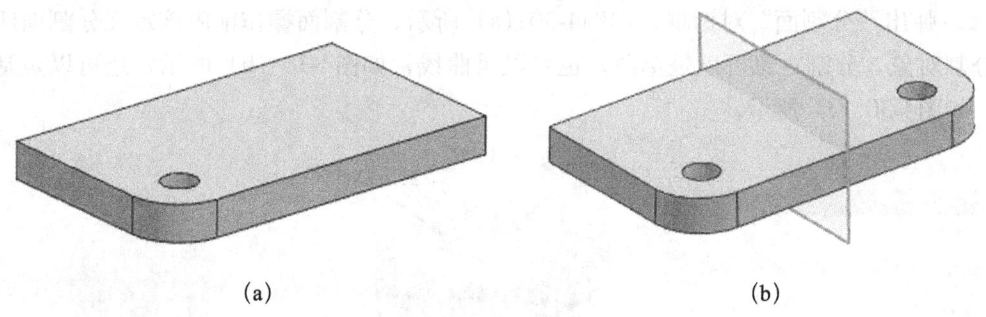

(a)　　(b)

图 4-28　实例4-10的镜像特征图例

〖操作步骤〗

✧ 新建模型文件，按要求创建长方体，进入“边倒圆”操作，完成半径为15的圆角。

✧ 进入打孔操作，在对话框中设置孔“类型”为“常规孔”、“孔方向”为“垂直于面”、“成形”为“简单”、孔直径为10、孔深选择“贯通体”，确认当前操作在“位置”选项的“指定点”中，将捕捉方式设置为“圆弧圆心”，选择圆角圆心如图4-29（a）所示，单击左键后出现预览，完成后的模型如图4-28（a）所示。

✧ 将当前图层设置为62层，在菜单中执行“插入”→“基准/点”→“基准平面”命令或直接单击特征工具栏中基准平面图标，弹出“基准平面”对话框，“类型”选择默认的“自动判断”，再分别选择方体宽度方向的两个端面，显示出位于两者中间的基准面预览，在对话框中单击“确定”按钮后完成中间基准面的创建，如图4-29（b）所示，该基准面用于镜像面。

✧ 将当前图层设置为1层，在菜单中执行“插入”→“关联复制”→“镜像特征”命令或单击特征工具栏中的图标，进入特征镜像操作，在“镜像特征”对话框中确认当前操作在“要镜像的特征”项的“选择特征”中，选择孔和圆角两个要镜像的特征；完成后按鼠标中键将当前操作下移到“镜像平面”的“平面”中，在列表中选择“现有平面”，用光标选择刚创建的基准平面。

✧ 若预览符合要求则单击对话框中的“确定”按钮，并将62层设置为不可见，完成后的模型如图4-29（c）所示。

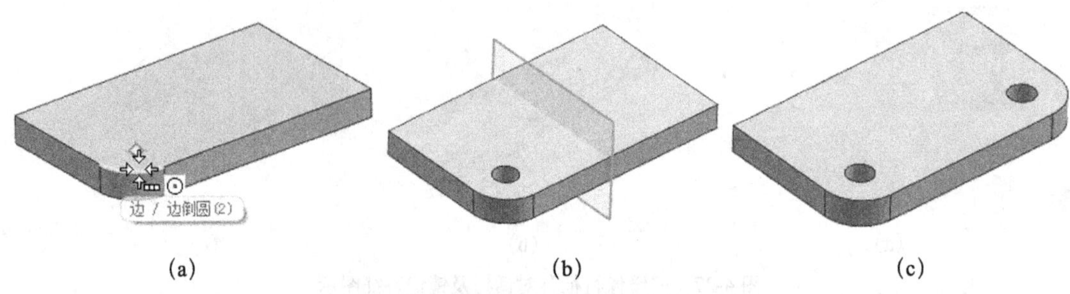

图 4-29　实例4-10孔和圆角特征镜像的操作过程

4.1.8　分割面

在菜单中执行“插入”→“修剪”→“分割面”命令或单击特征操作工具栏中的图标，弹出“分割面”对话框，如图4-30（a）所示。分割面操作前应该定义分割面所需的分割对象，分割对象可以是草图，也可以是曲线，如图4-30（b）所示；还可以是基准面，如图4-30（c）所示。

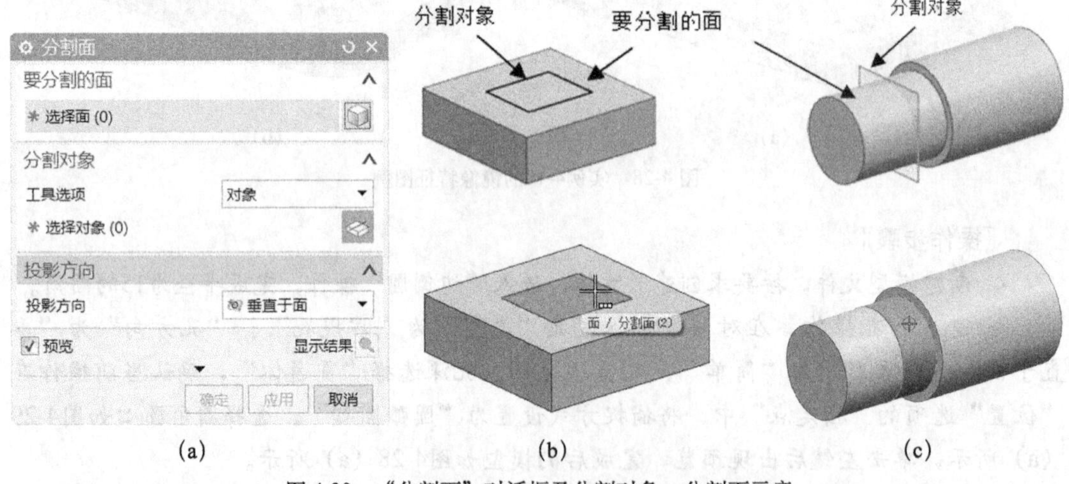

图 4-30　“分割面”对话框及分割对象、分割面示意

◆ 引导实例4-11

如图4-31（a）所示，在长、宽、高都是100的方体的一个面上随意创建一条“分割线”（分割线可以是草图，也可以直接使用曲线），然后应用“分割面”操作，将该面分割为两个面，如图4-31（b）所示。

〖操作步骤〗

✧ 新建模型文件，创建长、宽、高都是100的方体。

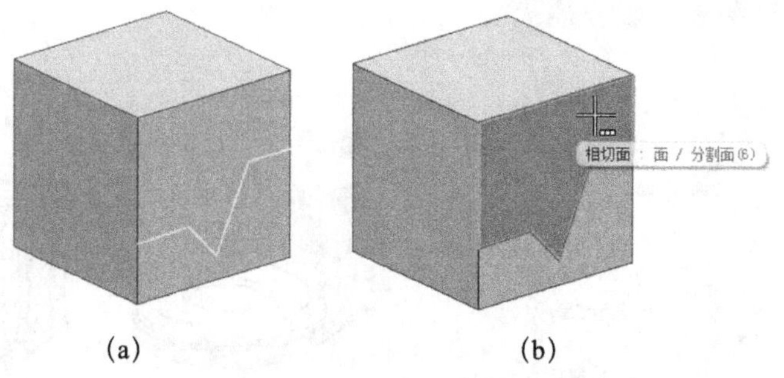

(a) (b)

图 4-31 实例4-11的图例

✧ 将当前工作图层设置为21层，在菜单中执行“插入”→“任务环境中的草图”命令，弹出“创建草图”对话框，确定“类型”为“在平面上”，“平面方法”为“自动判断”，选择方体右前立面，如图4-32（a）所示，在对话框中单击“确定”按钮，进入草图模式，如图4-32（b）所示。

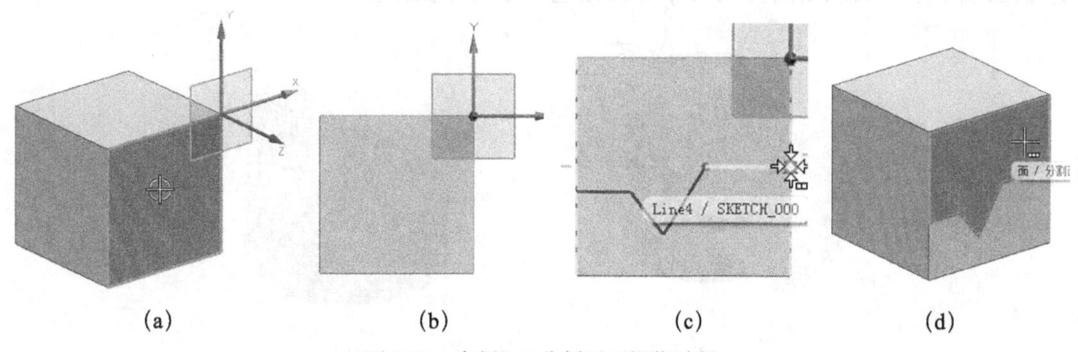

(a) (b) (c) (d)

图 4-32 实例4-11分割平面操作过程

✧ 选择“轮廓”连续画线，捕捉方式设置为“曲线上的点”，在草图平面上选择右侧任意一点为捕捉起点，然后画一段水平线，再如图4-32（c）所示完成草图，最后在左侧捕捉终点，无需约束，完成后退出草图模式。

✧ 在菜单中执行“插入”→“修剪”→“分割面”命令或单击特征操作工具栏中的图标，弹出“分割面”对话框［参见图4-30（a）］，确认当前操作在“要分割的面”的“选择面”中，选择方体右前立面；按鼠标中键操作下移到“分割对象”的“选择对象”中，确认“选择意图”为“相连曲线”，用光标选择所创建的草图，在对话框中单击“应用”按钮，光标移到分割的平面上，显示出独立的以草图为界的平面，如图4-32（d）所示，说明分割平面操作成功。

4.1.9 修剪体

用实体表面、基准面或片体修剪一个或多个目标实体的操作，如图4-33（b）所示。修剪后保留下的实体仍是参数化的。被裁剪的实体为目标体，裁剪面为工具体，裁剪面可以是平面，也可以是曲面。在菜单中执行“插入”→“修剪”→“修剪体”命令或单击特征操作工具栏中的图标，弹出“修剪体”对话框，如图4-33（a）所示。

(a) (b)

图 4-33 "修剪体"对话框及片体修剪实体示意图

◆ 引导实例4-12

如图4-34所示，圆柱的直径为50、高度为50，中间的曲面由草图曲线拉伸片体，具体形状位置不限，试以曲面为工具体对圆柱进行修剪体操作。

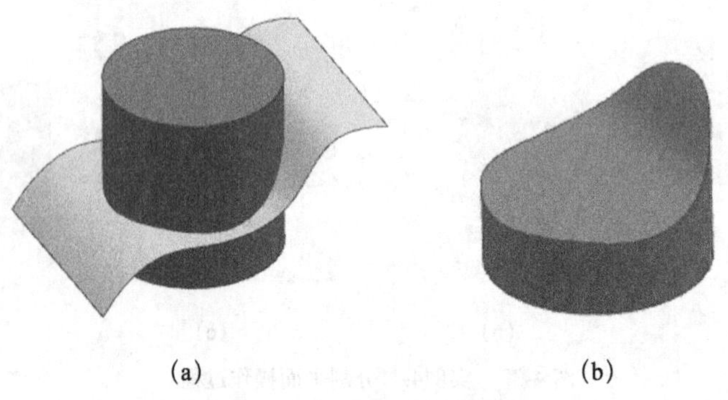

(a) (b)

图 4-34 实例4-12的图例

〖操作步骤〗

◇ 新建模型文件，进入"图层设置"，将61层选中；创建直径为50、高度为50的圆柱。

◇ 将工作图层设置为21层，在菜单中执行"插入"→"任务环境中的草图"命令，弹出"创建草图"对话框，确定"类型"为"在平面上"，"平面方法"为"自动判断"，选择系统61层提供的Y-Z基准平面为草图平面，如图4-35（a）所示，确定后进入草图操作。

◇ 在草图工具栏中选择"艺术样条"按钮，在弹出的"艺术样条"对话框中，"类型"选择"根据极点"，确认当前操作在"极点位置"的"指定点"中，在圆柱范围内单击确定一系列点，如图4-35（b）所示，在对话框中单击"确定"按钮完成曲线，无需约束退出草图。

◇ 将工作图层设置为41层，在菜单中执行"插入"→"设计特征"→"拉伸"命令或在工具栏中单击图标，弹出"拉伸"对话框，选择"对称值"拉伸、距离设为30、布尔运算选择"无"、体类型选择"片体"（注意：软件翻译为"图纸页"），选择意图为"单挑曲线"，用光标选择草图曲线，预览符合要求后，在对话框中单击"确定"按钮，结果如图4-35（c）所示。

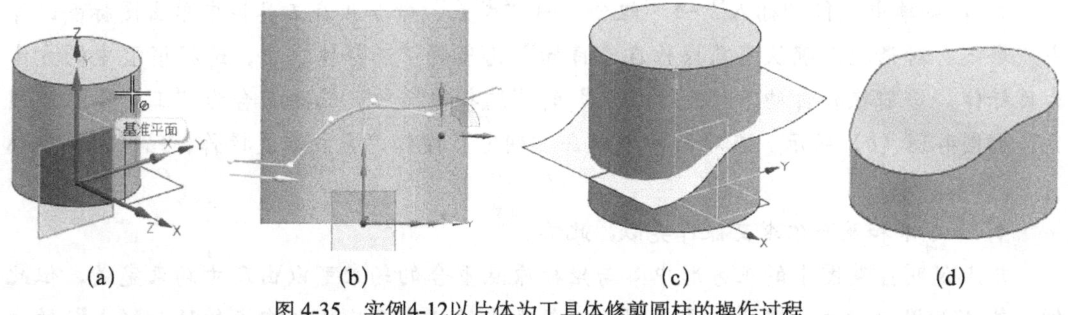

(a) (b) (c) (d)

图 4-35 实例4-12以片体为工具体修剪圆柱的操作过程

✧ 工作图层切换到1层，在菜单中执行“插入”→“修剪”→“修剪体”命令或在工具栏中单击图标，弹出“修剪体”对话框［参见图4-33（a）］。目标体选择圆柱，工具体选择片体，出现修剪掉一侧的预览，若结果相反按反向按钮调整，预览符合要求后在对话框中单击“确定”按钮，再将21、41、61层都设置为不可见，结果如图4-35（d）所示。

4.1.10 布尔运算

在建立模型时，若建立的实体与已存在的实体存在交叠，系统将自动提问以何种方式与已存在的实体组合，这就是布尔操作。布尔操作也常称为布尔运算，有“求和”“求差”和“求交”三种形式。如图4-36（a）所示，方体为目标体，其余为工具体；图4-36（b）所示为求和的结果，图4-36（c）所示为求差的结果，图4-36（d）所示为求交的结果。

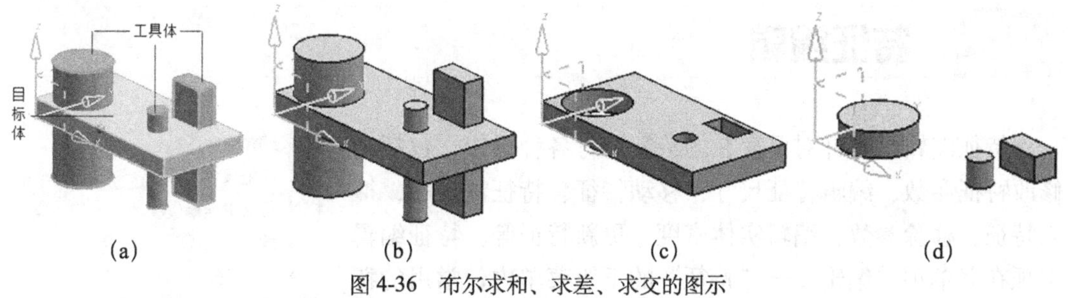

(a) (b) (c) (d)

图 4-36 布尔求和、求差、求交的图示

◆ 引导实例4-13

如图4-37所示，以方体为目标体，圆台为工具体完成两者布尔运算的三种情形。方体长、宽均为50，高为20；圆台位于方体正中间，下表面与方体重合，圆台小圆直径为15，拔模角度为10°。

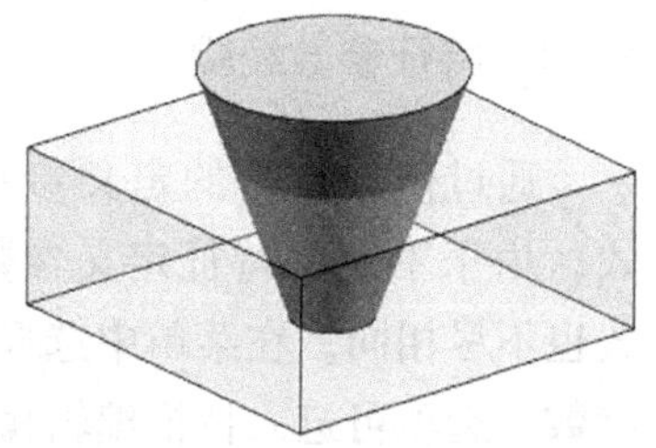
图 4-37 实例4-13的图例

〖操作步骤〗

✧ 新建模型文件，将工作图层设置为21层，以x-y面为草图平面。完成后的草图如图4-38（a）所示。

✧ 退出草图模式，将工作图层设置为1层，将系统选择意图设置为“相连曲线”，拉伸正方形草图高度为20；然后拉伸圆，高度为30；拔模角设置：拔模为“从截面”、角度选项为“单个”、角度数值为-20；布尔运算选择“无”，确认预览符合要求后在对话框中单击“确定”按钮，再将21层和61层设置为“不可见”，完成后的模型如图4-38（b）所示。

✧ 在菜单中执行“插入”→“组合”→“求差”命令或在工具栏中单击图标，弹出“求差”对话框，确认当前操作在“目标”选项的“选择体”中，选择模型中的方体为目标体；当前操作自动下移到“工具”的“选择体”中，选择圆台为“工具体”，预览，如图4-38（c）所示；在对话框中单击“确定”按钮，完成求差操作，结果如图4-38（d）所示。

✧ 布尔求和及布尔求交操作类似，此略。

几点说明：草图中的正方形中心与坐标原点重合的约束可以由尺寸约束完成，但此例显然不是用此方法。建议使用草图几何约束中的“点在直线的中点的延长线上”的方法，图标为，NX中文提示为“中点”。

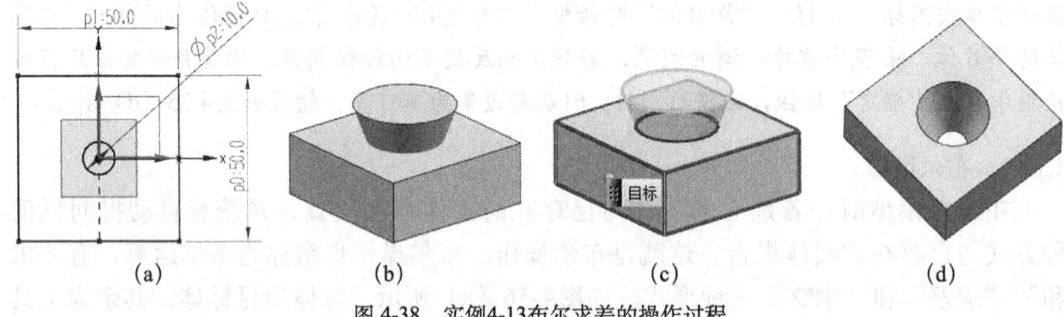

图 4-38 实例4-13布尔求差的操作过程

4.2 特征编辑

特征编辑是指针对已存在的特征进行各种操作，包括：修改特征参数、编辑特征尺寸、移动特征、特征重排序、抑制特征、移除参数、编辑实体密度、更新特征等。特征编辑选项在菜单项“编辑”→“特征”的下级菜单内，常用的特征编辑选项如图4-39所示。

编辑参数(P)...
特征尺寸(D)...
可回滚编辑(W)...
编辑位置(O)...
移动(M)...
重排序(R)...
替换(A)...
替换为独立草图(I)...
抑制(S)...
取消抑制(U)...
由表达式抑制(E)...
调整基准平面的大小(Z)...
移除参数(V)...
实体密度(L)...
指派特征颜色(C)...
指派特征组颜色(G)...
重播(Y)...
更新特征(N)...
从边倒圆移除缺失的父项(T)

图 4-39 编辑特征选项

4.2.1 特征参数编辑

通过修改特征的定义参数可以改变特征的诸多表现形式，由于不同的特征定义参数不同，因此修改的内容和形式也不尽相同。在菜单中选择“编辑”→“特征”→“编辑参数”选项可进入特征编辑操作；另外，在屏幕工作区或在导航器中选择“特征”，单击右键也可进入该特征的参数编辑。编辑的项目一般有参数、方向和重新附着等。

◆ 引导实例4-14

如图4-40所示，将侧面的键槽“重新附着”在上表面上，模型尺寸随意。

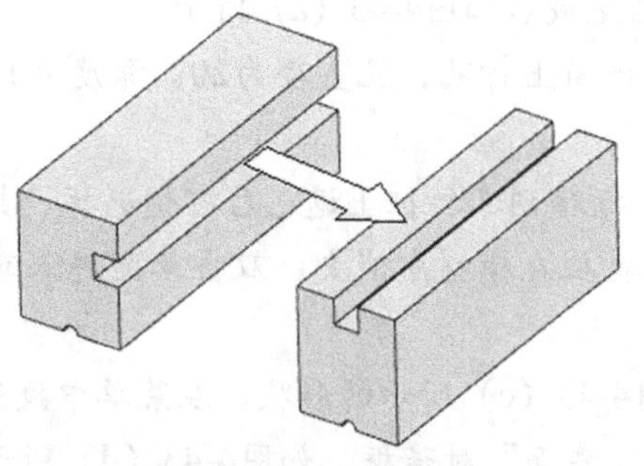

图 4-40　实例4-14的图例

〖操作步骤〗

✧ 新建模型文件，创建长、宽、高分别为50、120、50的方体，在侧面打矩形通槽，完成后的模型如图4-41（a）所示，键槽无需定位。

✧ 在菜单中执行"编辑"→"特征"→"编辑参数"命令，弹出如图4-41（b）所示的"编辑参数"选择框。因为要编辑的特征是矩形键槽，所以选择"矩形键槽"选项，按"确定"按钮，在接下来的对话框中选择"重新附着"后又进入下一个对话框。

✧ 在该对话框中按照步骤先选择目标放置面，再选择指定参考方向为"水平参考"（宽度方向的棱即可），再选择通槽的起始面（第一通过面）和指定第二通过面，如图4-41（c）所示。

✧ 在对话框中单击"确定"按钮，会弹出对话框，继续按"确定"按钮，再次弹出对话框，继续按"确定"按钮，完成矩形键槽的重新附着操作，结果如图4-41（d）所示。

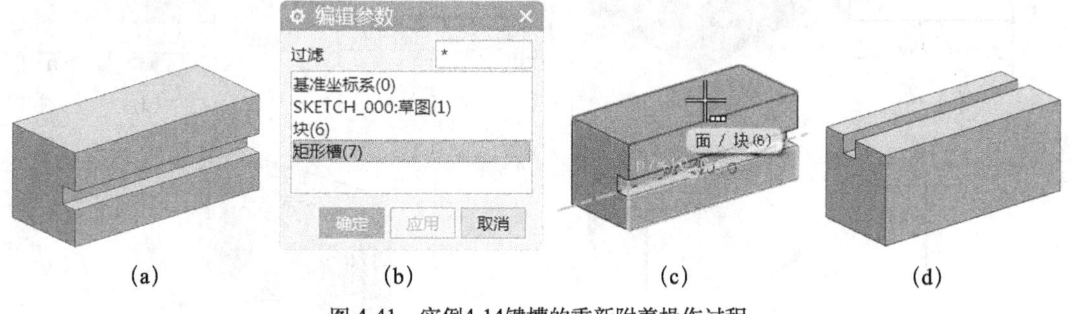

图 4-41　实例4-14键槽的重新附着操作过程

◆ 引导实例4-15

完成图4-42所示的孔的重新附着，模型尺寸随意，但要由草图完成。

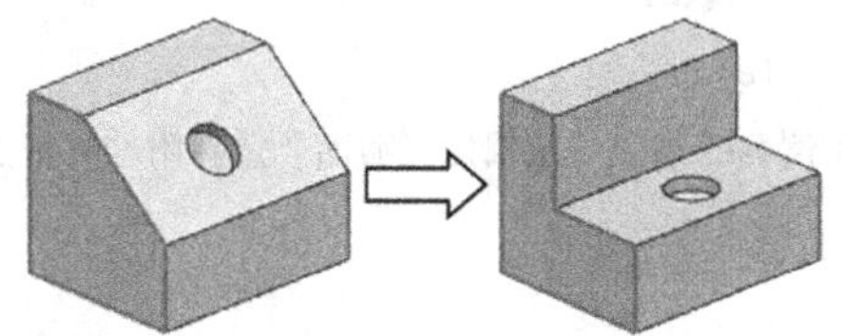

图 4-42　实例4-15的图例

〖操作步骤〗

✧ 新建模型文件，将61层设置为可选，将当前工作图层设置为21层，创建草图，以

Z-X平面为草图平面，草图完成后如图4-43（a）所示。

✧ 草图拉伸100，在斜面上打孔，孔直径为20，深度为12（无需定位），完成后的模型如图4-43（b）所示。

✧ 抑制孔特征，将光标移到孔特征上返色后右键选择“抑制”或在部件导航器中将孔特征前的勾选取消，孔特征在模型中消失；双击草图进入草图模式，单击图标进入“任务环境中的草图”。

✧ 将原草图修改为图4-43（c）所示的形状，在菜单中执行“编辑”→“编辑定义截面”命令，弹出“编辑定义截面”对话框，如图4-43（d）所示，单击“替换助理”后的图标，窗口显示如图4-43（e）所示。

✧ 草图编辑前后有变化的线段显示为浅蓝色，没有变化的显示为淡黄色，由于要将孔放置在水平面，先选择图4-43（e）中箭头所示的草图线段，然后在“替换助理”对话框中单击“确定”按钮，随后在“编辑定义截面”对话框中继续单击“确定”按钮。

✧ 选择“完成草图”退出草图模式，模型更新为图4-43（f）所示，即完成孔的重新附着操作。

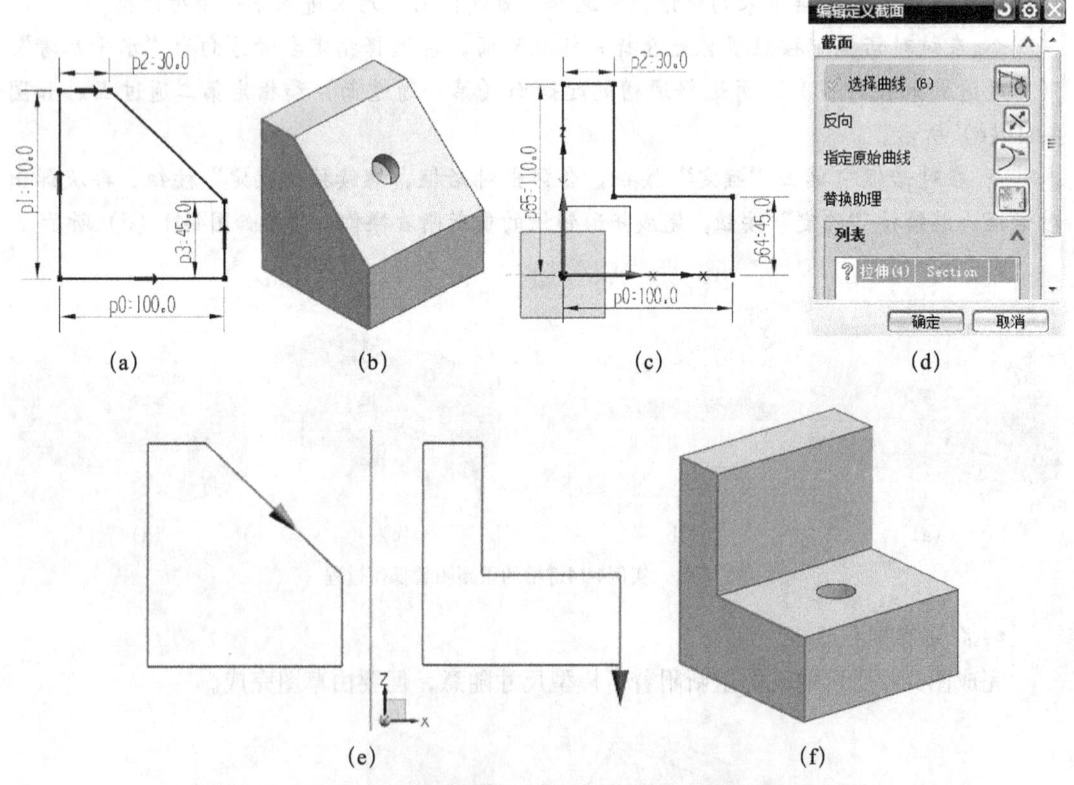

图4-43　实例4-15 通过“编辑定义截面”重新附着特征的操作过程

4.2.2　特征的时序重排

特征建模的过程是有序进行的，系统自动按照特征创建的先后赋予它们一个时间戳记。当修改模型时，模型更新将由时间戳记的顺序控制。特征时序重排就是改变特征生成的顺序，即将某一特征放在另一个特征的前面或后面。在菜单中执行“编辑”→“特征”→“重排序”命令，弹出“特征重排序”对话框，如图4-44（a）所示；也可以在“部件导航器”中直接拖动更改特征顺序。图4-44（b）和图4-44（c）所示为将“壳”特征排到“矩形垫块”特征后“模型历史记录”的变化。要注意的是：特征的次序并不是能任意重排的。例如，在方体上的孔，孔是子特征，依附于父特征的方体，两者不能重排序。

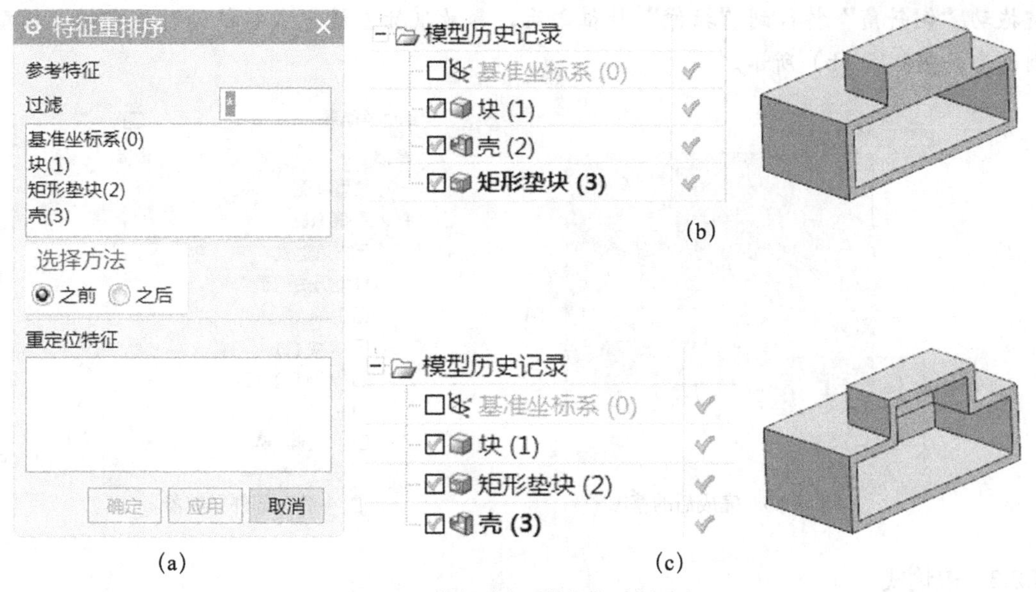

图 4-44　特征时序重排操作过程示意

◆ 引导实例4-16

如图4-45（a）所示，模型建模顺序是长方体、倒斜角、矩形垫块，使用特征时序重排使模型变换成图4-45（b）所示的模型，其中模型自建，长方体长、宽、高分别为60、50、20，倒斜角为10°，矩形垫块长、宽、高分别为30、20、10。

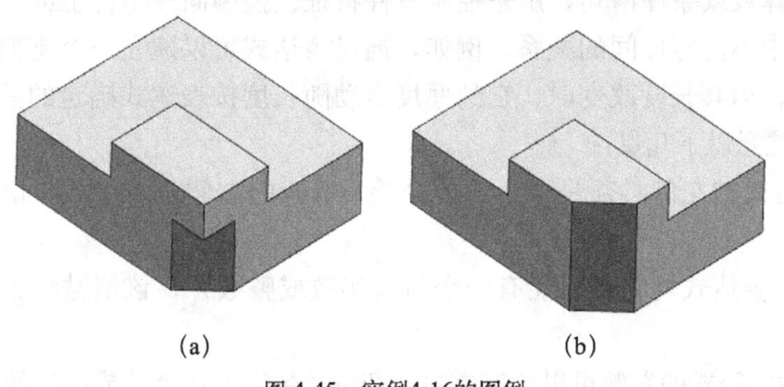

图 4-45　实例4-16的图例

〖操作步骤〗

✧ 新建模型文件，确认当前图层为1，创建长、宽、高分别为60、50、20的长方体。

✧ 在菜单中执行“插入”→“细节特征”→“倒斜角”命令或单击特征工具栏中的图标，在弹出的“倒斜角”对话框中确认倒斜角模式为“对称”，距离输入10，选择方体的前棱边，单击“确定”按钮后完成倒斜角操作。

✧ 单击草图，选择长方体上表面为草图平面，进入草图模式，草图完成后如图4-46所示。

✧ 退出草图，选择拉伸，拉伸高度为10，布尔运算为“合并”，完成后的模型如图4-45（a）所示。

✧ 展开“部件导航器”，如图4-47所示，用光标选择“倒斜角”特征，按住鼠标左键拖动“倒斜角”特征到“拉伸”特征之后，释放鼠标左键完成特征的时序重排。模型则变为如图4-45（b）所示。

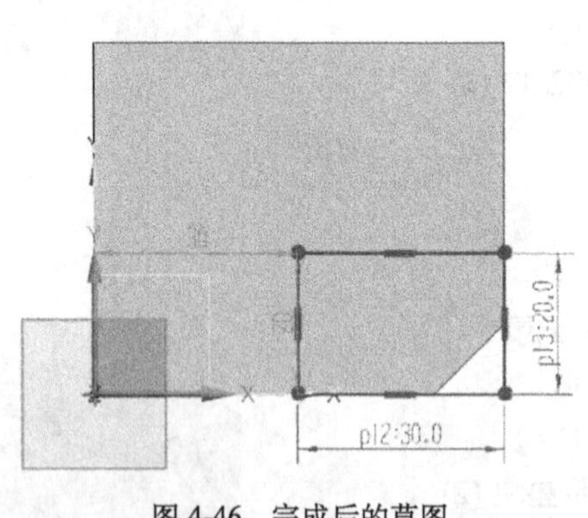

图 4-46　完成后的草图

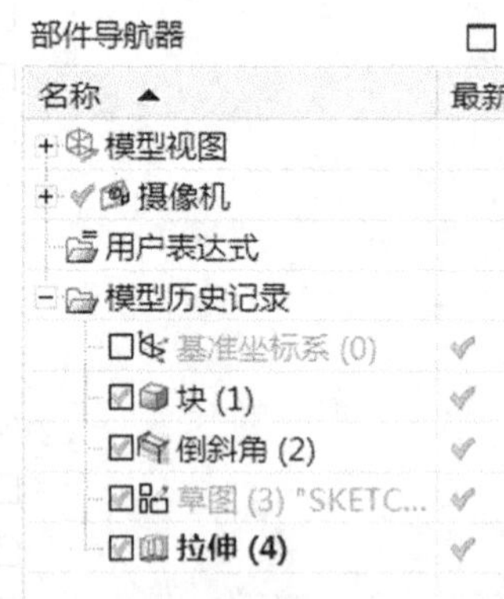

图 4-47　部件导航器

4.2.3　表达式

表达式是NX参数化建模的重要工具，功能十分强大，可以应用在多个方面。通过表达式可以控制特征的参数，也可以控制装配组件中各部件的相对位置，还可以通过表达式语言控制曲线实现特征无法完成的模型构建等等。

1. 表达式的概念

表达式是算数或条件语句，用来控制零件特征、控制同一零件上的不同特征间的关系或一个装配中不同零件间的关系。例如，通过表达式可以建立一个支架零件的厚度和长度间的关系，当其长度改变时，它的厚度自动随长度按表达式确定的关系更新。在创建表达式时要注意以下几点：

（1）表达式的左侧必须是一个简单变量，等式的右侧是一个数学语句或一个条件语句。

（2）每个表达式均有且只能有一个值（实数或整数），该值被赋给表达式左侧的变量。

（3）表达式等式的右侧可以含有常数、变量、数字、运算符或符号的组合。

（4）表达式右侧所涉及的每一个变量必须作为一个表达式的名字出现在某处，即必须在此前已被定义。

表达式生成方式分为自动生成与手动生成两种。自动生成是指在构造草图、特征时由系统自动建立的，它以小写字母p开头，字母后面是系统自动赋予的顺序号。图4-48所示为一个长方体上面放置一个凸垫并定位后系统自动建立的对应表达式。手动生成是指用户通过表达式对话框更改表达式，如建立参数间关联条件等。

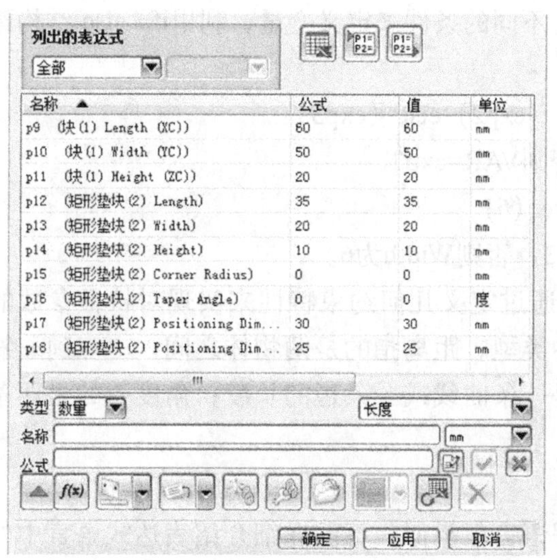

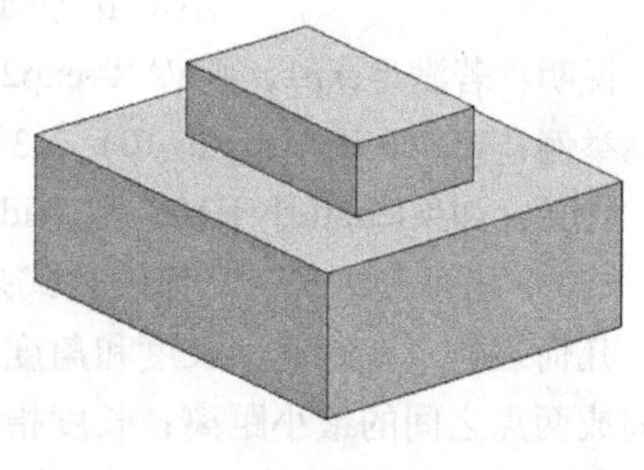

图 4-48 模型和表达式

2. 系统自动建立表达式

(1) 完成一个特征后，系统对定义特征的每一个参数建立一个表达式。

(2) 标注草图尺寸后，系统对草图的每一个尺寸都建立一个相应的表达式。

(3) 定位一个特征（包括草图特征）后，系统对每一个定位尺寸都建立一个相应的表达式。

(4) 生成一个匹配条件后，系统会自动建立一个相应的表达式。

3. 手动创建表达式

(1) 在菜单中执行“工具”→“表达式”命令或按Ctrl+E组合键，弹出表达式对话框。

(2) 应用表达式语言，若语句较少可直接在文本框中输入；若很长，建议使用记事本集中完成，再通过表达式导入功能创建表达式。

4. 表达式的类型

表达式可以分为三种类型：数学表达式、条件表达式、几何表达式。

(1) 数学表达式：用数学的方法对表达式等式的左端进行定义，表4-1列出一些数学运算符。

表4-1 数学运算符

数学含义		例子
+	加法	P2=p5+p3
−	减法	P2=p5-p3
*	乘法	P2=p5*p3
/	除法	P2=p5/p3
%	余数	P2=p5%p3
^	指数	P2=p5^2
=	相等	P2=p5

（2）条件表达式：通过对表达式指定不同的条件来定义变量。利用if / else 结构建立表达式，其句法为：

VAR=if（exp1）（exp2）else（exp3）

说明：若满足exp1，则VAR=exp2；否则VAR=exp3。

举例：Width=if（length<10）（3）else（6）

含义：如果length小于10，则 Width为3；否则Width为6。

（3）几何表达式：几何表达式是指通过定义几何约束特性来实现对特征参数的控制。几何表达式有距离、长度和角度三种类型。距离指的是两物体之间、一点到一物体之间或两点之间的最小距离；长度指的是一条曲线或一条边的长度；角度指的是两条直线、平面、直边或基准面之间的角度。

5. 表达式语言

表达式有自己的语法，它通常与编程语言很类似。下面详细介绍表达式语言中的变量名、运算符、运算符的优先顺序和相关性、机内函数、条件表达式等。

（1）变量名：用字母与数字组成的字符串，但必须以一个字母开始，变量名可以含有下划线，变量名的长度应限制在32个字节内。

（2）运算符：NX表达式的运算符分为算术运算符（参见表4-1）、关系及逻辑运算符（参见表4-2），这与其他编程语言中介绍的相同。各运算符的优先级别及相关性见表4-3所示。在表4-3中，同一行的运算符的优先级别相同，上一行的运算符的优先级别高于下一行的运算符。

（3）机内函数：表达式内允许使用机内函数，表4-4为部分常用的机内函数。

表4-2　关系及逻辑运算符

逻辑运算符	关系	逻辑运算符	关系
>	大于	!=	不等
<	小于	!	否定
>=	大于或等于	&&	逻辑与
<=	小于或等于	||	逻辑或
==	等于		

表4-3　各运算符的优先级别及相关性

运算符	相关性	运算符	相关性
^	右到左	>　<　>=　<=	左到右
－　!	右到左	==　!=	左到右
*　/　%	左到右	&&	左到右
+　－	左到右	||	右到左

表4-4 机内函数

机内函数	含义	示例	
abs	绝对值	abs（−3）	（其值为3）
asin	反正弦	asin（1/2）	（其值为0.5236rad）
acos	反余弦	acos（1/2）	（其值为1.0472）
atan	反正切（atan（x））	atan（1）	（其值为0.7854rad）
atan2	反正切（atan2（x,y）为x/y的反正切）	atan2（1,0）	（其值为1.5708rad）
ceil	向上取整	ceil（3.16）	（其值为4）
floor	向下取整	floor（3.16）	（其值为3）
sin	正弦	sin（30）	（其值为0.5）
cos	余弦	cos（60）	（其值为0.5）
tan	正切	tan（45）	（其值为0.5）
exp	幂（以e为底数）	exp（1）	（其值为2.7183）
log	自然对数	log（2.7183）	（其值为1）
log10	对数（以10为底数）	log10（100）	（其值为2）
sqrt	平方根	sqrt（4）	（其值为2）
pi（）	机内常数（π）		

（4）表达式注释

在表达式语句中适当添加注释是一个好习惯，用“//”区分语句和注释，若两者在同一行，需要先写出表达式内容，例如：length=2*width // 长宽关系。系统在运行表达式语句时将忽略“//”后的内容，因此注释所采用的语言不受限制。

6. 由表达式抑制

利用表达式同样可以实现对特征的抑制。要使用表达式抑制特征，首先要为特征建立抑制表达式，然后将所建立的抑制表达式的值由1改为0即可。系统默认模型所有特征都是可见的，没有为特征自动生成抑制表达式。如图4-49所示的当前模型的表达式，从p9到p18都是特征的参数或定位参数，并没有抑制表达式。抑制表达式需用户定义，过程见实例4-17。

◆ 引导实例4-17

如图4-49所示，长方体长、宽、高分别为60、50、20；位于方体上方正中间的垫块的长、宽、高分别为35、25、10；为矩形凸垫特征建立抑制表达式，并通过修改该表达式的值抑制/取消抑制凸垫特征。

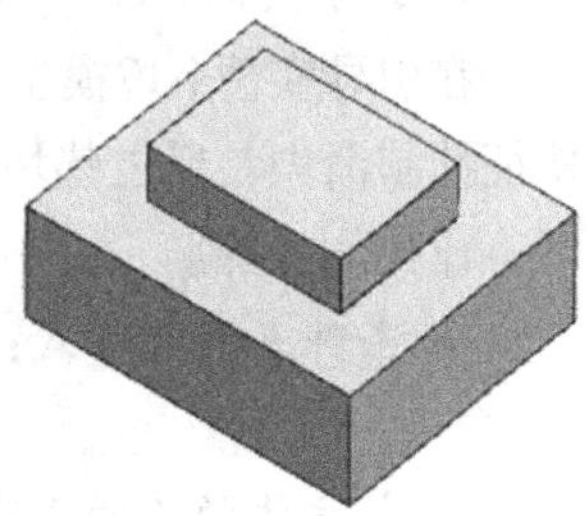

图 4-49 实例4-17的图例

〖操作步骤〗

✧ 在菜单中执行“编辑”→“特征”→“由表达式抑

制”命令，弹出“由表达式抑制”对话框。

✧ 选择要抑制的矩形垫块特征，单击“确定”按钮。

✧ 在菜单中执行“工具”→“表达式”命令，弹出“表达式”对话框，如图4-50所示，可见已经为矩形凸垫创建了一个抑制表达式p14，其值默认为1（若同时为多个特征建立抑制表达式，选择“创建共享的”，选择多个特征，单击“确定”按钮）。

✧ 修改表达式：为了抑制特征，必须使其抑制表达式的值为0。将公式由默认的1改为0，如图4-51所示，单击“应用”按钮后，矩形凸垫消失。

✧ 再次重复操作，将P14公式中的值改为1，则凸垫又显示出来，完成取消抑制操作。

表达式

可见性

显示 10 个表达式，共 10 个

显示 所有表达式

表达式组 全部显示

显示锁定的公式表达式

启用高级过滤

操作

新建表达式

创建/编辑部件间表达式

	↑ 名称	公式	值	单位	量纲	类型
1	◢ 默认组					
2				mm	长度	数字
3	p7	60	60	mm	长度	数字
4	p8	50	50	mm	长度	数字
5	p9	20	20	mm	长度	数字
6	p11	35	35	mm	长度	数字
7	p12	25	25	mm	长度	数字
8	p13	10	10	mm	长度	数字
9	p13_x	15	15	mm	长度	数字
10	p14	1	1	无单位	数字	
11	p14_y	12.5	12.5	mm	长度	数字
12	p15_z	20	20	mm	长度	数字

图 4-50　创建抑制表达式

	↑ 名称	公式	值	单位	量纲	类型
1	◢ 默认组					
2				mm	长度	数字
3	p7	60	60	mm	长度	数字
4	p8	50	50	mm	长度	数字
5	p9	20	20	mm	长度	数字
6	p11	35	35	mm	长度	数字
7	p12	25	25	mm	长度	数字
8	p13	10	10	mm	长度	数字
9	p13_x	15	15	mm	长度	数字
10	p14	0	0	无单位	数字	
11	p14_y	12.5	12.5	mm	长度	数字
12	p15_z	20	20	mm	长度	数字

图 4-51　修改抑制表达式的值

◆ 引导实例4-18

在引导实例4-17模型上，利用表达式建立条件抑制：当长方体的长小于60，矩形垫块特征抑制消失；反之垫块不被抑制。

〖操作步骤〗

✧ 条件表达式格式：VAR=if（exp1）（exp2） else（exp3）

若满足exp1，则VAR=exp2；否则VAR=exp3。

✧ 长方体的长的表达式为P7，凸垫的抑制表达式为P14。

✧ 将列表下的文本框中的p14的值改为if（P7<60）（0） else（1），即：若P7小于

60，则P14的值为0；否则P14的值为1。

✧ 编辑长方体的长度值，即修改P7的值，观察垫块的抑制情况。

◆ 引导实例4-19

完成如图4-52所示的丝杠的建模。

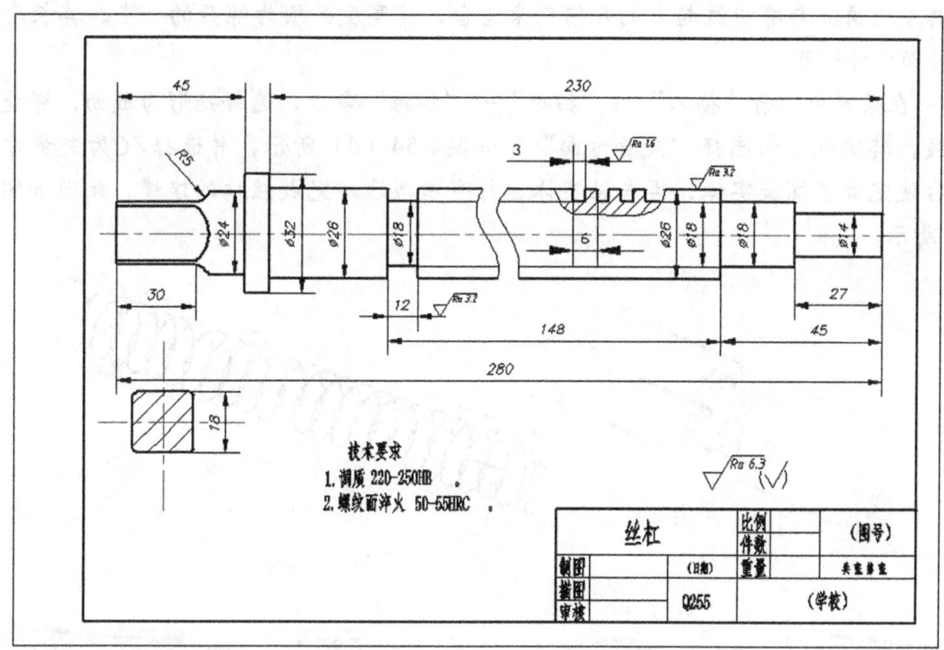

图 4-52　丝杠

〖操作步骤〗

✧ 选择*Y-Z*面创建草图，完成后的草图如图4-53（a）所示。选择草图成轴实体，仍在*Y-Z*面创建草图，形状尺寸及定位参照图4-53（b）所示。

✧ 如图4-53（c）所示为对称拉伸草图，与轴实体进行布尔减操作，如图4-53（d）所示。对拉伸草图进行圆周阵列操作，如图4-53（e）所示，结果如图4-53（f）所示。

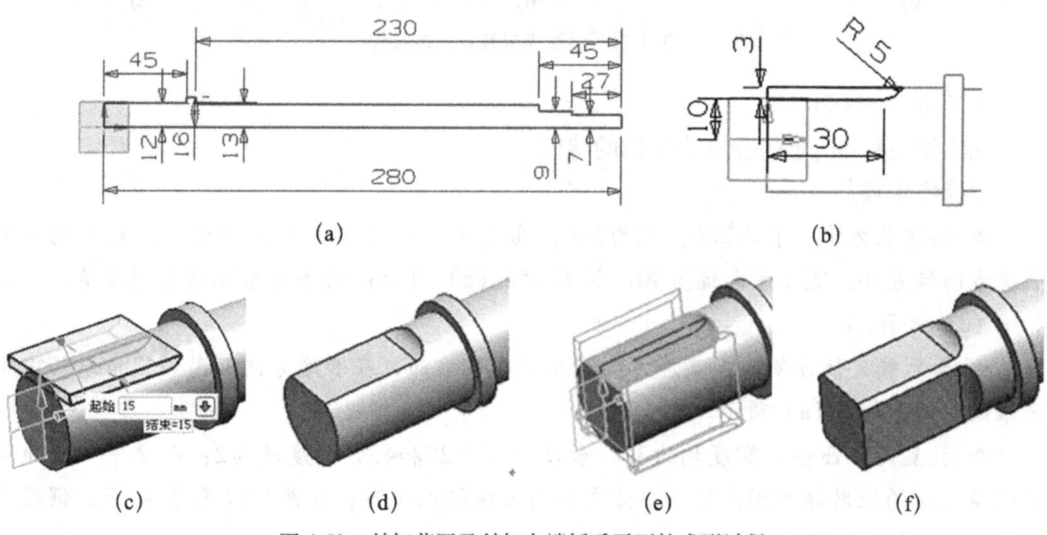

图 4-53　丝杠草图及丝杠左端扳手平面的成形过程

✧ 激活动态坐标，将其原点和方位调整至如图4-54（a）所示。

✧ 在菜单中执行“插入”→“曲线”→“螺旋线”命令，在“螺旋线”对话框中输入圈数值23、螺距值6、半径值9，单击“确定”按钮后产生的螺旋线如图4-54（b）所示。

✧ 选择X-Y面为草图平面（即用户坐标的ZC-XC面），创建如图4-54（c）所示的矩形，其左上角点与螺旋线起点的几何约束重合，其宽度必须为螺距的一半，其长度超过轴回转面以外即可。

✧ 在菜单中执行“插入”→“扫掠”→“扫掠”命令，选择矩形为截面，螺旋线为引导线，其定位方向选择“矢量方向”，如图4-54（d）所示，并选择ZC为矢量方向。确定后便完成了螺旋实体，再与轴实体进行布尔减后即完成丝杠的建模，细节如图4-54（e）所示。

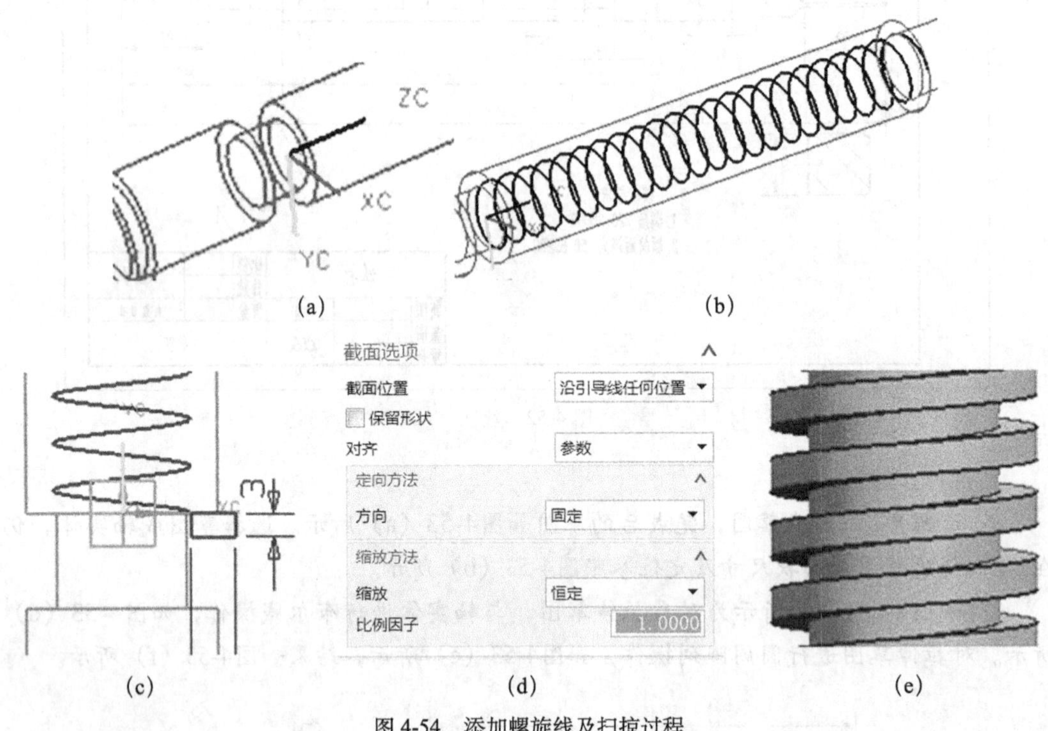

图4-54 添加螺旋线及扫掠过程

◆ 引导实例4-20

完成如图4-55所示的分度头箱体的建模。

〖操作步骤〗

✧ 创建长方体，长为220、宽为210、高为30，如图4-56（a）所示；不对称倒斜角长度方向偏置50、宽度方向偏置40，如图4-56（b）所示；以半径为30的边倒圆角，如图4-56（c）所示。

✧ 为后续定位方便，在宽度方向建立中间基准面，在长度方向距离倒圆角端90建立基准面，如图4-57（a）所示。

✧ 放置两个凸垫，宽度均为30，长度分别为25和45，高度均为2；凸垫中心线距离中间基准面的距离都是20，另一个方向均与底板端面平齐；如图4-57（b）所示，倒圆角半径为15，如图4-57（c）所示。

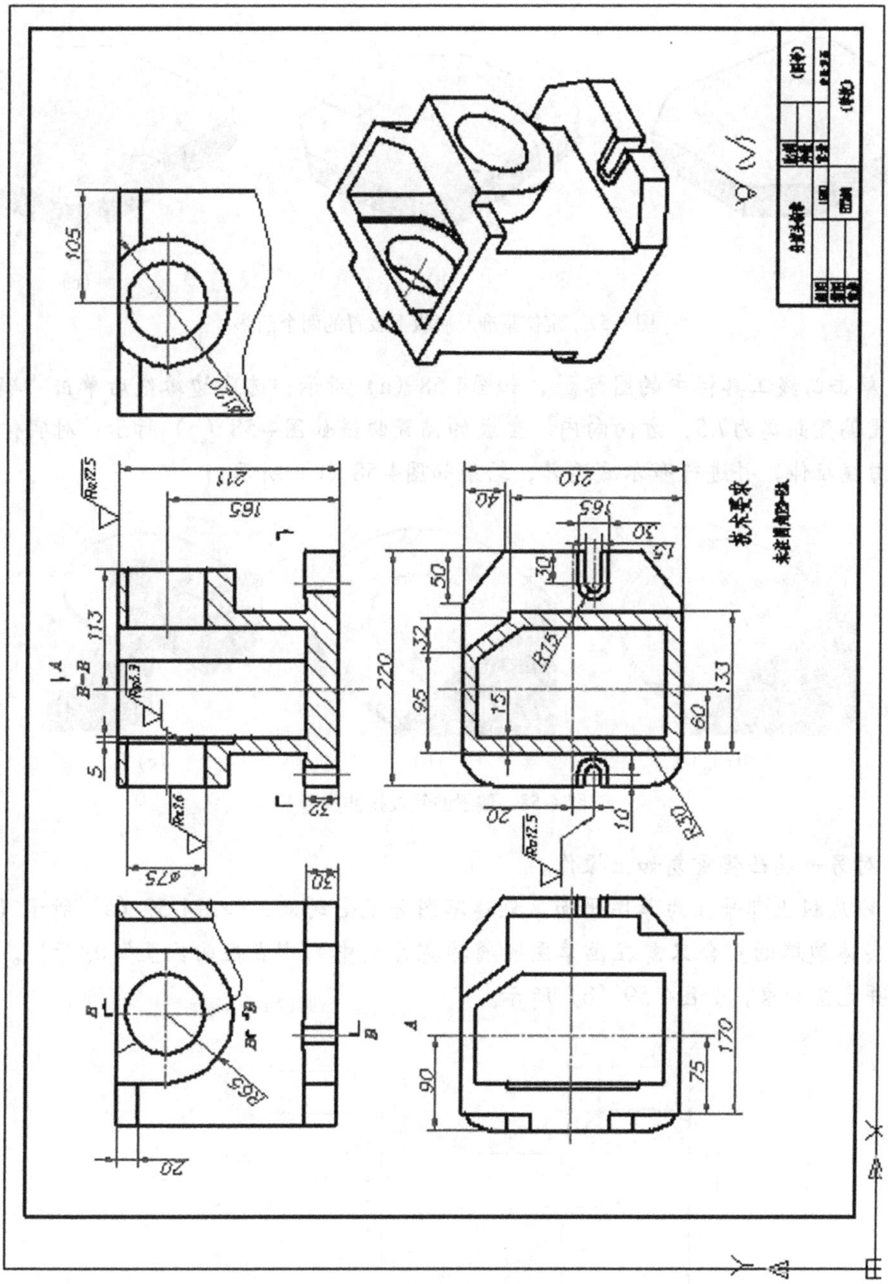

图 4-55　分度头箱体

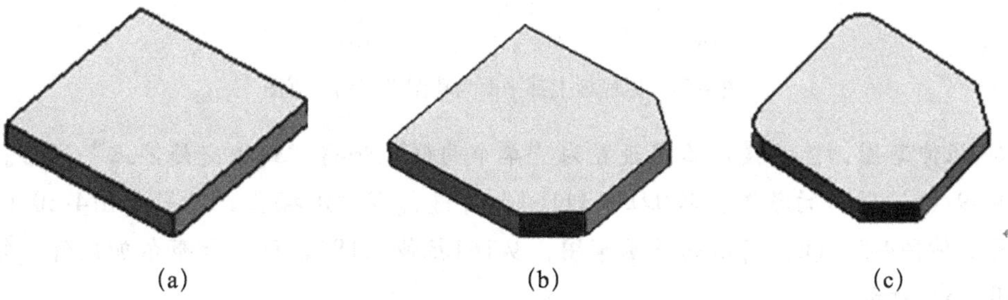

图 4-56　底板建模可以从基本体素特征开始

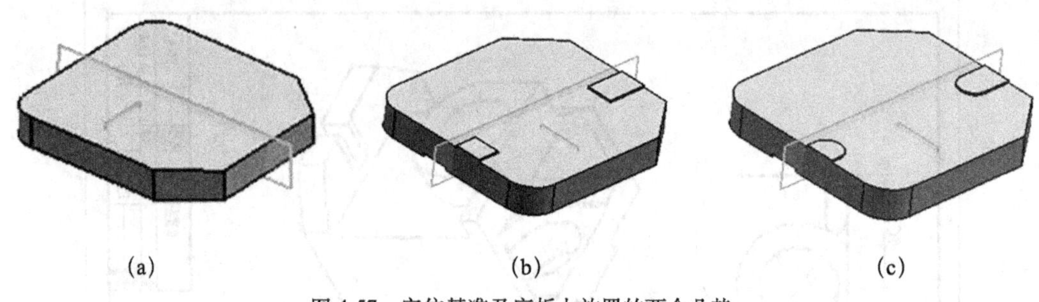
(a) (b) (c)

图 4-57 定位基准及底板上放置的两个凸垫

✧ 单击曲线工具栏中的图标，如图4-58（a）所示；选取边缘线后单击“确定”按钮，设置偏置距离为7.5，方向向内，生成的偏置曲线如图4-58（b）所示；对实体边缘及偏置的曲线拉伸，并进行布尔减运算，结果如图4-58（c）所示。

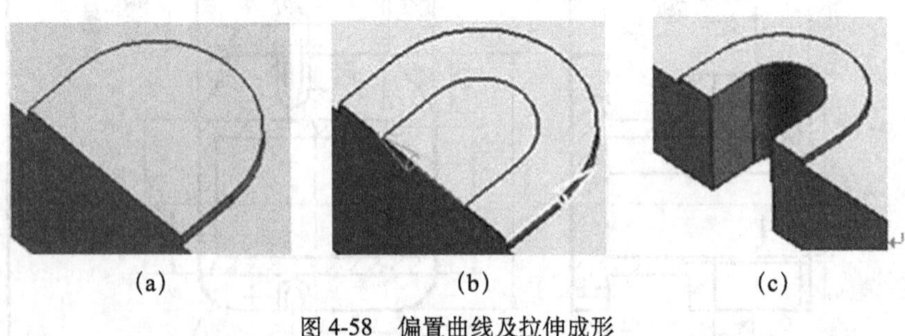
(a) (b) (c)

图 4-58 偏置曲线及拉伸成形

✧ 对另一端凸垫重复如上操作。

✧ 以底板上部平面为草图平面，创建草图并完全约束，如图4-59（a）所示（注意：草图和实体边缘的重合只需在画草图时将捕捉方式中的“点在曲线上”打开）。继续创建草图并完全约束，如图4-59（b）所示。

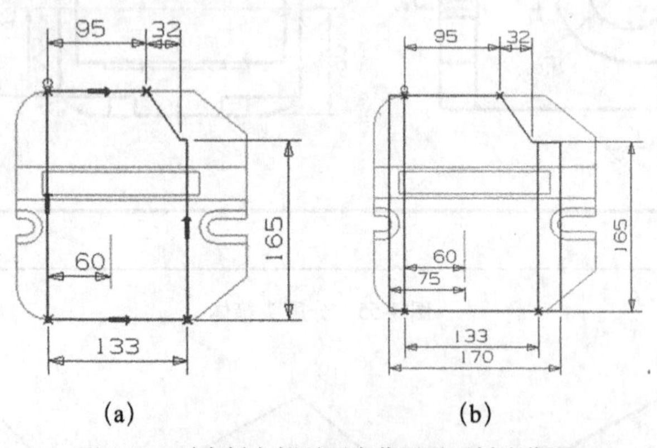

(a) (b)

图 4-59 以底板上部平面为草图平面创建草图

✧ 拉伸草图，注意设计意图设置为“单个曲线”和将“到相交处停止”激活。先拉伸图4-59（a）所示的草图，从0拉伸到161，再进行布尔加操作，结果如图4-60（a）所示；再拉伸图4-59（b）所示的外圈草图，从161拉伸到181，再进行布尔加操作，结果如图4-60（b）所示。

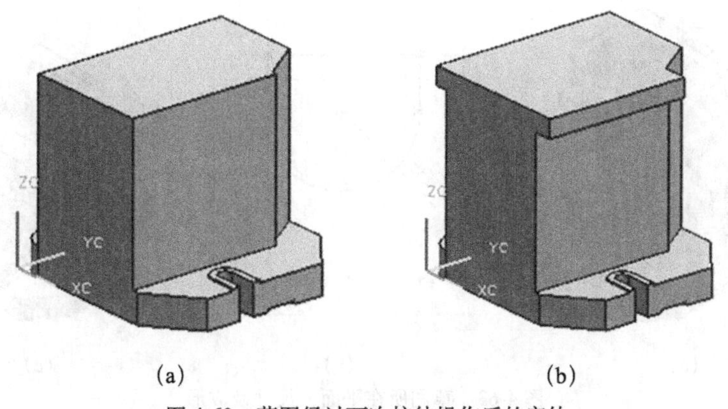

图 4-60 草图经过两次拉伸操作后的实体

✧ 以最后拉伸形成的上部平面为草图平面，利用草图工具中“偏置曲线”，以“内圈”拉伸实体边缘向内偏置，偏置距离设为15，完成后的偏置曲线如图4-61（a）所示；利用该曲线向下拉伸，从0到181，再进行布尔减操作，完成箱体内腔模型，如图4-61（b）所示。

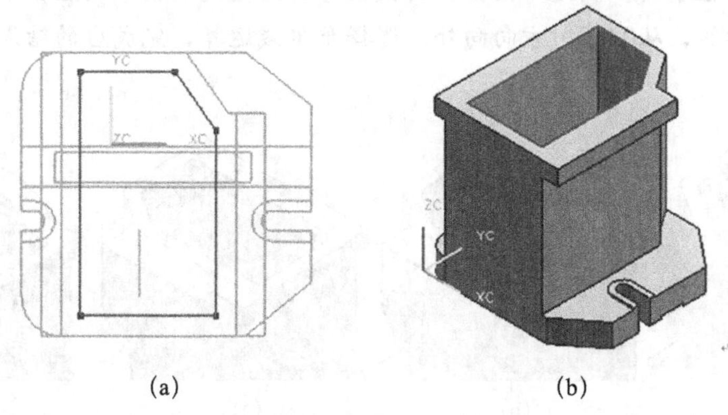

图 4-61 箱体内腔成形

✧ 放置圆台，放置面如图4-62（a）所示，圆台直径为120，厚为30，定位尺寸见图4-62（b）所示。

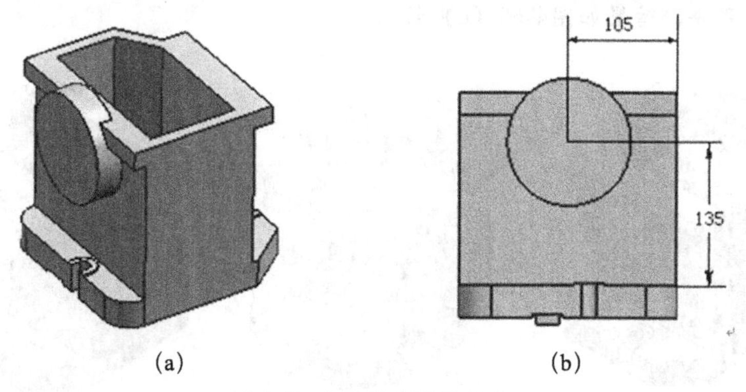

图 4-62 圆台及其定位尺寸

✧ 以图4-63（a）所示平面为草图平面，创建草图如图4-63（b）所示；草图圆弧与圆台同心，半径为65；向外拉伸草图，从0到40，再进行布尔和操作，结果如图4-63（c）所示。

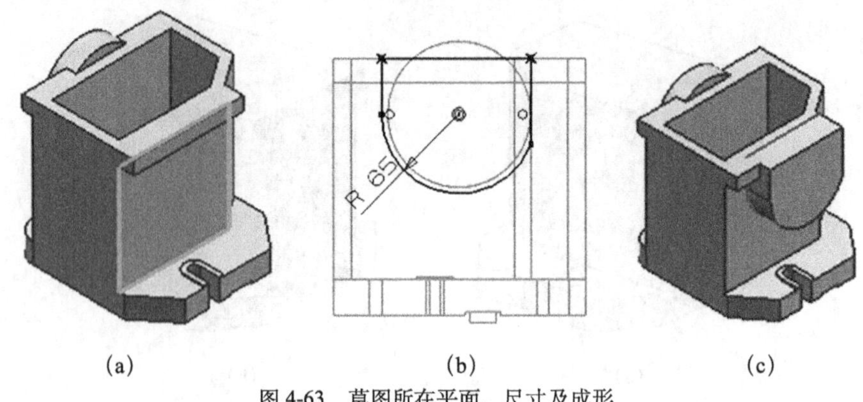

(a) (b) (c)

图 4-63 草图所在平面、尺寸及成形

✧ 单击曲线工具栏中的图标，弹出对话框，将选择意图设置为“面的边”，选择刚拉伸的实体的端面，则面四周的线被选中，如图4-64（a）所示。单击鼠标中键或在对话框中单击步骤图标，系统提示要选择投影面，选择投影面如图4-64（b）所示。单击中键或单击对话框中的“确定”按钮，曲线投影在所选定的投影面上，如图4-64（c）所示。拉伸投影曲线，从0到5，方向向外，选择布尔减运算，完成后的结果如图4-64（d）所示。

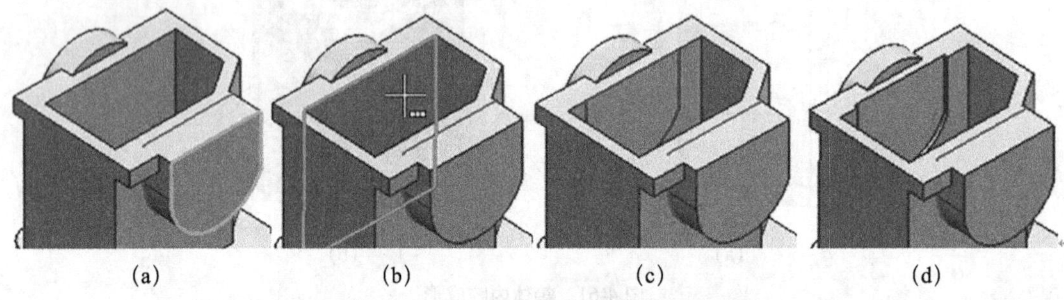

(a) (b) (c) (d)

图 4-64 投影曲线、拉伸曲线布尔减成形

✧ 打通孔，直径为75，完成后的模型如图4-65（a）所示。

✧ 在箱体上端面建立基准面，如图4-65（b）所示，以基准面为工具，用修剪体操作去掉圆台多余部分，结果如图4-65（c）所示。

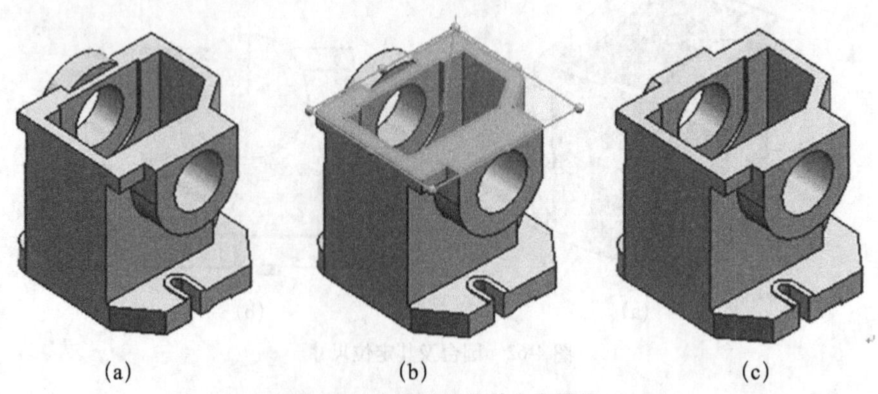

(a) (b) (c)

图 4-65 打通孔及修剪多余部分

✧ 圆角、倒角等细节操作读者自己完成即可，至此完成分度头箱体的建模。

4.3 思考与练习

1. 设计特征（如凸台，垫块等）是相对于（　　）建立的？

A：　其父特征

B：　模型空间

C：　草图

D：　基准　　　　答案：A

2. 对于大多数设计特征来说，放置表面必须是平面，下列哪些特征除外？

A：　凸台

B：　孔

C：　通用凸垫

D：　通用腔　　　　答案：CD

3. 片体之间可以进行布尔求差操作。

A：　正确

B：　错误　　　　答案：B

4. 在UG NX12.0中，表达式的建立方法有两种，分别为（　　）

A：　部件间表达式

B：　系统自定义表达式

C：　条件表达式

D：　用户定义表达式　　　　答案：BD

5. 表达式由两部分组成，左侧为（　　），右侧为组成表达式的字符串。

A：　变量名

B：　注释

C：　运算符

D：　内置函数　　　　答案：A

6. 应用表达式抑制特征时，系统生成一个抑制表达式，如果该表达式的返回值为（　　），则所选择的特征被抑制。

A：　0

B：　1

C：　2

D：　3　　　　答案：A

7. 以下哪个特征创建是不需要选择水平参考的？

A：　普通孔

B：　矩形腔

C：　矩形键槽

D：　矩形凸垫　　　　答案：A

8. 沟槽特征的安放表面可以是什么类型的面？

A： 圆柱面

B： 圆锥面

C： 平面

D： 基准面 答案：AB

9. 默认的拉伸矢量方向与草图或曲线所在的面垂直，也可以（ ）方法来自定义拉伸方向。

A： 曲线

B： 边缘

C： 矢量

D： 坐标系 答案：ABC

10. 在使用“规律曲线”（Law Curve）创建曲线时，有（ ）种规律方式。

A： 1

B： 3

C： 5

D： 7 答案：D

11. 在抽壳操作中，在其对话框中的哪个选项能实现不同厚度的抽壳？

A： 要穿透的面

B： 厚度

C： 备选厚度

D： 设置 答案：C

12. 利用规律曲线功能，绘制出与图2-9完全一致的螺旋线。

13. 完成如图4-66所示的传动轴的建模。

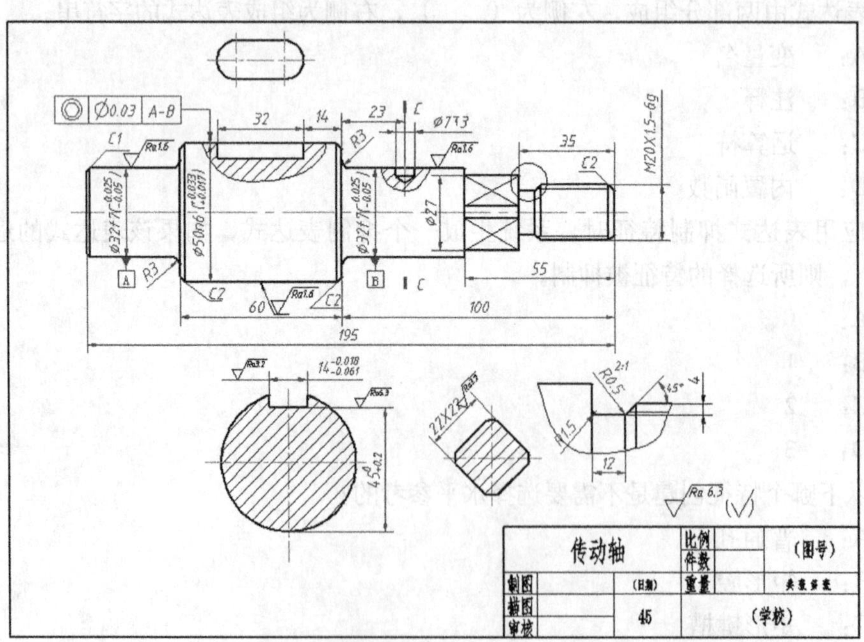

图 4-66 传动轴

14. 完成如图4-67所示的齿轮轴的建模。

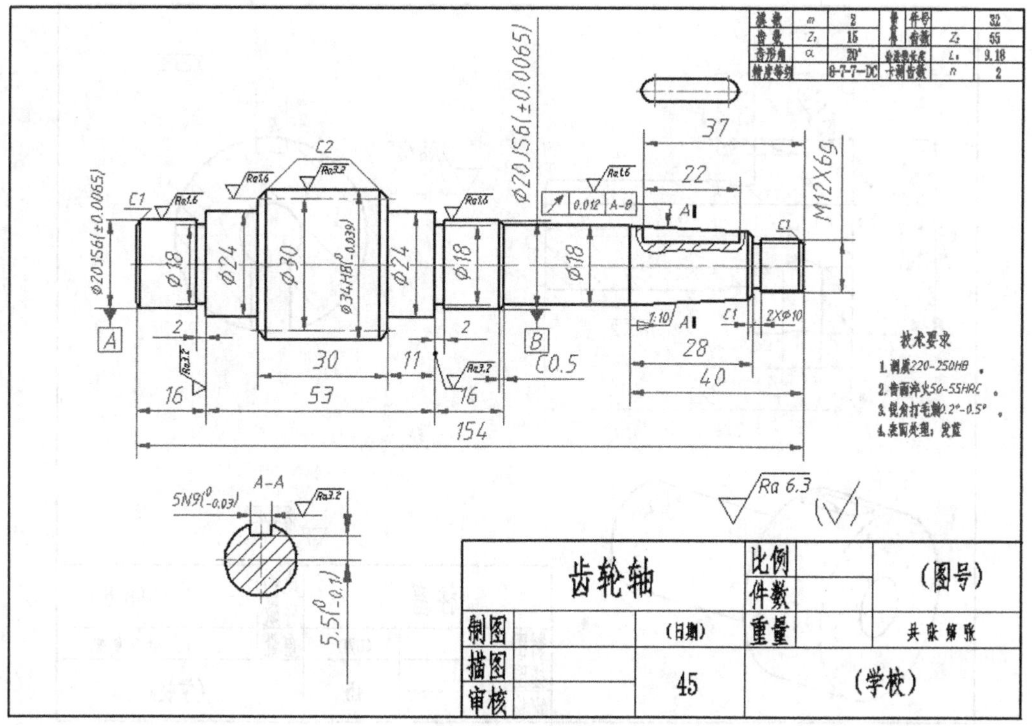

图 4-67 齿轮轴

15. 完成如图4-68所示的台钳活动钳身的建模。

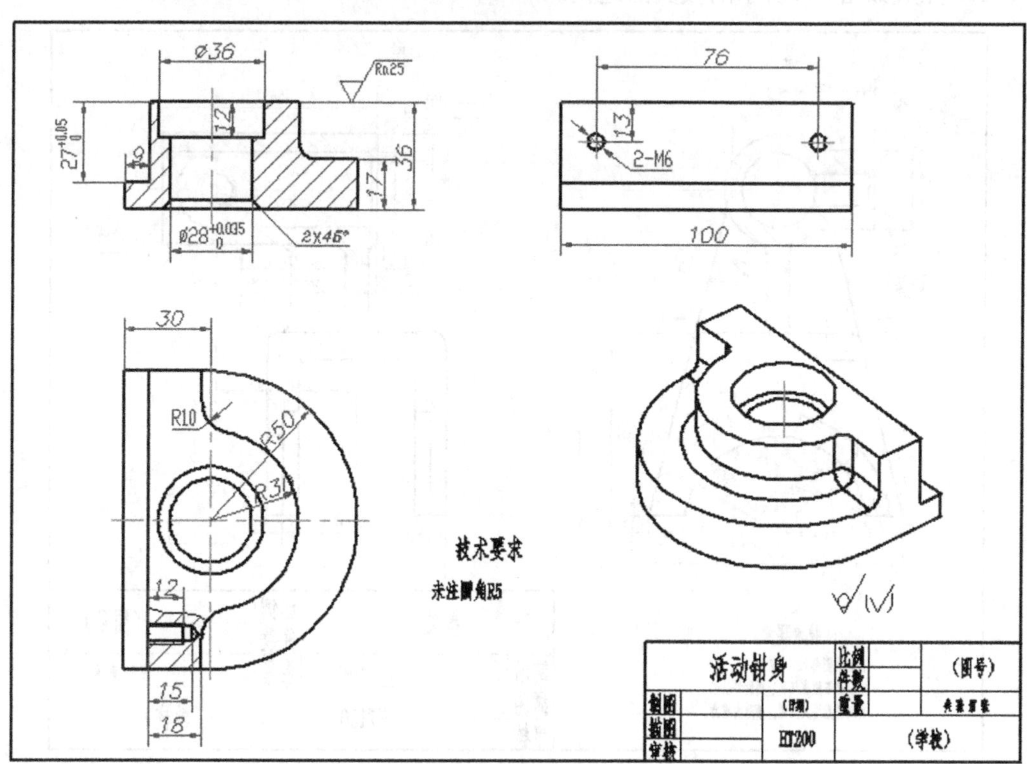

图 4-68 台钳活动钳身

16. 完成如图4-69所示的柱塞的建模。

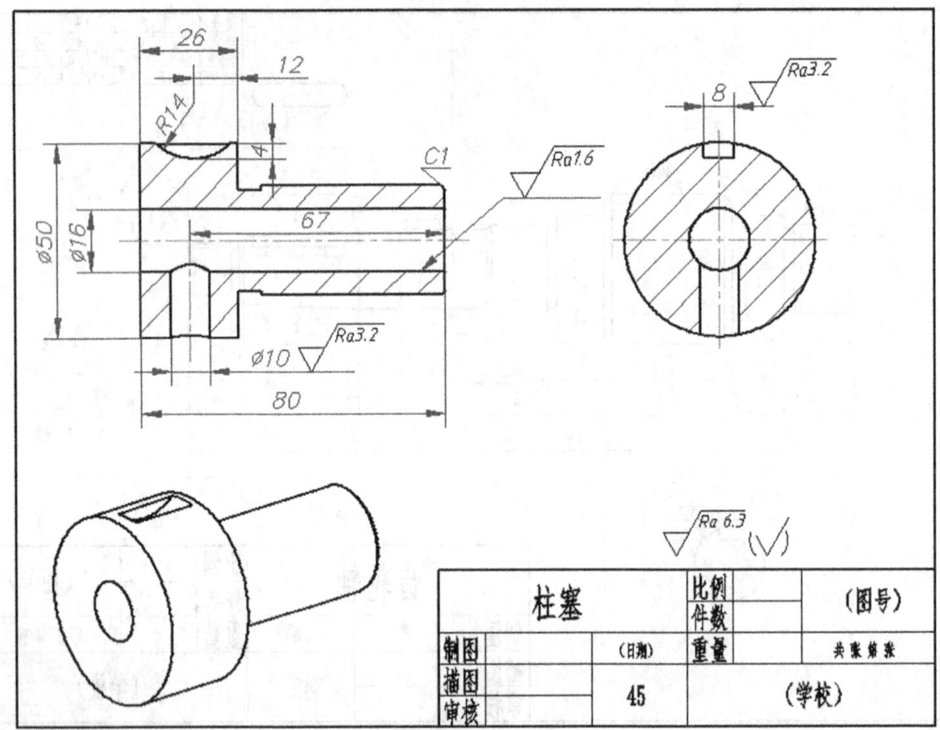

图 4-69 柱塞

17. 完成如图4-70所示的拨叉的建模。

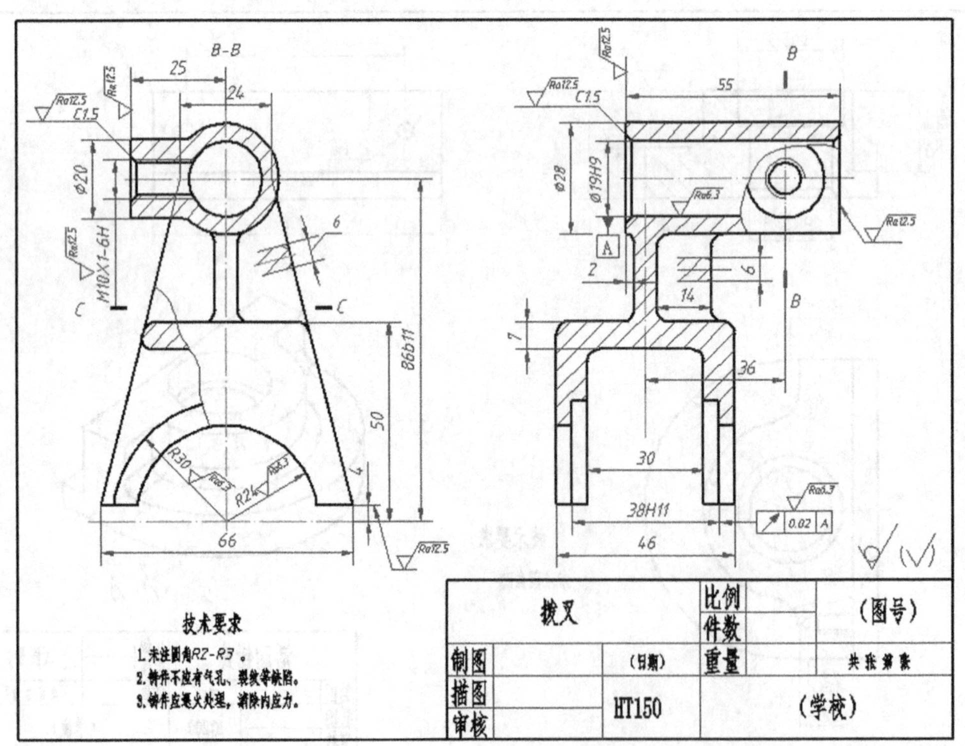

图 4-70 拨叉

18. 完成如图4-71所示的踏架的建模。

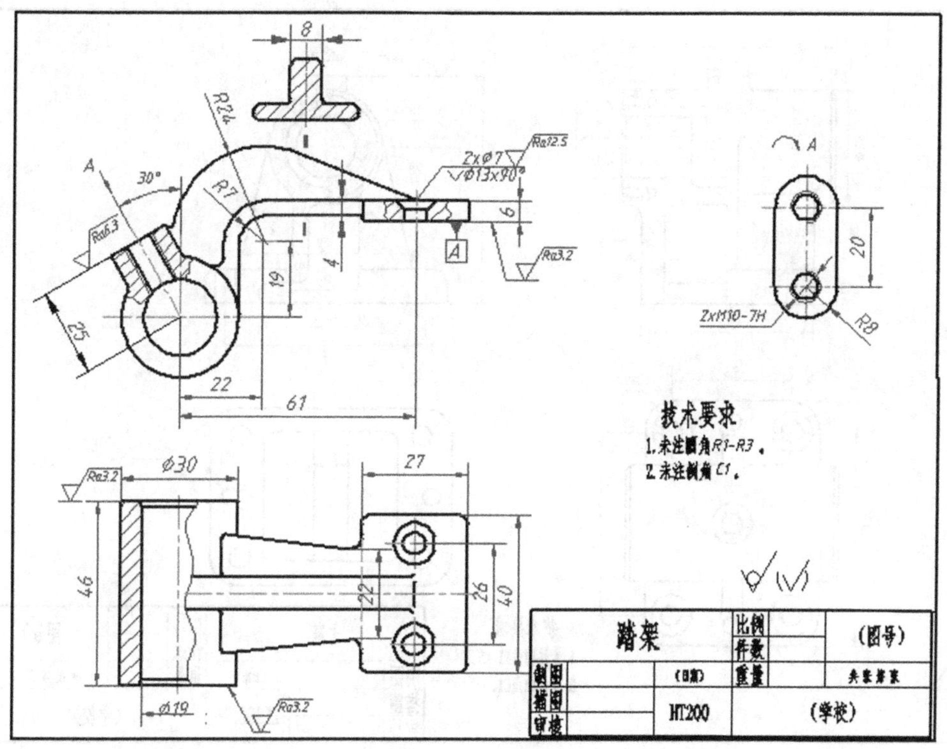

图 4-71　踏架

19. 完成如图4-72所示的泵盖的建模。

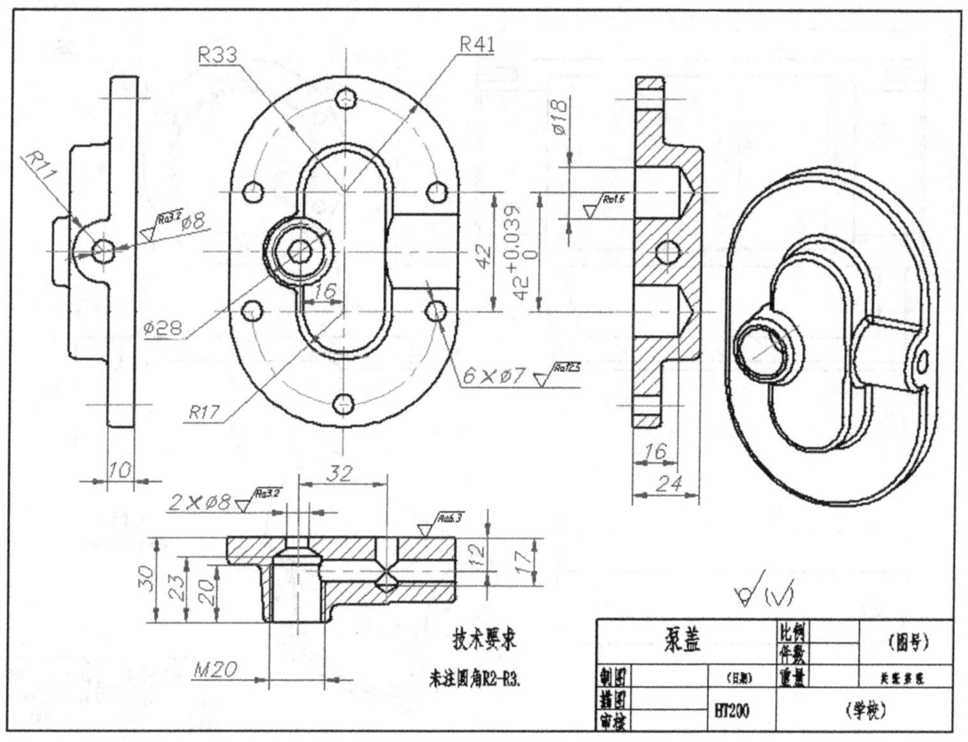

图 4-72　泵盖

20. 完成如图4-73所示的支座的建模。

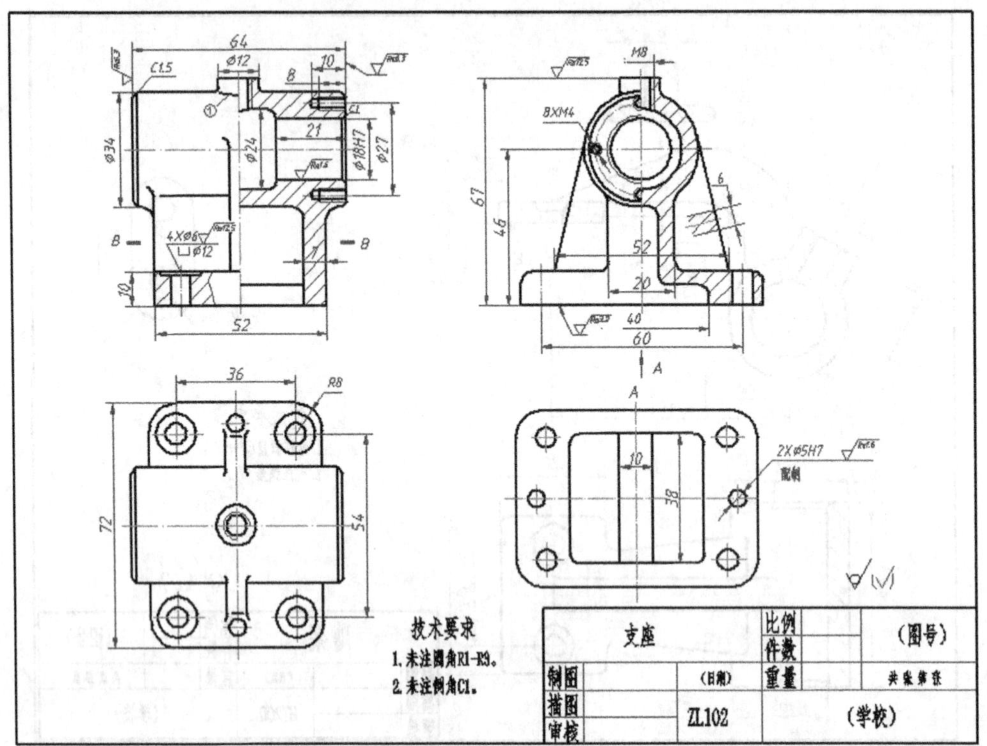

图 4-73 支座

21. 完成如图4-74所示的铣刀头座体的建模。

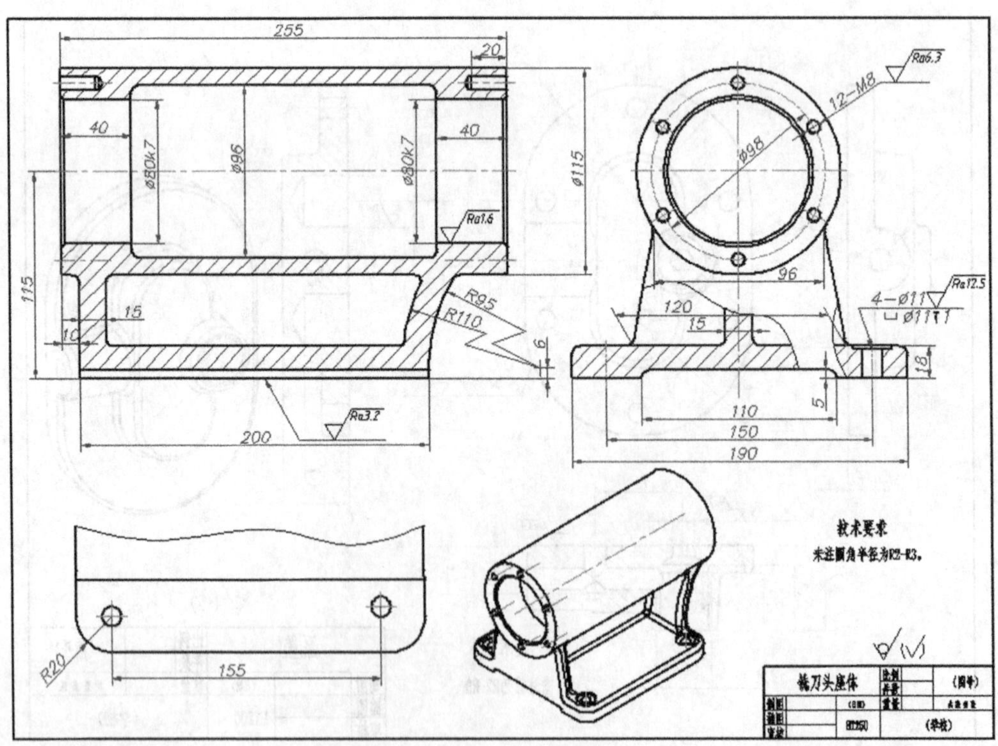

图 4-74 铣刀头座体

22. 完成如图4-75所示的托架的建模。

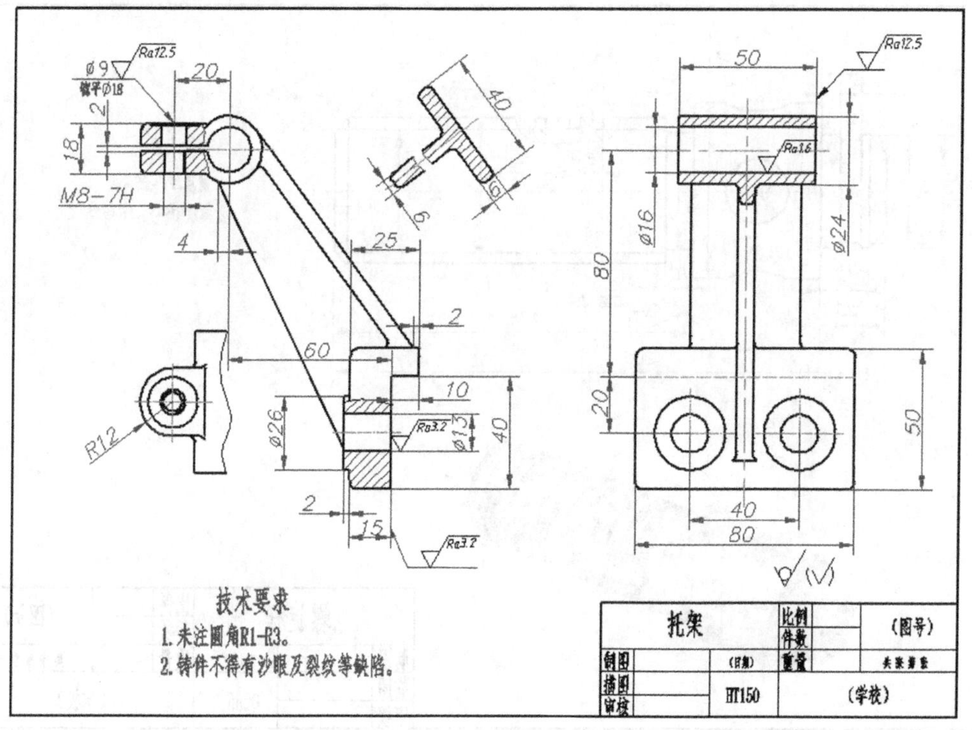

图 4-75　托架

23. 完成如图4-76所示的涡轮蜗杆减速器箱体的建模。

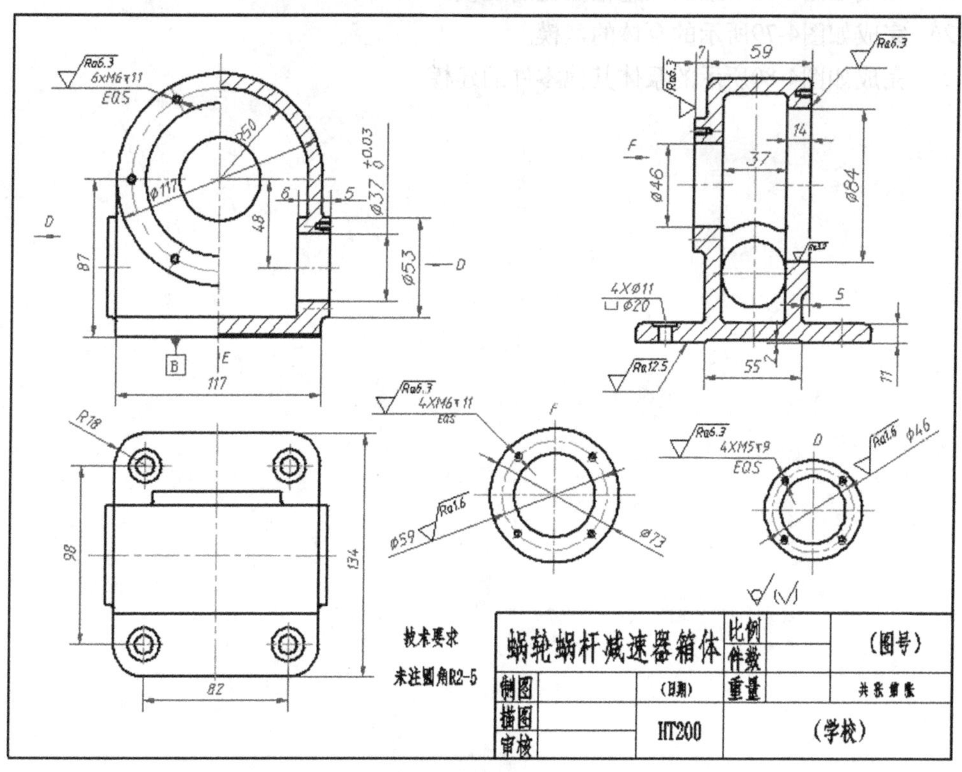

图 4-76　蜗轮蜗杆减速器箱体

24. 完成如图4-77所示的千斤顶螺旋杆的建模。

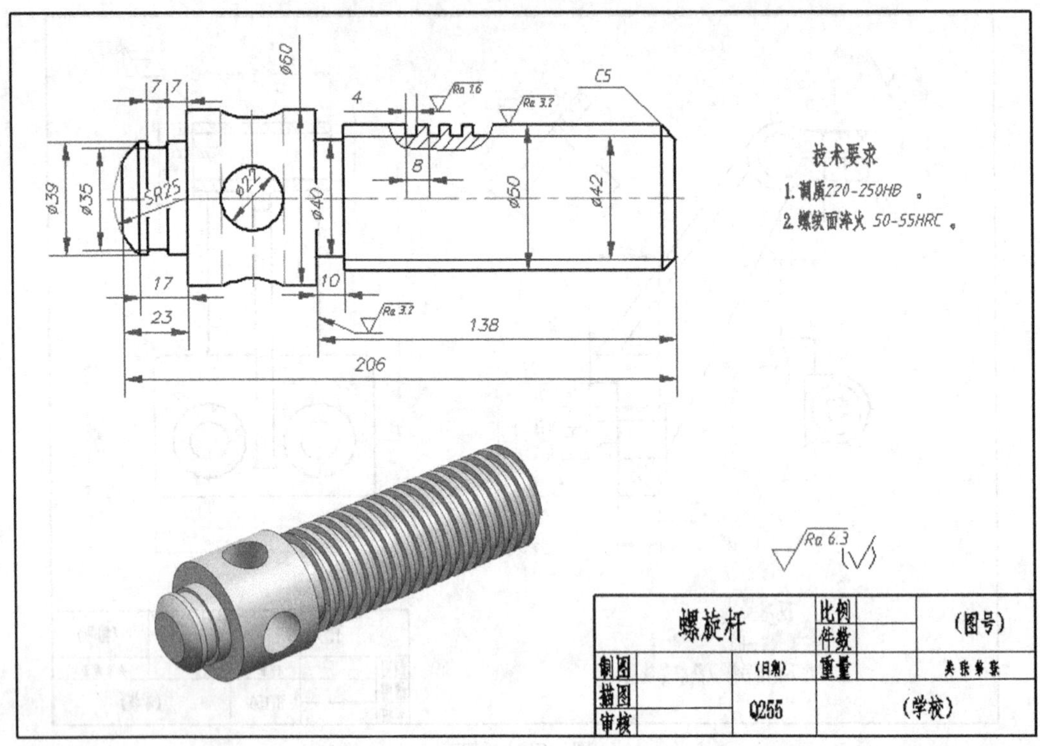

图 4-77　千斤顶螺旋杆

25. 完成如图4-78所示的减速箱上盖的建模。

26. 完成如图4-79所示的泵体的建模。

27. 完成如图4-80所示的泵体其他零件的建模。

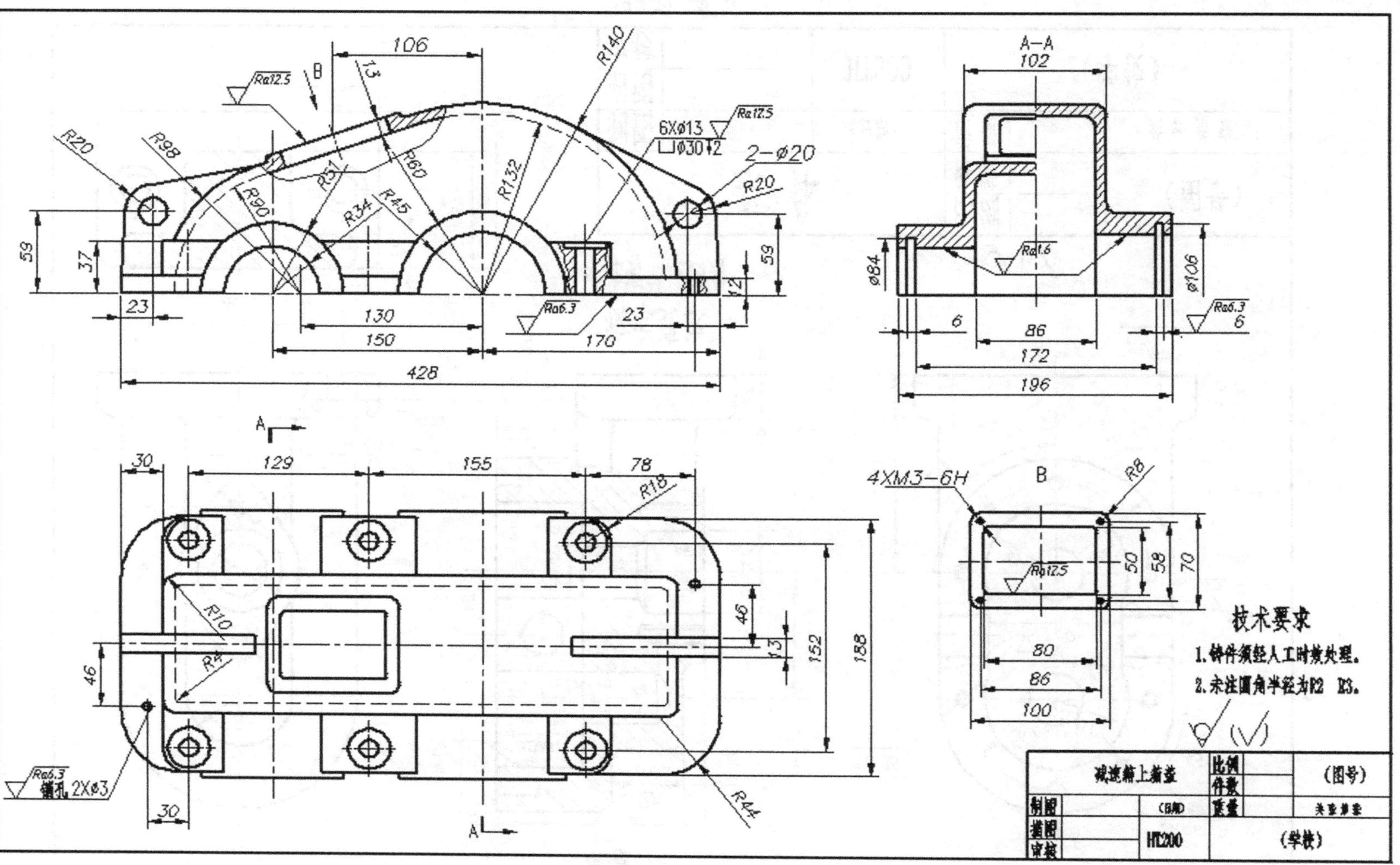

A-A
B
A
技术要求
1.铸件须经人工时效处理。
2.未注圆角半径为R2 R3。
减速箱上箱盖
比例
件数
重量
(图号)
制图
描图
审核
HT200
(学校)
6Xφ13
□φ30↧2
2-φ20
4XM3-6H
锪孔 2Xφ3
Ra12.5
Ra6.3
Ra1.6
R140
R132
R98
R90
R60
R51
R45
R34
R20
R44
R18
R10
R8
R4
106
13
428
170
150
130
59
37
23
12
188
152
155
129
78
46
30
196
172
86
102
6
φ106
φ84
70
58
50
80
100

图 4-78 减速箱上盖

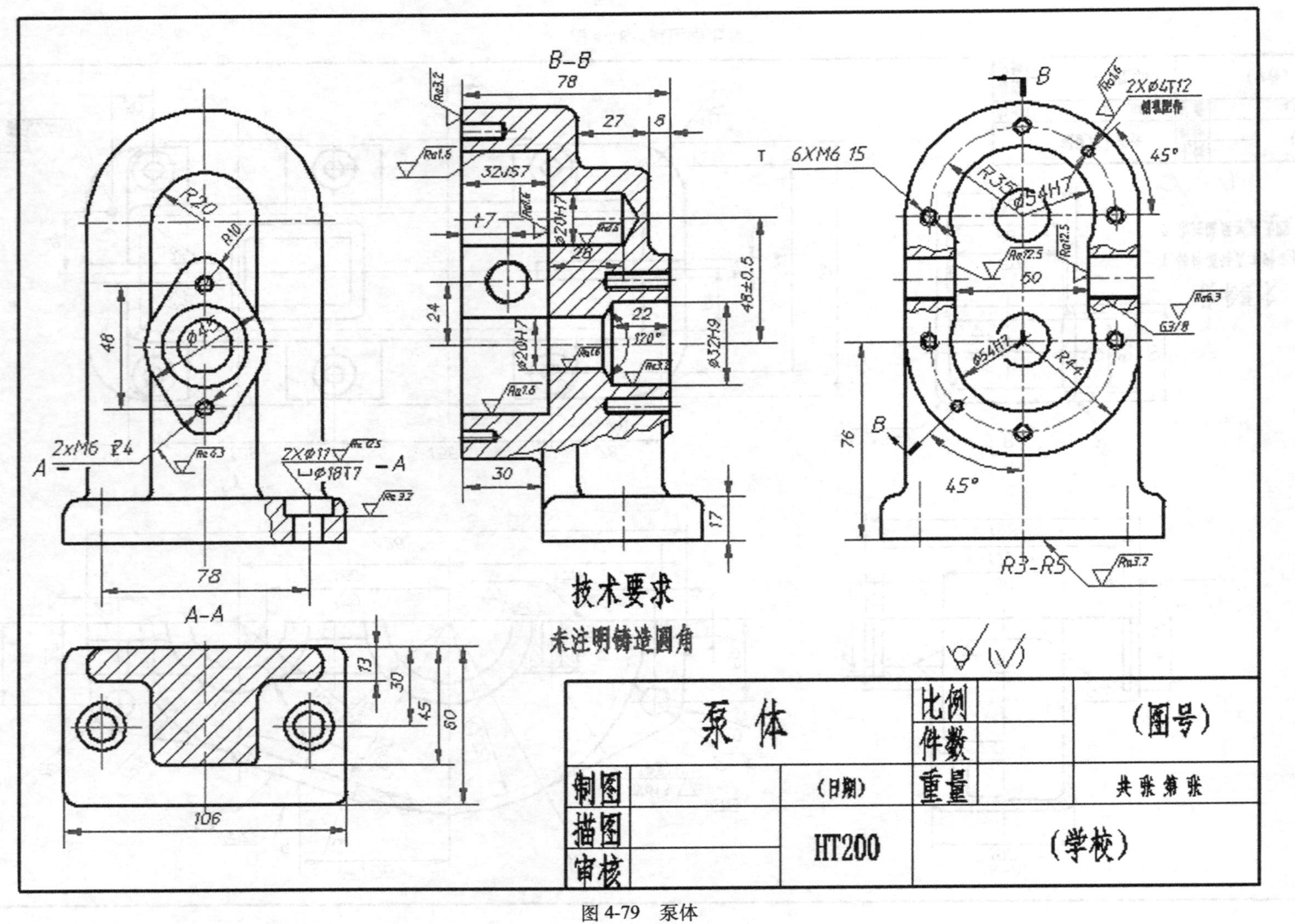
B-B
A-A
2xM6 ₮4
2XΦ11
⌴Φ18₮7
6XM6 15
2XΦ4₮12
R20
R10
Φ45
R35
Φ54H7
R44
50
G3/8
R3-R5
32JS7
Φ20H7
Φ32H9
48±0.5
120°
78
27
8
17
30
24
22
28
48
76
45°
13
45
60
106
技术要求
未注明铸造圆角
泵体
比例
件数
重量
(图号)
共张第张
制图
描图
审核
(日期)
HT200
(学校)

图 4-79 泵体

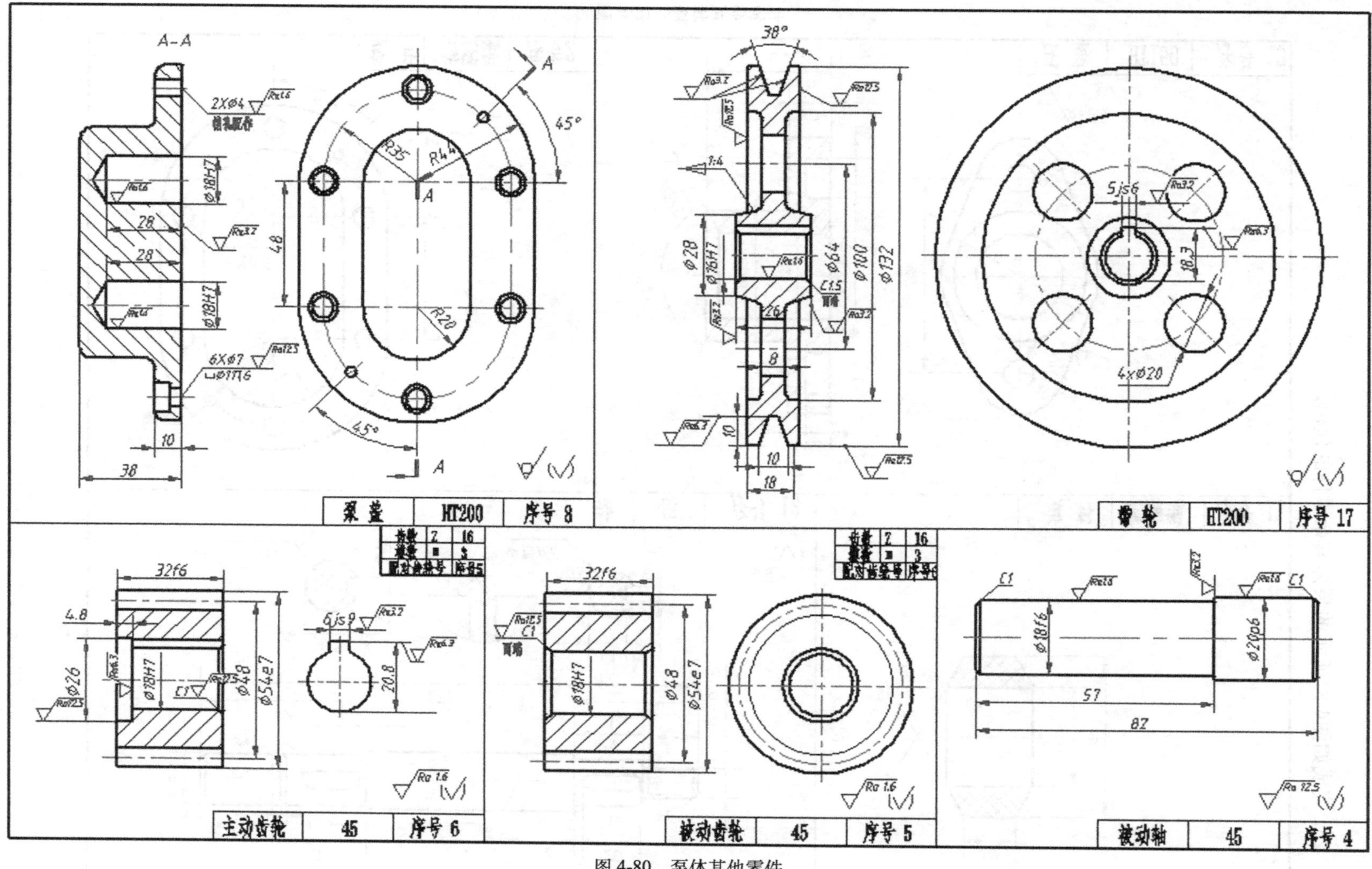

图 4-80 泵体其他零件

28. 完成如图4-81所示的泵体其余零件的建模。

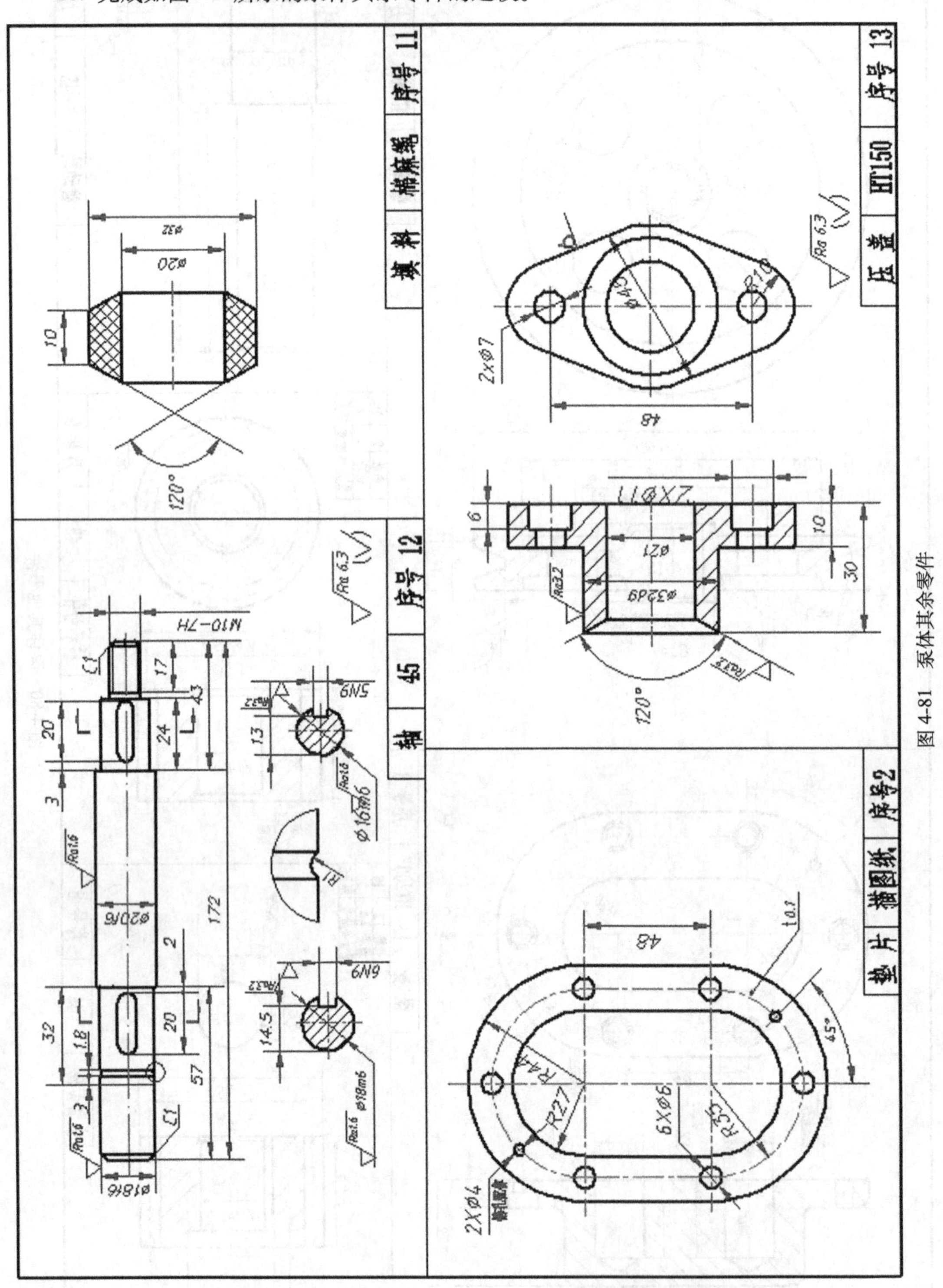

图 4-81　泵体其余零件

29. 完成如图4-82所示的斜支架模型的建模，尺寸自定。

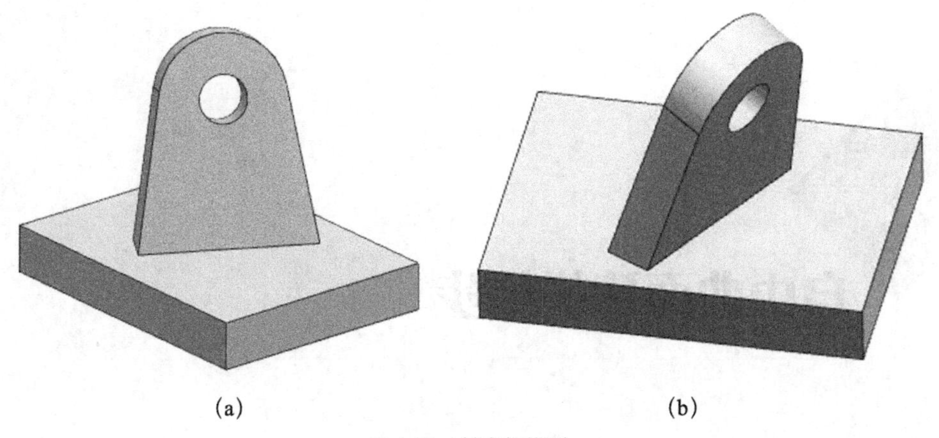

(a) (b)

图 4-82 斜支架模型

30. 如图4-83（a）所示，方体长、宽均为100，高为20；上表面草图直线长为60，对角线方向，在正中间，通过对直线的拉伸完成如图4-83（b）所示的实体，拉伸距离为60，厚度为8，角度与上表面成45°。

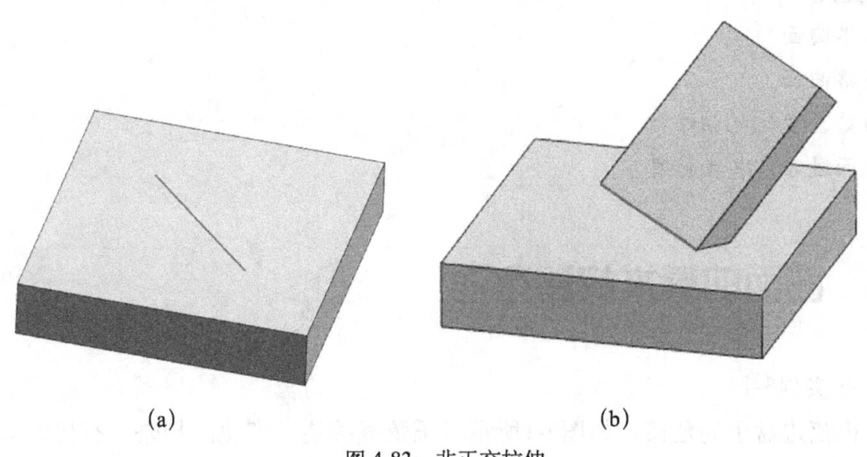

(a) (b)

图 4-83 非正交拉伸

第5章 自由曲面建模初步

曲面设计在产品建模中经常遇到，本章通过实例对构建曲面的基本方法进行讲解，如曲面中的有界曲面、四点突变等；网格曲面中的直纹曲面、通过曲面组等；扫略中的变化的扫略、扫略、沿引导线扫略等；曲面的编辑如缝合、修剪及面导圆等。

本章要点

- 有界曲面
- 网格曲面
- 扫略、变化的扫略
- 曲面缝合、曲面修剪

5.1 曲面的基本构建方法

◆ 引导实例5-1

完成正弦边盘子的建模，如图5-1所示（正弦线缠绕、变化的扫略、有界曲面、曲面缝合、片体加厚、面倒圆）。

〖操作步骤〗

✧ 创建直径为100、高度为40的圆柱。

✧ 通过“动态坐标”调整用户坐标到如图5-2所示的位置，*YC-ZC*面与圆柱面相切。

✧ 打开“表达式”对话框，建立正弦函数表达式，如图5-3所示。

✧ 在菜单中执行“插入”→“曲线”→“规律曲线”命令，在*Y*方向上，绘制出6个周期、长为314.159 26的正弦线，如图5-4所示。

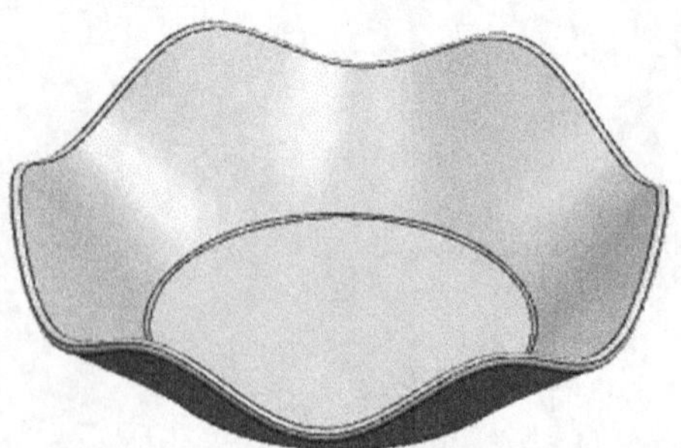

图 5-1　正弦边盘子

✧ 创建基准平面，位置与*YC-ZC*重合，为曲线的缠绕做准备。

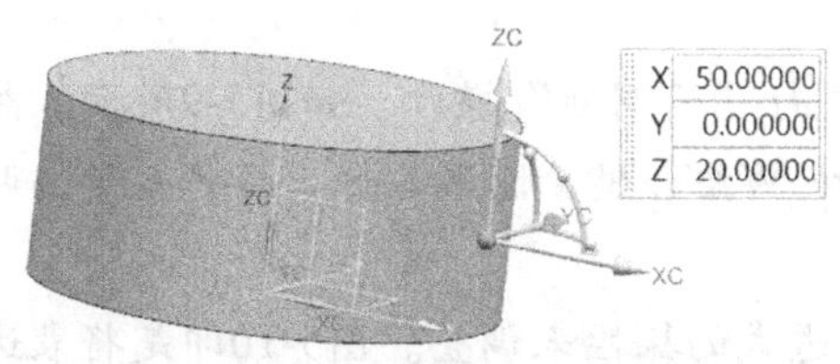

图 5-2　调整用户坐标

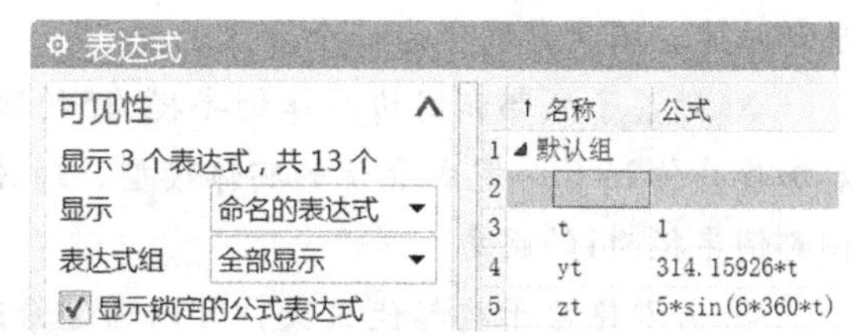

图 5-3　定义表达式

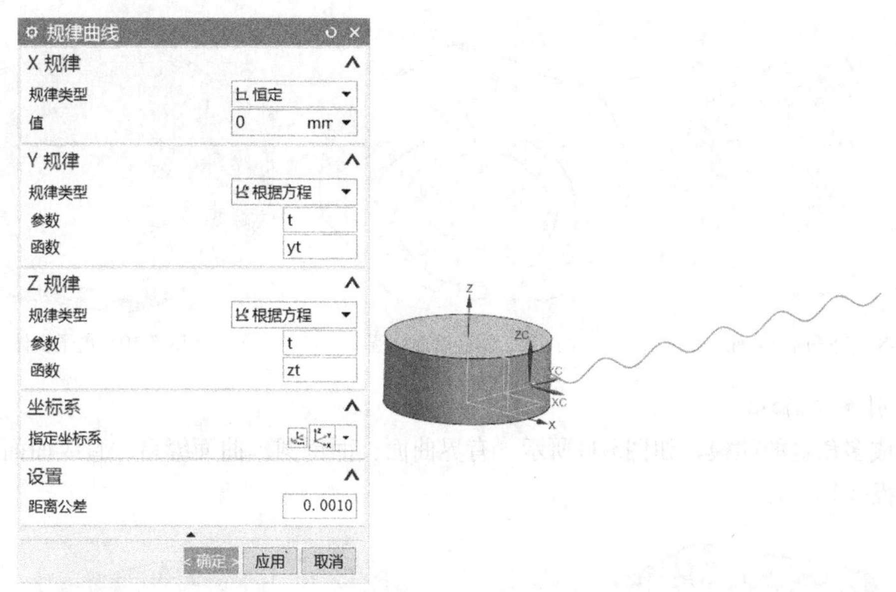

图 5-4　规律曲线的绘制

✧ 在菜单中执行“插入”→“派生曲线”→“缠绕”命令，按要求依次选择正弦曲线、圆柱回转表面、所创建的基准面，完成正弦曲线的缠绕，如图5-5所示。

✧ 通过曲线的距离偏置，将圆柱底圆向内偏置距离设为20，如图5-6所示；将实体隐藏后完成盘子的曲线线架的构建，如图5-7所示。

✧ 在菜单中执行“插入”→“扫掠”→“变化扫掠”命令，通过“变化扫掠”操作，实现盘子周边的片体构型，如图5-8所示。

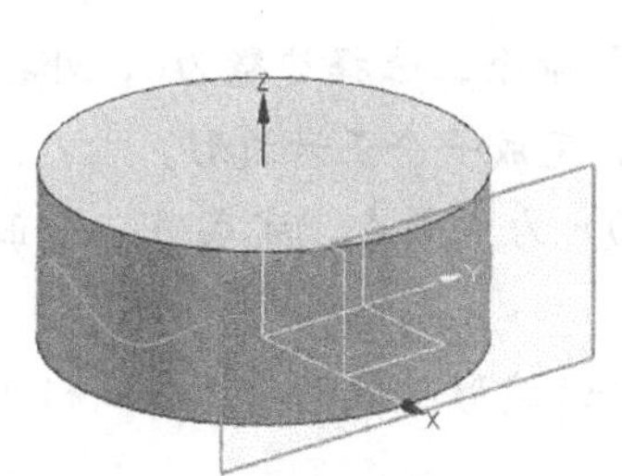
图 5-5　缠绕曲线

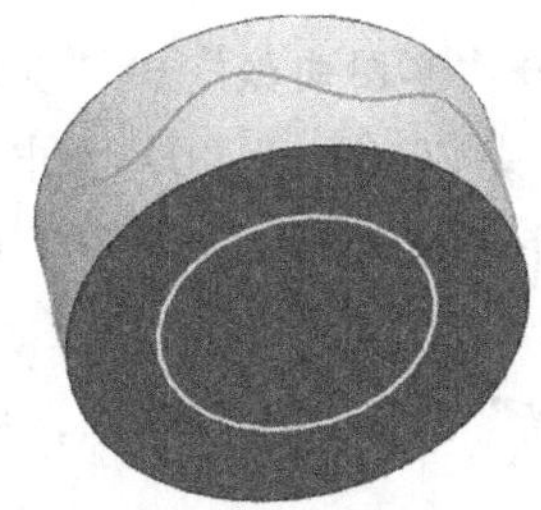
图 5-6　偏置出盘子底圆

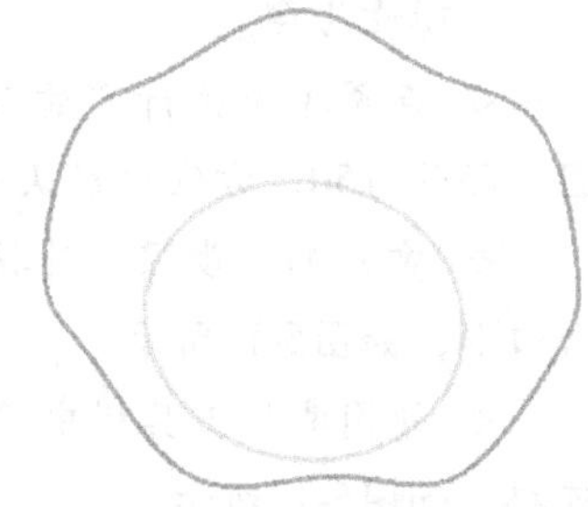
图 5-7　盘子的曲线架

✧ 在菜单中执行“插入”→“曲面”→“有界平面”命令，用光标选择盘子底部圆周，补出底部片体。

✧ 在菜单中执行“插入”→“组合”→“缝合”命令，依次选择盘子的周边片体和底部片体，将两者缝合为一个片体。

✧ 对盘子底部和周边片体倒半径为5的圆角进行“面倒圆”操作，如图5-9所示。然后加厚片体2mm，完成盘子的实体模型，通过Ctrl+W组合键，隐藏片体，再将盘子边两侧都倒半径为1的圆角。

✧ 若觉得盘子边起伏太大，可以通过修改表达式的振幅来调整。图5-10即是将表达式中振幅由5改为2的结果。

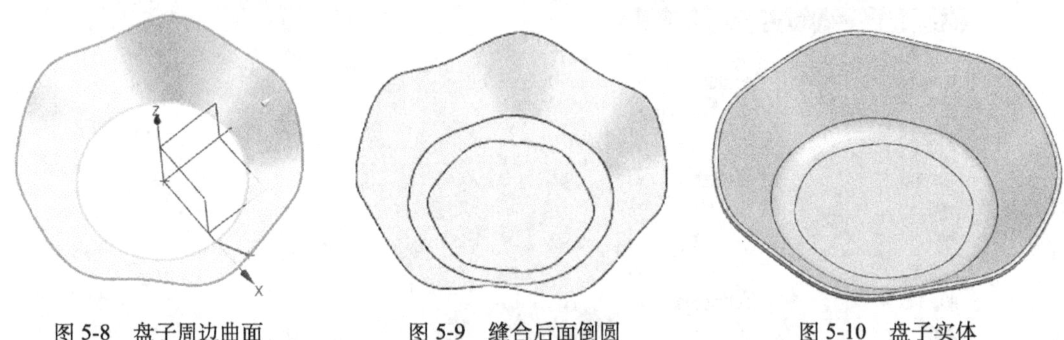

图 5-8　盘子周边曲面　　图 5-9　缝合后面倒圆　　图 5-10　盘子实体

◆ 引导实例5-2

完成多角盆的建模，如图5-11所示（有界曲面、面倒圆、曲面缝合、直纹曲面和“根据点”操作）。

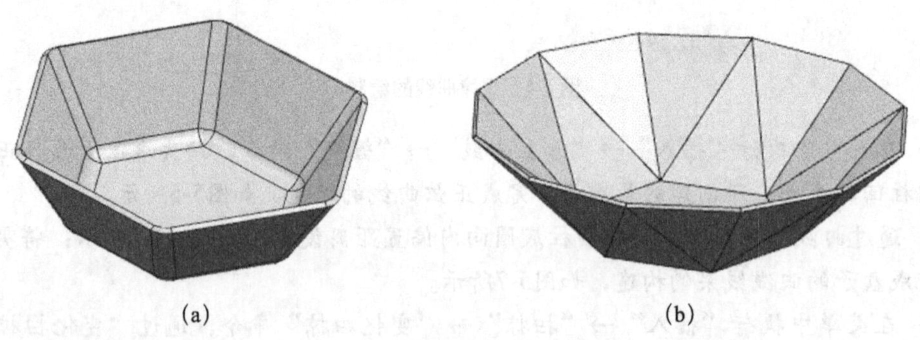

(a)　(b)

图 5-11　多角盆实体模型

〖操作步骤〗

✧ 在菜单中执行“插入”→“草图曲线”→“多边形”命令，选择边数为6，外接圆半径设为50，方位角默认为0°，以（0，0，0）为中心点，完成一个正六边形。

✧ 重复如上步骤，外接圆半径设为100，以（0，0，50）为中心点，完成另一个正六边形，如图5-12所示。

✧ 使用曲线工具栏中“直线”图标，捕捉端点，将两个六边形对应的角点分别相互连接，如图5-13所示。

✧ 使用“有界平面”操作，选择意图选择为“单条曲线”，将六个平面一一完成为平面片体，如图5-14所示；待完成底面后，再将六个单独的片体缝合，以半径为10进行面倒圆操作，结果如图5-15所示。

✧ 将片体加厚，完成如图5-11（a）所示的六角盆实体。

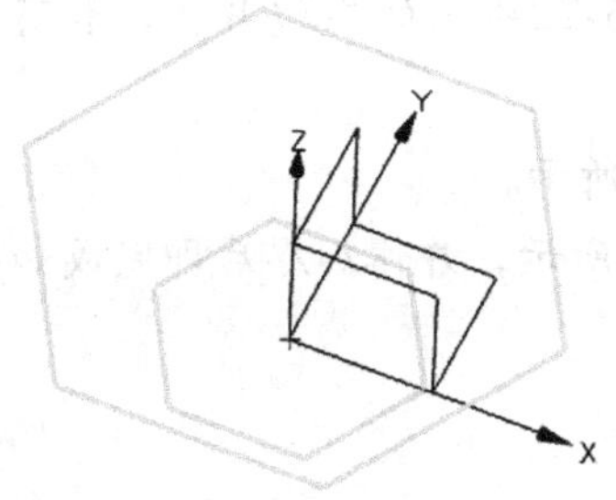

图 5-12　两个正六边形

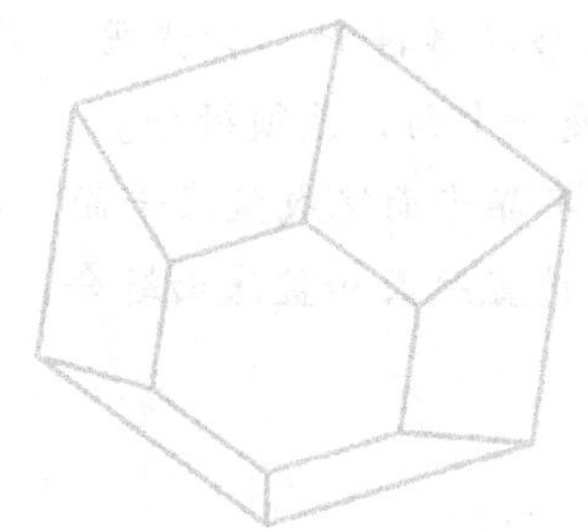

图 5-13　连接成平面线架

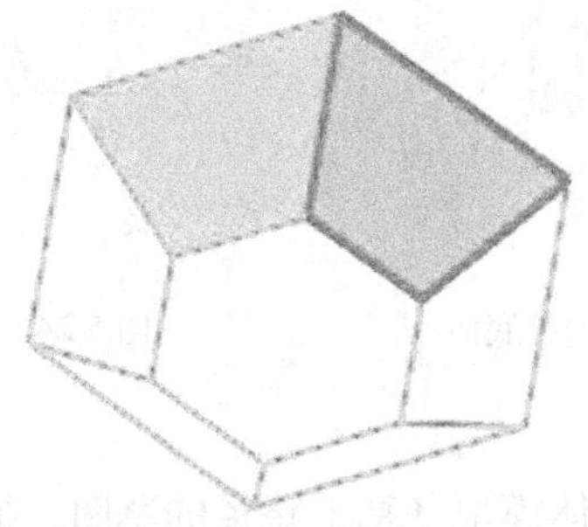

图 5-14　有界平面操作

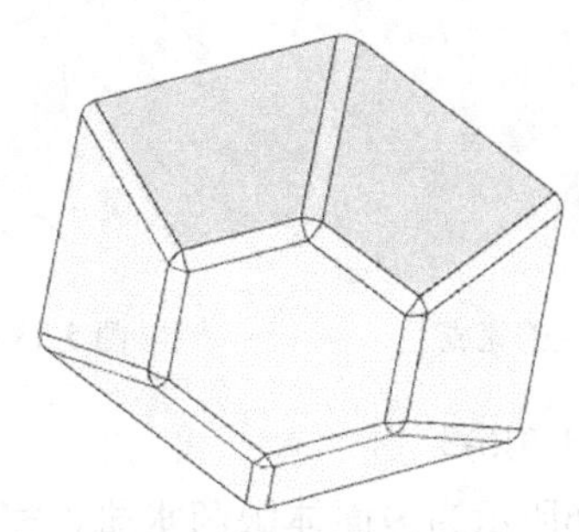

图 5-15　完成后的片体

✧ 和上例操作相同，只是第二个多边形边数为12，完成后如图5-16所示。

✧ 为方便操作，将线框架倒扣过来，然后在菜单中执行“插入”→“网格曲面”→“直纹”命令，弹出“直纹”对话框，默认对齐方式为“参数”，如图5-17所示。

✧ 在“直纹”对话框中将对齐方式改为“根据点”，所有线段端点都会出现“小球”，可以移动，将不在位置的线通过“端点”捕捉移动到位，如图5-18所示。

✧ 通过“线上的点”捕捉，单击六边形，添加一条线，如图5-19所示。移动添加的线下端点到角点，如图5-20所示。

✧ 将添加的线上端点移动到位置，如图5-21所示。

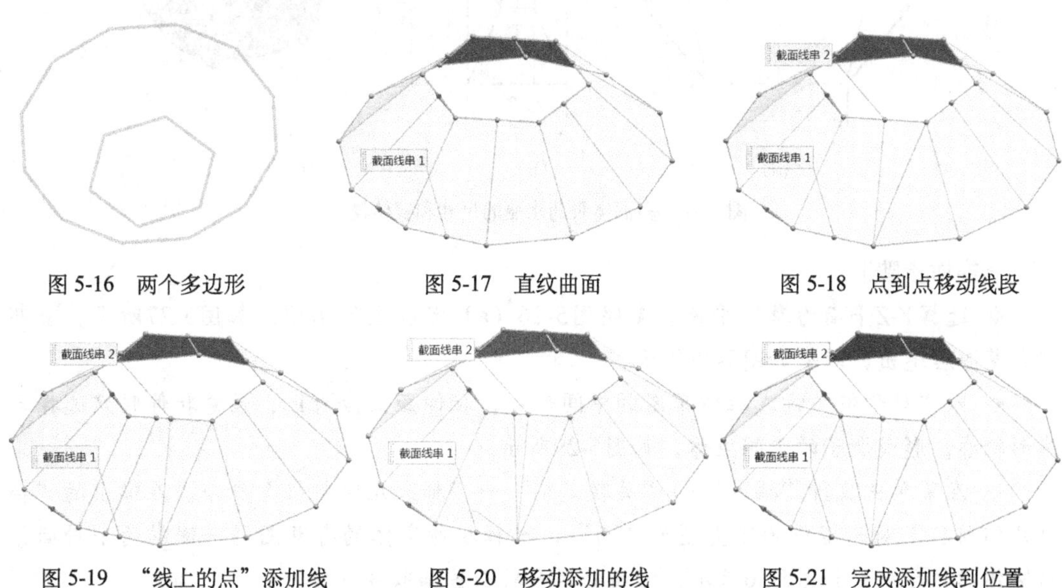

图 5-16　两个多边形　　图 5-17　直纹曲面　　图 5-18　点到点移动线段

图 5-19　“线上的点”添加线　　图 5-20　移动添加的线　　图 5-21　完成添加线到位置

✧ 通过移动线段和添加线段，完成如图5-22所示的周边片体，和有界平面操作不同，直纹面是一个面，无须缝合。

✧ 利用有界平面完成盆底平面，如图5-23所示。

✧ 将周边直纹面和盆底面缝合，如图5-24所示，片体加厚后即完成如图5-11（b）所示的实体。

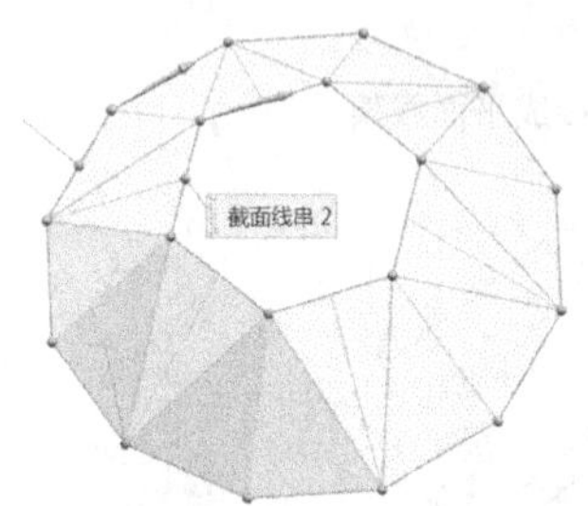

图 5-22　全部完成

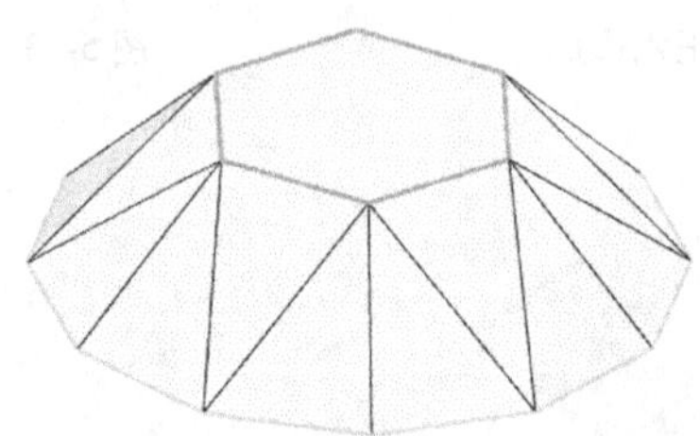

图 5-23　有界平面补底面

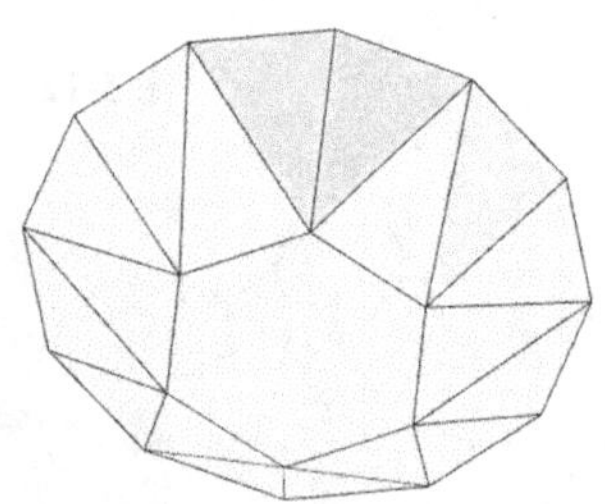

图 5-24　缝合片体

◆ 引导实例5-3

如图5-26所示为多面体眼药水瓶，完成其实体模型（基于路径的草图、抽取面、直纹曲面、封闭片体面缝合）。

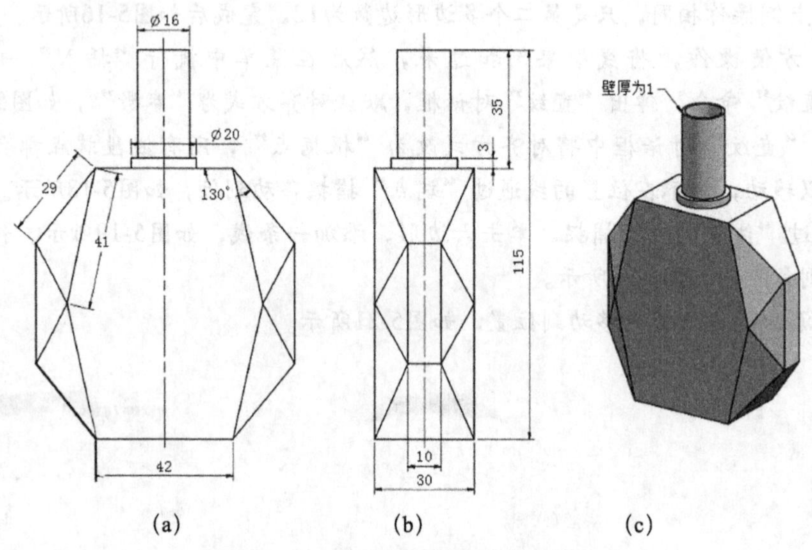

图 5-26　多面体眼药水瓶的尺寸和实体模型

〖操作步骤〗

✧ 选择*Y-Z*平面为草图平面，参照图5-26（a）完成主体草图，如图5-27所示。全部完成草图后退出，结果如图5-28所示。

✧ 以"对称值"方式拉伸草图的中间部分，拉伸距离设为15，注意拉伸时只选择六边形轮廓，形成瓶子的中间主体，如图5-29所示。

✧ 在菜单中执行"插入"→"关联复制"→"抽取几何特征"命令，在弹出的"抽取几何特征"对话框中确定类型为"面"，选择拉伸实体的有草图的一侧的两个斜面，将实体隐藏后结果如图5-30所示，侧面的两个斜面被抽取成片体。

◇ 再次创建草图，在弹出的“创建草图”对话框中将类型由经常使用的默认的“在平面上”改为“基于路径”，选择草图图中竖直的直线，在对话框中的平面方位中选择“垂直于矢量”，选择Y方向，确定了一个通过所选直线且与Y轴垂直的草图平面，如图5-31所示。

◇ 双击金黄色的草图坐标“Z”调整草图方向，双击“Y”或“X”调整草图方位，确定后结果如图5-32所示。

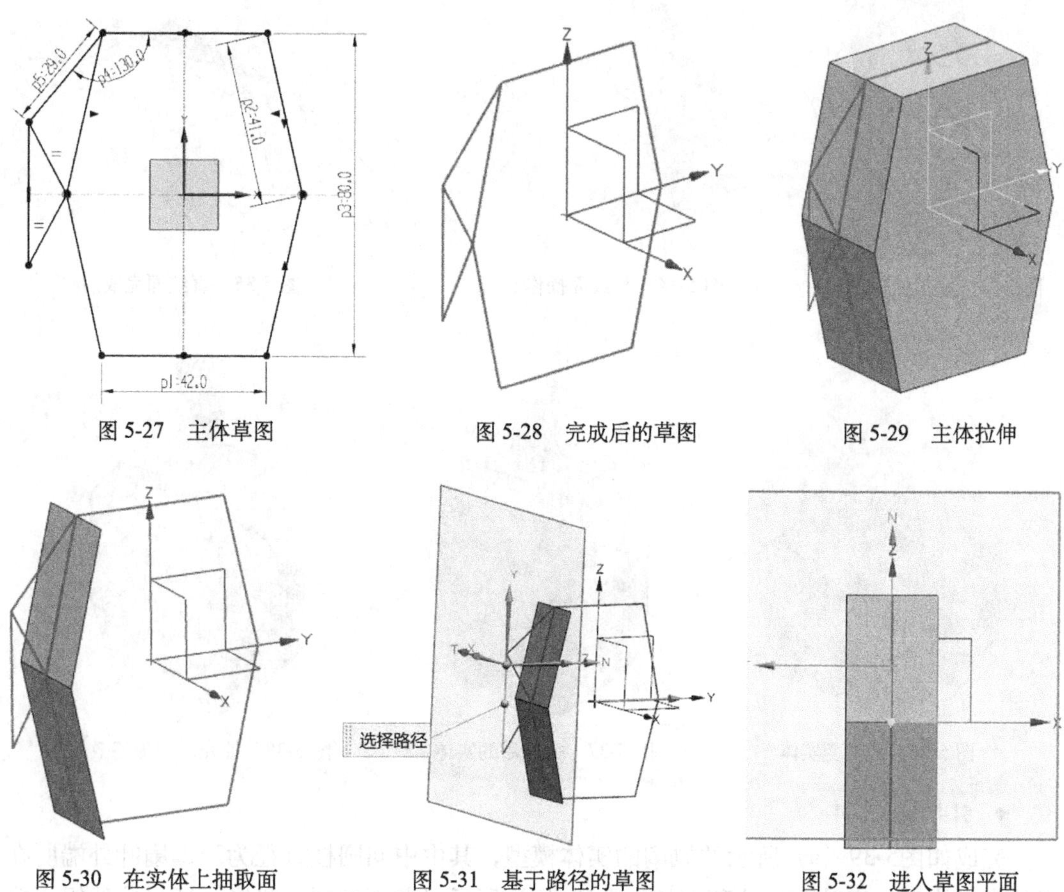

图 5-27 主体草图　图 5-28 完成后的草图　图 5-29 主体拉伸

图 5-30 在实体上抽取面　图 5-31 基于路径的草图　图 5-32 进入草图平面

◇ 绘制矩形，其宽约束为10，中点约束到竖直直线的两个端点，完成后的矩形如图5-33所示，退出草图。

◇ 进入直纹面操作，对齐方式选择“根据点”，以抽取的片体周边为第一个线串，以草图矩形为第二个线串，如图5-34所示。通过移动现有线段和添加线段，直纹面操作完成后结果如图5-35所示。

◇ 通过有界平面操作，将最后开放的矩形开口补上并缝合。注意封闭的片体缝合后自动变为实体。

◇ 将中间实体显示出来，镜像后形成实体，最后再进行布尔求和操作后完成瓶的主体，如图5-36所示。

◇ 在菜单中执行“插入”→“关联复制”→“镜像特征”命令，将侧面由片体围成的实体镜像到另一侧，进行布尔求和操作后再使用圆台操作完成瓶子的圆柱部分，全部实体完成后的结果如图5-37所示。

✧ 最后以壁厚为1、圆柱上端为开放面进行抽壳操作，完成最终的眼药水瓶的模型，如图5-38所示。

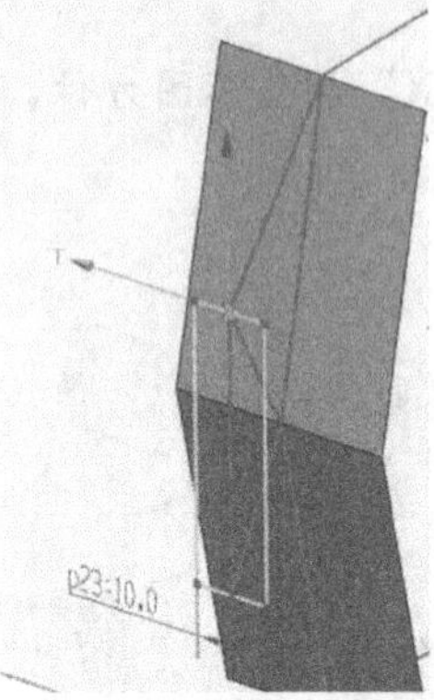

图 5-33　完成的矩形 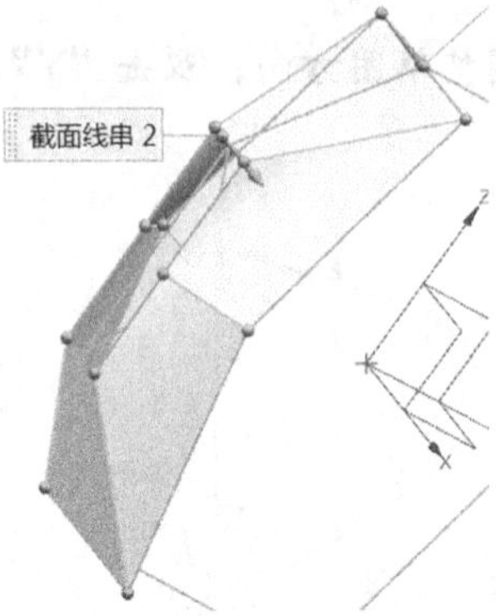　　图 5-34　直纹面操作 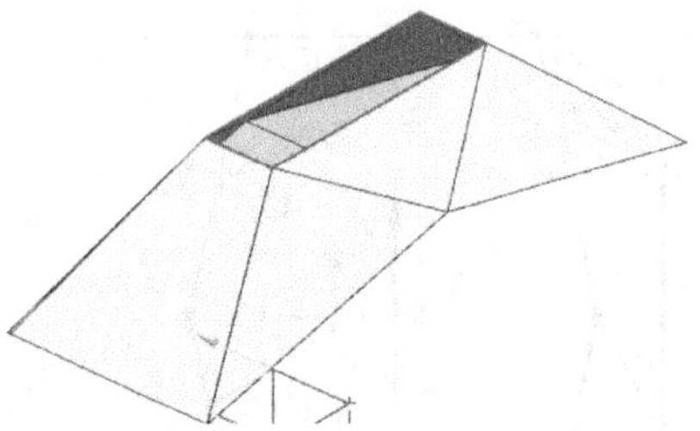　　图 5-35　直纹面完成后

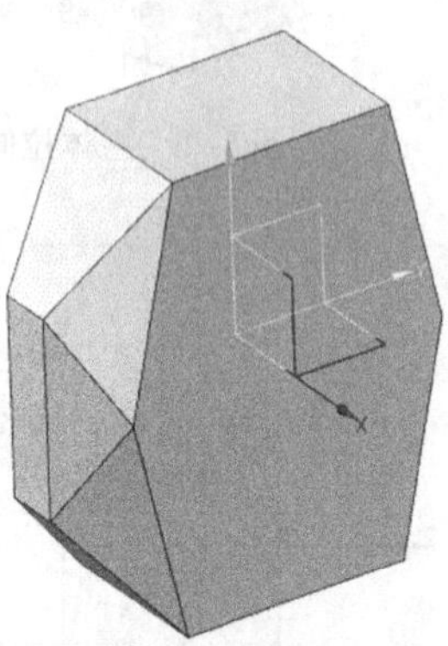

图 5-36　片体变实体 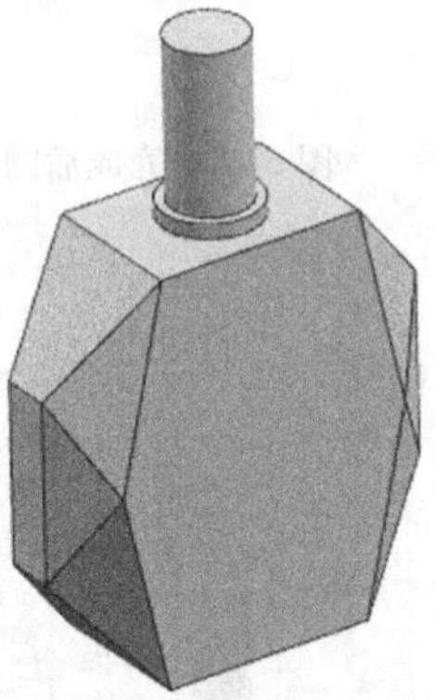　　图 5-37　完成后的实体 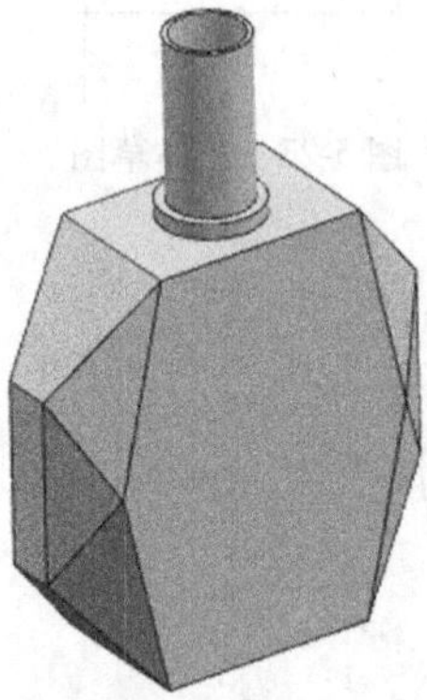　　图 5-38　抽壳后的最终效果

◆ 引导实例5-4

完成如图5-39（a）所示的风扇的实体模型，其中中间圆柱直径为25，扇叶外端所在圆的直径为54，扇叶两端的草图如图5-39（b）所示（曲面偏置、投影、通过曲线组、曲面修剪）。

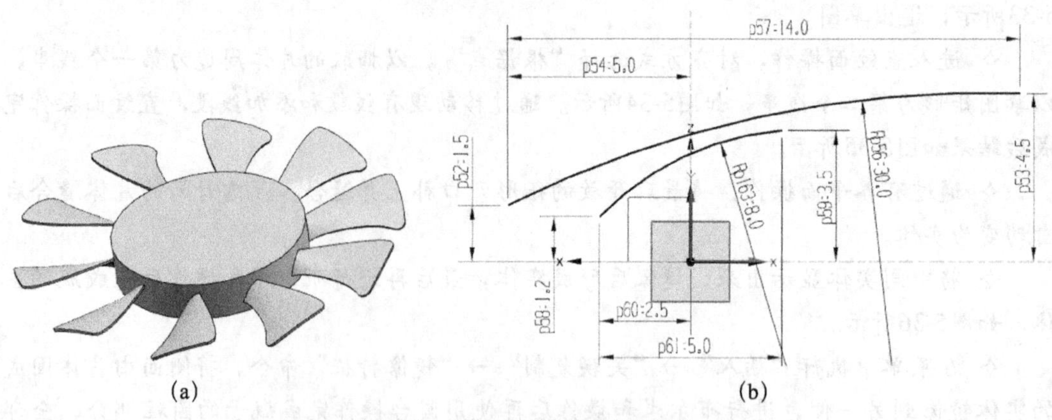

图 5-39　风扇实体模型及草图尺寸

〖操作步骤〗

✧ 在Z方向上，以直径为25、高度为5创建圆柱；然后执行“菜单”→“偏置/缩放”→“偏置曲面”命令（也可直接单击图标进入偏置曲面操作），偏置距离设为14.5，完成后的结果如图5-40所示。

✧ 平行于Z-X面在偏置曲面的外侧创建基准面，如图5-41所示，并以此基准面为草图平面，参照图5-39（b）创建风扇叶片端面的草图，完成后的结果如图5-42所示。

✧ 退出草图后将基准面隐藏，分别将草图的R30和R8两个圆弧投影到偏置曲面和圆柱面上。单点击曲线工具栏中的“投影曲线”图标，在弹出的“投影曲线”对话框中，投影方向选择“沿面的法向”，完成后的结果如图5-43所示。

✧ 将偏置的曲面及草图隐藏，在菜单中执行“插入”→“网格曲面”→“通过曲线组”命令，在弹出的对话框中对齐方式选择为“参数”，体类型选择为“片体”，每次选择曲线要按鼠标中键确定，且使两次选择曲线的方向箭头指向同一侧，如图5-44所示。

✧ 以X-Y面为草图平面，绘制如图5-45所示的草图，绘制草图时采用“艺术样条”，类型设为“通过点”。在绘制过程中为确保样条草图线的端点能投影到叶片合适的点上，样条的起点和终点要使用捕捉方式。

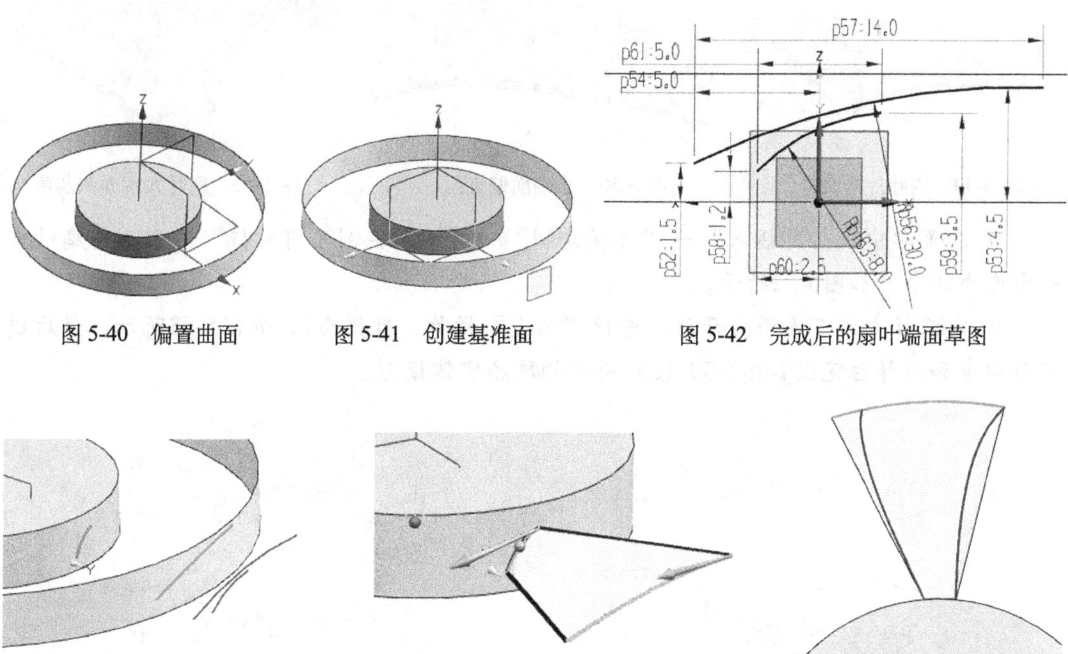

图 5-40　偏置曲面　　图 5-41　创建基准面　　图 5-42　完成后的扇叶端面草图

图 5-43　投影曲线　　图 5-44　通过曲线组　　图 5-45　草图样条

✧ 退出草图后，结果如图5-46所示。

✧ 将绘制的草图向扇叶片体投影，投影方向选择Z方向。完成后的结果如图5-47所示。

✧ 在菜单中执行“插入”→“修剪”→“修剪片体”命令或直接单击工具栏中的图标，目标对象为扇叶片体，边界对象为投影到扇叶片体上的两条曲线，预览，若结果相反则切换“保持”与“舍弃”选项。完成后的结果如图5-48所示。

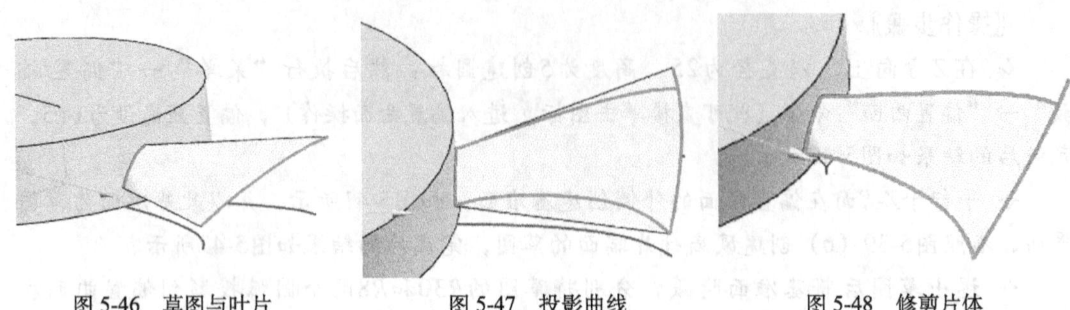

图 5-46　草图与叶片　　图 5-47　投影曲线　　图 5-48　修剪片体

✧ 通过按Ctrl+W组合键隐藏草图及曲线，将片体加厚为0.3mm。完成后的结果如图5-49所示。

✧ 扇叶实体与圆柱实体圆弧相切，无法进行布尔求和运算，因此隐藏圆柱实体，将扇叶实体小端通过偏置面操作延伸1mm，如图5-50所示。

✧ 将扇叶实体大端尖角进行“倒圆角”操作，完成后的结果如图5-51所示。

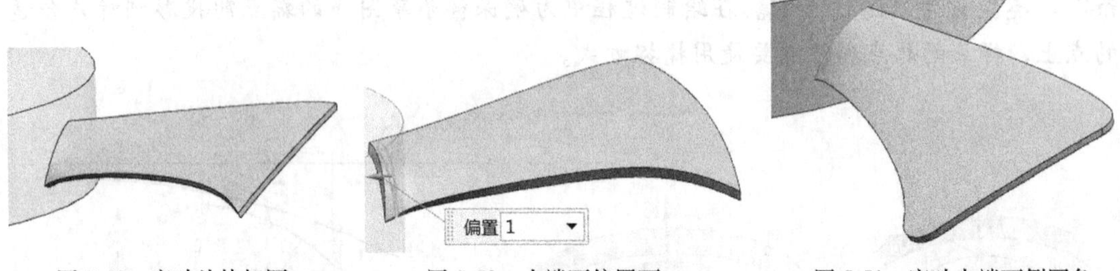

图 5-49　扇叶片体加厚　　图 5-50　小端面偏置面　　图 5-51　扇叶大端面倒圆角

✧ 在菜单中执行“插入”→“关联复制”→“阵列实例几何特征”命令，将扇叶由一个变为10个，如图5-52所示。

✧ 以圆柱主体下表面为开放面进行“抽壳”操作，壁厚为1，如图5-53所示。最后进行布尔求和运算后完成如图5-39（a）所示的风扇实体模型。

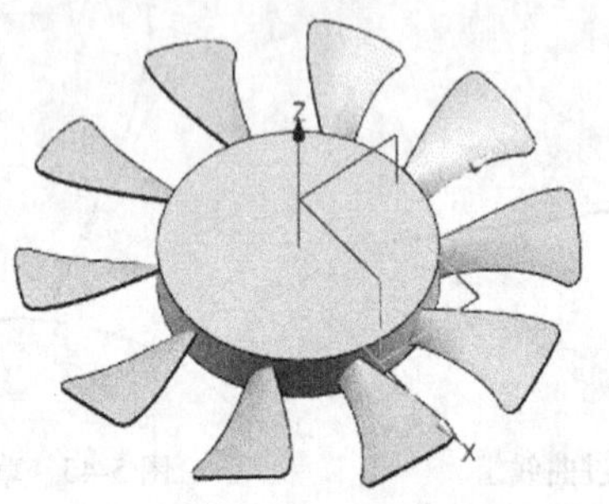

图 5-52　生成实例几何特征

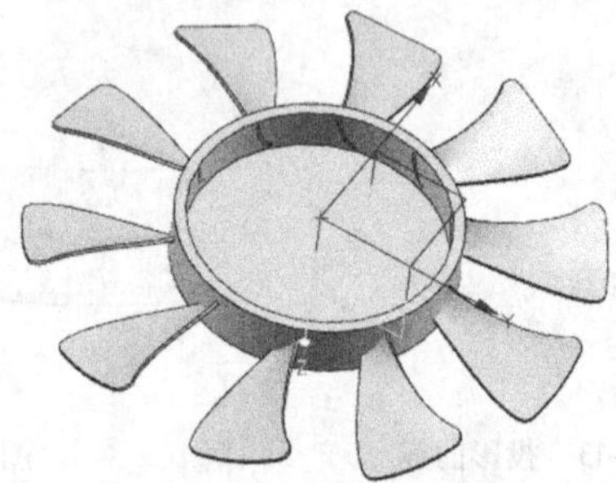

图 5-53　主体圆柱抽壳

◆ 引导实例5-5

完成节能灯的实体模型，如图5-54所示（螺旋线的构建、曲线桥接、管道）。

〖操作步骤〗

✧ 选择*Y*-*Z*面为草图平面，参照图5-54（a）完成灯头部分的草图，如图5-55所示。

✧ 选择5-55图中的草图曲线，以Z轴为旋转轴，旋转360°，得到如图5-56所示的灯头部分实体。

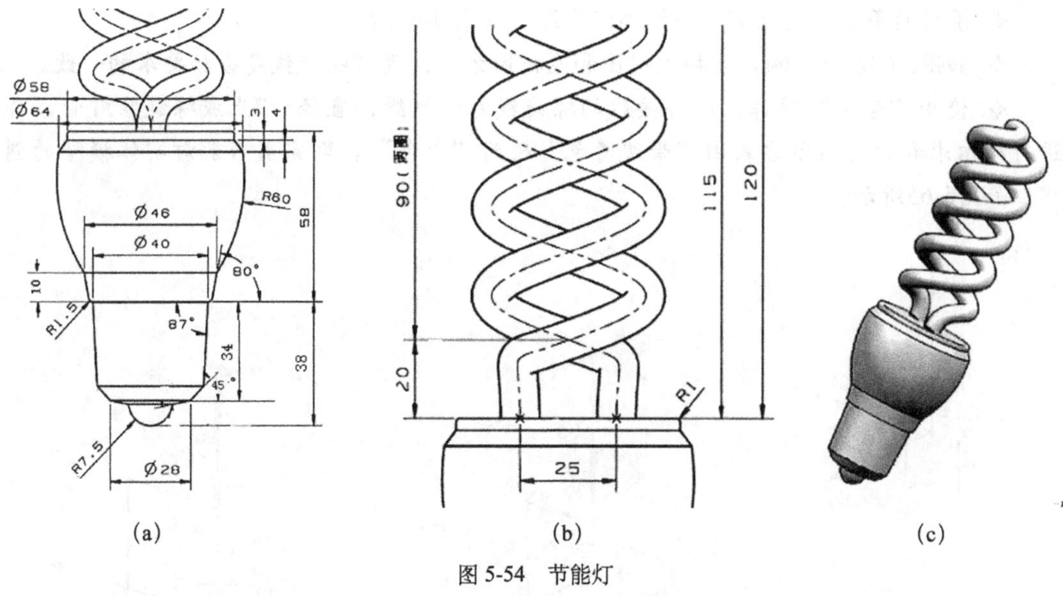

(a) (b) (c)

图 5-54 节能灯

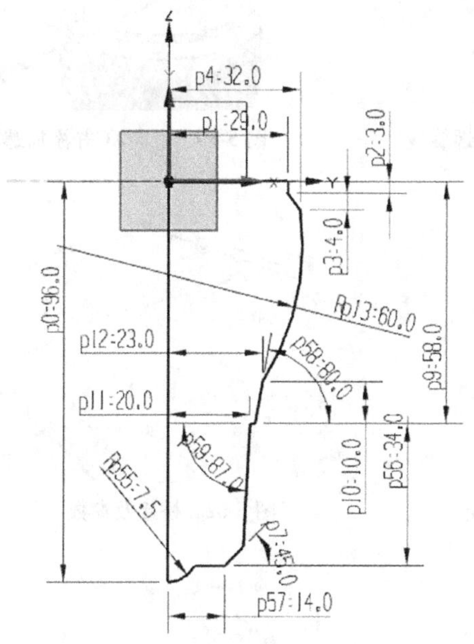

图 5-55 灯头部分的草图

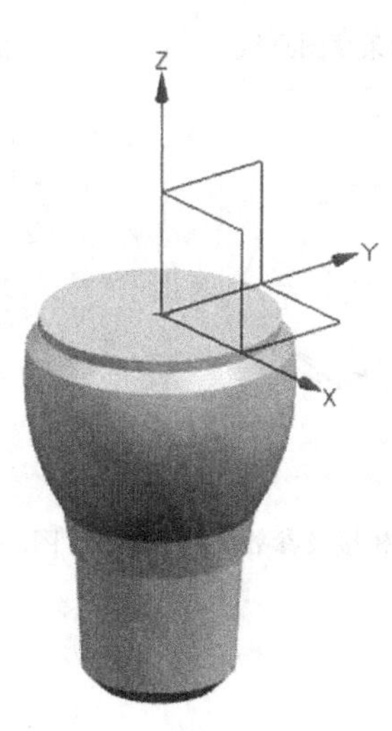

图 5-56 灯头部分实体

✧ 再次选择*Y-Z*面为草图平面，参照图5-54（b），以相距25对称地画两条直线（长度任意），为桥接螺旋线做准备，完成后的草图如图5-57所示。

✧ 激活动态坐标，单击*ZC*将用户坐标向上移动20，将用户坐标显示出来。添加螺旋曲线：2圈、螺距为40、半径为20，完成一条螺旋线，如图5-58所示。

✧ 激活动态坐标，单击*XC*将其反向。再次添加螺旋线，螺旋线参数同前一条相同，完成后的结果如图5-59所示。

✧ 在菜单中执行“插入”→“派生曲线”→“桥接”命令，选择如图5-60所示的直线和螺旋线，相切幅值设为1。同样操作另一条直线和螺旋线的桥接，完成后的结果如图5-61所示。

✧ 桥接两条螺旋线上部，相切幅值为1.5，如图5-62所示。

✧ 如图5-63和图5-64，变换主视图和左视图方向，观察螺旋线是否和要求的一致。

✧ 使用“管道”操作，以桥接后的螺旋线为引导线，直径为7生成螺旋状灯管，再进行布尔求和后将显示方式由“带边着色”改为“着色”，即完成节能灯实体模型的创建，如图5-65所示。

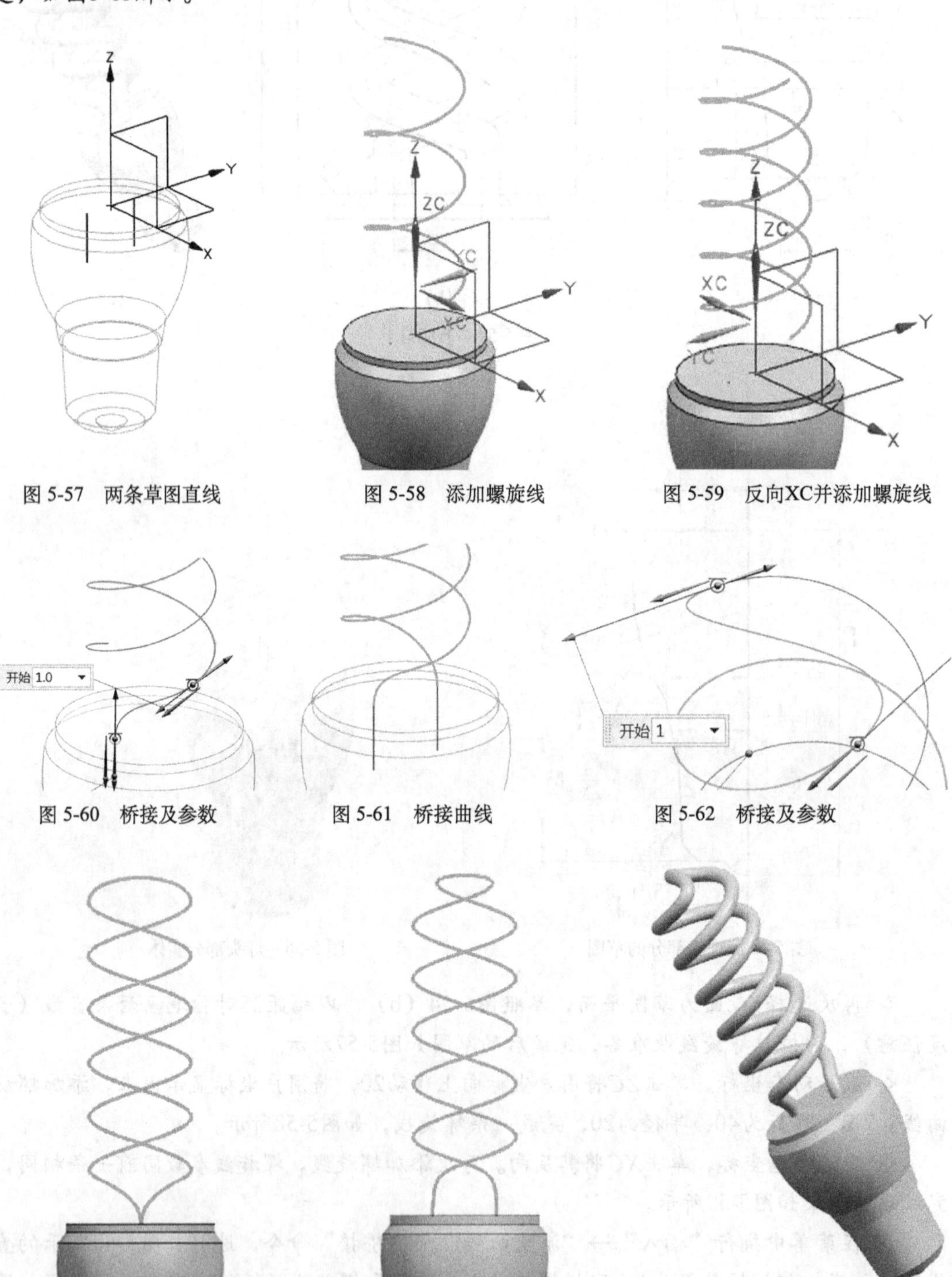

图 5-57 两条草图直线　图 5-58 添加螺旋线　图 5-59 反向XC并添加螺旋线

图 5-60 桥接及参数　图 5-61 桥接曲线　图 5-62 桥接及参数

图 5-63 桥接后的螺旋线　图 5-64 桥接后的螺旋线　图 5-65 节能灯实体模型

◆ 引导实例5-6

带手柄水瓶的5个草图，如图5-66（a）所示，自底向上距离分别为30、60、30、30；四个圆形草图的直径分别为60、120、90、50；最上方的草图如图5-66（b）所示。手柄及瓶的厚度尺寸自定，完成后的水瓶如图5-66（c）所示（圆形的曲线组、手柄扫掠）。

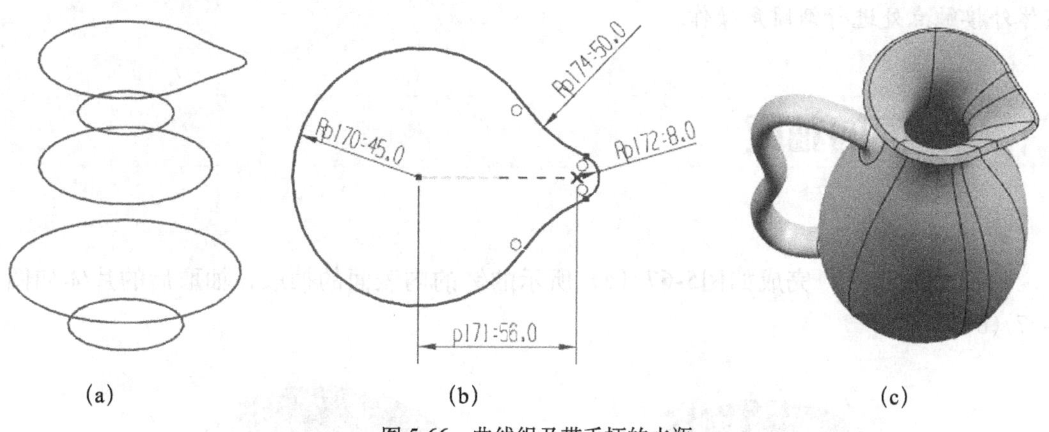

图 5-66　曲线组及带手柄的水瓶

〖操作步骤〗

✧ 以*XC-YC*面为基准，偏置创建四个基准面，距离间隔依次为30、60、30、39。在对应的基准面上创建四个圆，并按要求设置直径尺寸。在最上面的基准面上创建如图5-66（b）所示的图形，要完全约束，建议将“尖嘴”对着*X*方向。

✧ 将草图曲线转化为曲线：在菜单中执行“插入”→“派生曲线”→“复合曲线”命令，弹出“复合曲线”对话框，在“设置”选项下勾选“隐藏原先的”，然后选择草图曲线，再按“应用”按钮，则草图转换为曲线。

✧ 将分段曲线连接为一整体：由于最上面的曲线在绘制草图时是分段绘制的，因此转换为曲线时也是分段的，无法按整体完成“等参数”“等段数”分割。在菜单中执行“插入”→“派生曲线”→“光顺曲线串”命令，弹出“光顺曲线串”对话框，输入曲线选项选择“隐藏”，选择曲线即可完成连接。

✧ 分割曲线：在菜单中执行“编辑”→“曲线”→“分割”命令，弹出“分割曲线”对话框，类型选择“等分段”，分段长度选择“等参数”，段数设为2，依次完成所有曲线的分段。

✧ 执行“通过曲线组”操作：在弹出的对话框中确认对齐方式为“参数”，体类型为“片体”，从下到上依次选择曲线，选择的点为分段后同一侧，每次选择都要按鼠标中键，并保持矢量箭头方向一致（若不一致可以在窗口上方做“反向”调整）。

✧ 执行“有界平面”操作将瓶底部补上片体，并缝合。然后将片体加厚至1.5mm。

✧ 手柄引导线及截面曲线：选择Z-X面为草图平面，使用“艺术样条”绘制形似耳廓的手柄引导线，通过拖动使曲线基本光滑即可无需约束，完成后退出草图。

✧ 创建“基于路径”的草图，分别选择引导线的两个端点及中间位置确定草图平面和草图原点（不要改动）。创建草图后，在菜单中执行“插入”→“草图曲线”→“椭圆”命令，在弹出的“椭圆”对话框中分别设置椭圆的长短轴为8和5。

✧ 手柄实体：在菜单中执行“插入”→“扫掠”→“扫掠”命令，在对话框中，定向方法选择“固定”；依次选择三个椭圆的截面曲线，每次选择要按鼠标中键确定，并确认矢量箭头方向一致；最后选择引导线，单击“确定”按钮即可完成手柄实体。

✧ 将进入瓶体内部的手柄实体“修剪”掉，最后再进行布尔求和，并在手柄和水瓶实体外接触点处进行倒圆角操作。

5.2 面的抽取

◆ 引导实例5-7

曲面抽取实例，完成如图5-67（a）所示的钵的内表面的抽取，抽取后的片体如图5-67（b）所示。

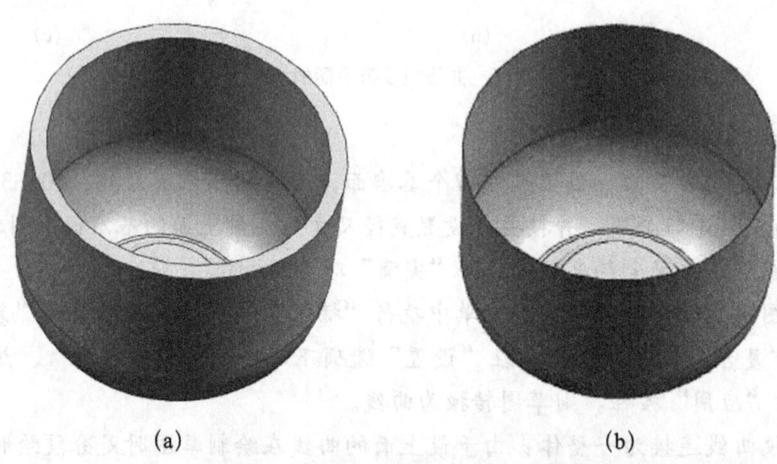

(a) (b)

图 5-67 杯状实体模型内表面的片体抽取

〖操作步骤〗

✧ 在菜单中执行“插入”→“关联复制”→“抽取几何特征”命令，弹出“抽取几何特征”对话框，如图5-68（a）所示。在“类型”项列表中选择“面区域”，在“区域选项”项下勾选“遍历内部边”，其余选择默认设置。

✧ 种子面操作：选择如图5-68（b）所示的内表面，由于勾选了“遍历内部边”，所以实体的所有表面都被选中，操作随即下移到“边界面”。

✧ 边界面操作：选择如图5-68（c）所示的上端平面，则由光标位置起到该平面为种子面的边界。在对话框中按“确定”按钮。

✧ 隐藏实体：在菜单中执行“编辑”→“显示和隐藏”→“显示和隐藏”命令或在实用工具栏中按显示和隐藏图标，弹出“显示和隐藏”对话框，如图5-69（a）所示；在实体后面按“−”按钮，则屏幕中的实体消失，仅剩下抽取的片体，如图5-69（b）所示。

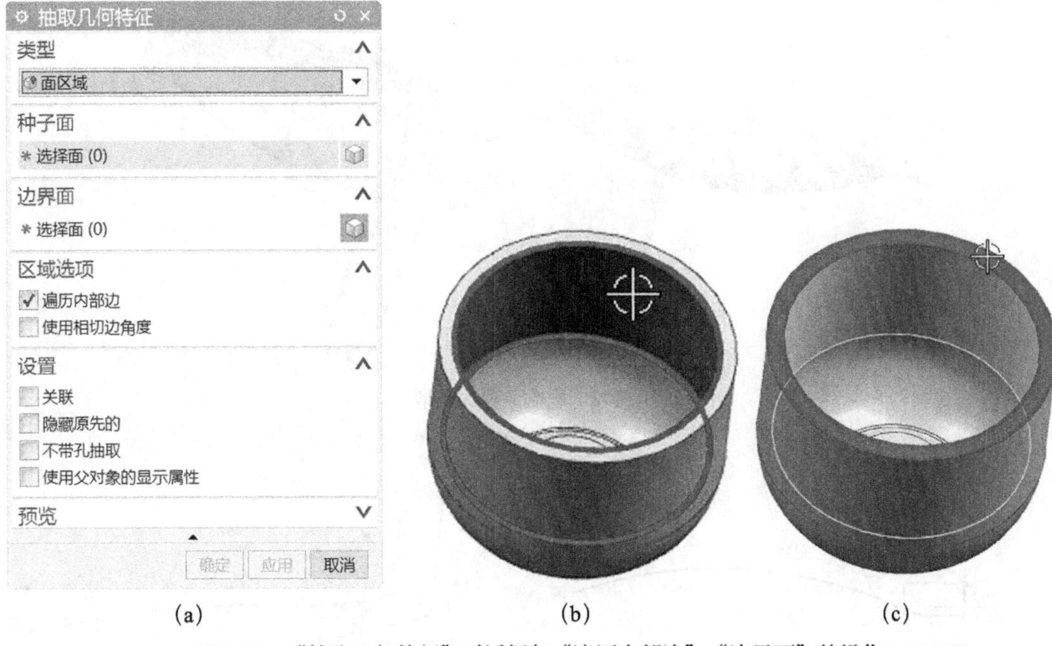

图 5-68 “抽取几何特征”对话框与“遍历内部边”“边界面”的操作

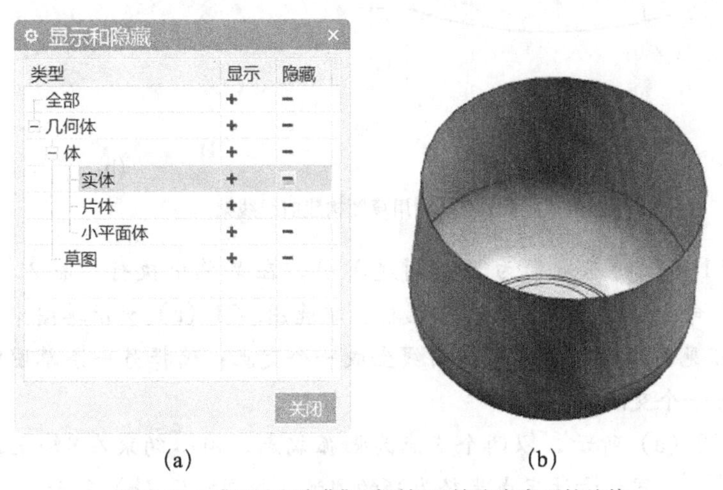

图 5-69 “显示和隐藏”对话框及抽取内表面的片体

5.3 曲面造型综合实例

◆ 引导实例5-8

完成如图5-70所示的电吹风壳体的实体模型（尺寸在建模过程中给出）。

〖操作步骤〗

✧ 在*X-Y*面创建如图5-71（a）所示的草图，为后续建模方便，建议采用图中所示的约束位置。完成后在*YZ*面创建如图5-71（b）所示的草图，圆心在坐标原点，起点和终点在原草图的两个端点上，半径为20。将图5-71（b）所示的刚创建的基准面由*YZ*平面偏置160°。

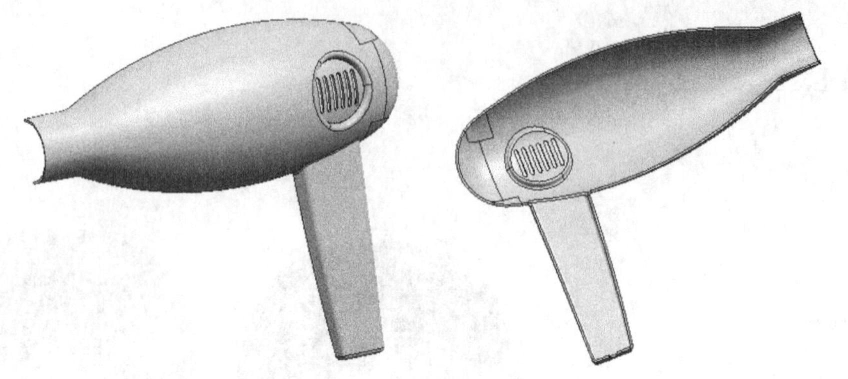
图 5-70　电吹风壳体模型

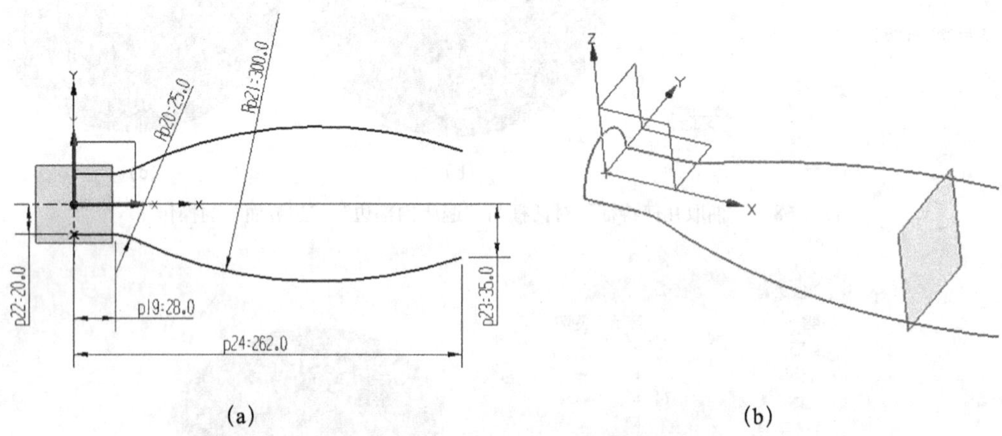

(a)　　　(b)

图 5-71　利用草图构建曲线线架

✧ 以偏置160°的基准面为平面创建草图，在菜单中执行“插入”→“草图曲线”→“交点”命令，弹出“交点”对话框，单选图5-71（a）所示草图中的一条，单击“应用”按钮可见基准面与所选草图曲线生成一个交点；选择另一条草图曲线进行同样操作，可求出另一个交点。

✧ 如图5-72（a）所示，以两个交点为圆弧端点，圆心约束在Y轴上，半径尺寸设为51，完成草图。以同样方法完成半径为36的圆弧，如图5-72（b）所示。

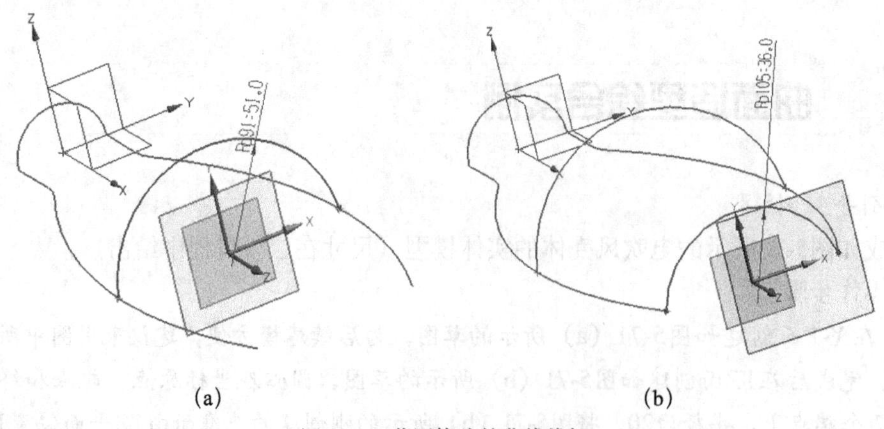

(a)　　　(b)

图 5-72　草图构建的曲线线架

✧ 用草图或曲线方法完成如图5-73所示的圆弧，半径为38。

✧ 以*X-Y*面为草图平面创建草图，完成如图5-74所示的手柄草图，一条为直线，一条为弧线。

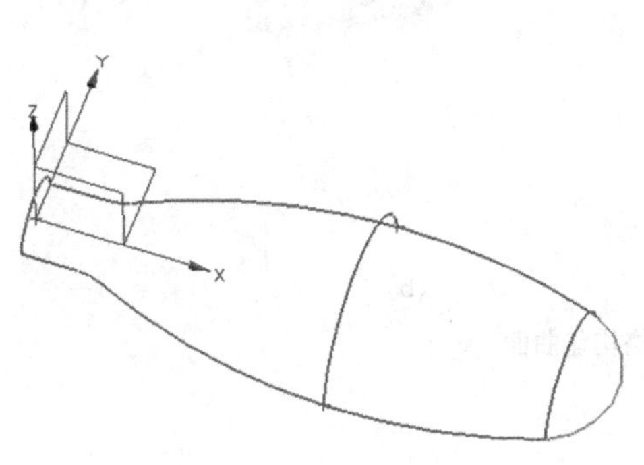

图 5-73　右端面圆弧线架

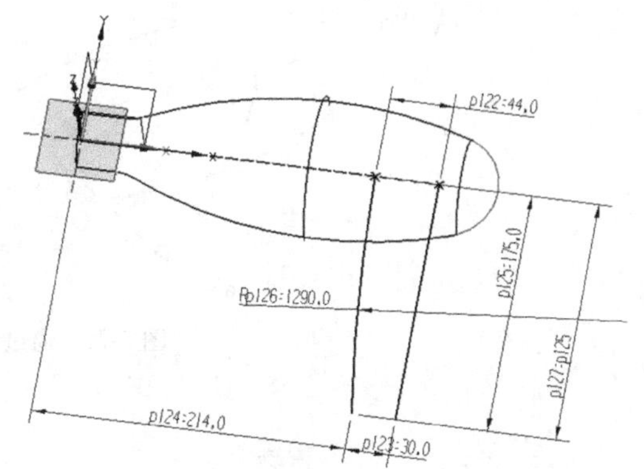

图 5-74　手柄线架的定位及定形尺寸

✧ 选择*Z-X*面为草图平面，完成如图5-75（a）所示的草图，其中圆角半径为3。

✧ 继续创建草图，草图类型选择“基于路径”，选择在手柄草图中直线的端点处创建垂直于该直线且过端点的平面为草图平面，平面方位选择“垂直于路径”。完成如图5-75（b）所示草图，其中圆角半径为2。

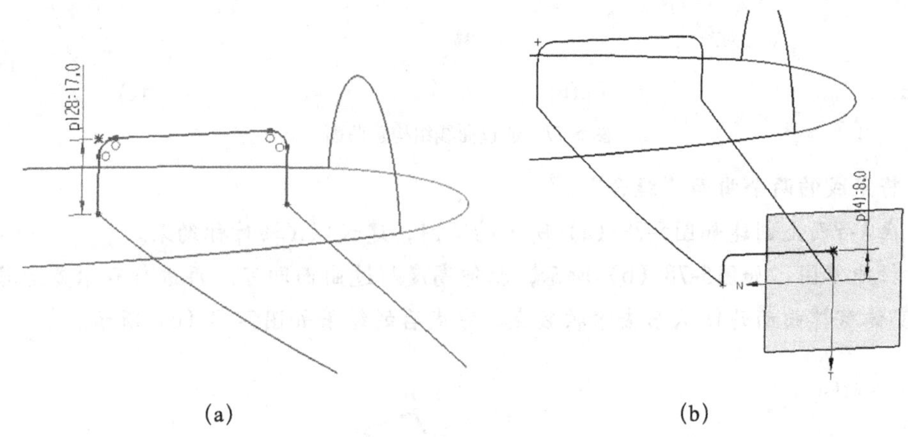

图 5-75　手柄截面曲线的线架构建

✧ 在菜单中执行“插入”→“网格曲面”→“通过曲线网格”命令，弹出“通过曲线网格”对话框。确认当前操作为主曲线下的“选择曲线或点”，如图5-76（a）所示，依次选择三条圆弧，每次选择后要按鼠标中键并确认矢量方向一致；将操作切换到“交叉曲线”下的“选择曲线”，依次选择X-Y面草图上的两条曲线，完成后的曲面如图5-76（b）所示。

✧ 在菜单中执行“插入”→“网格曲面”→“通过曲线组”命令，弹出“通过曲线组”对话框。确认当前操作为截面下的“选择曲线或点”，如图5-77（a）所示，选择半径为38的圆弧，按鼠标中键，再选择半径为36的圆弧，按鼠标中键，如图5-77（b）所示，确认对话框中对齐方式为“参数”，在对话框中“连续性”项下第一个截面选择“G1相切”，随后选择先期创建的曲面，完成后的曲面如图5-77（c）所示。

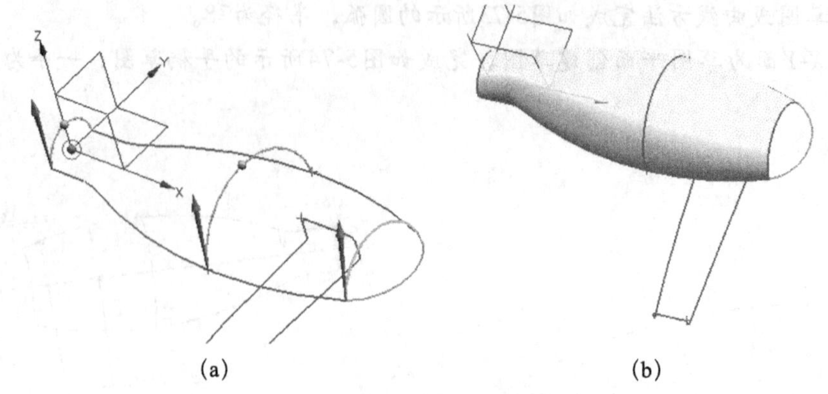
(a) (b)

图 5-76 通过曲线网格构建曲面

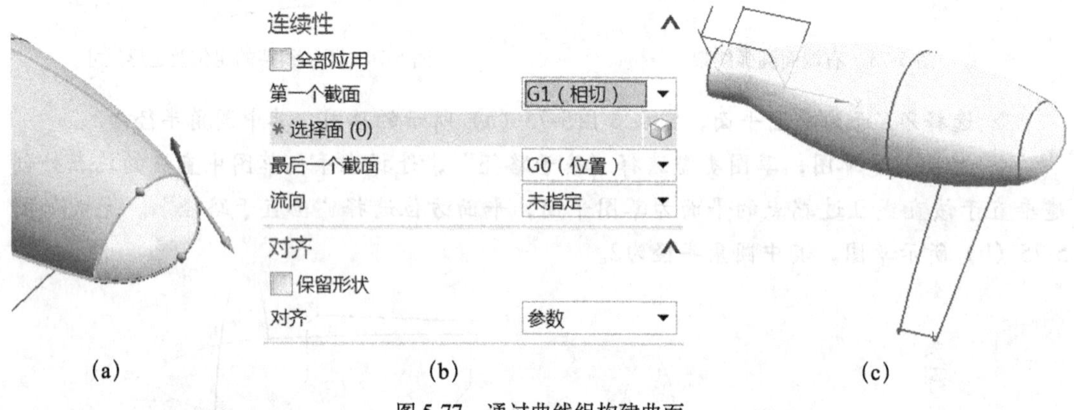

(a) (b) (c)

图 5-77 通过曲线组构建曲面

✧ 将完成的两个曲面“缝合”。

✧ 在*X-Y*面上创建如图5-78（a）所示的草图，建议以*X*轴对称约束。

✧ 拉伸草图，如图5-78（b）所示，拉伸高度超过曲面即可。再进行布尔差运算，用拉伸的实体剪掉曲面片体从而去除收敛点，完成后的结果如图5-78（c）所示。

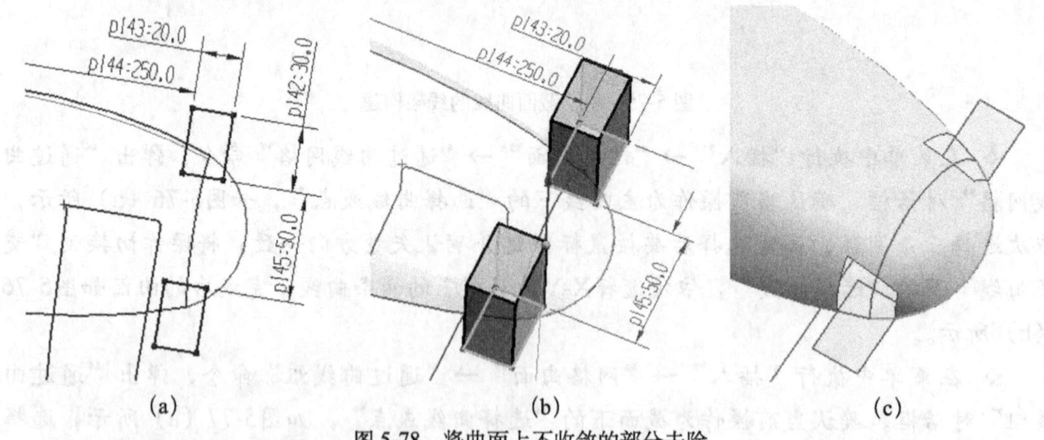

(a) (b) (c)

图 5-78 将曲面上不收敛的部分去除

✧ 在菜单中执行“插入”→“网格曲面”→“通过曲线网格”命令，确认当前操作为主曲线项中的“选择曲线或点”，如图5-79（a）所示。依次选择切出的空间四边形的两条相对曲线，每次要按鼠标中键确定；将操作移至交叉曲线项中的“选择曲线”，依次选择空间四边形另外两条曲线，每次要按鼠标中键确定，完成后的曲面如图5-79（b）所示。

✧ 同样操作另一侧，完成曲面补片如图5-79（c）所示。

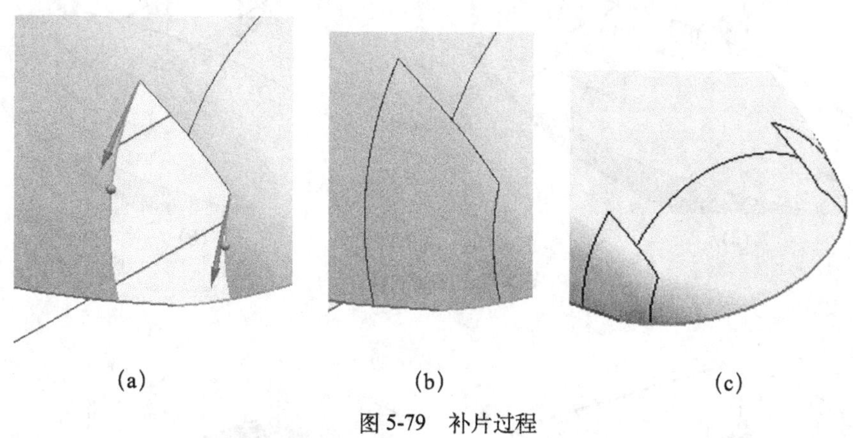

(a)　　(b)　　(c)

图 5-79　补片过程

✧ 将曲面“缝合”。

✧ 在菜单中执行“插入”→“扫掠”→“扫掠”命令，弹出“扫掠”对话框，选择两个U形草图为截面线，每次选择要按鼠标中键确认；再选择另外两条草图曲线为引导线，定向方法选择“固定”，完成后的手柄曲面如图5-80（a）所示，所创建的曲面与原曲面相交情况如图5-80（b）所示。

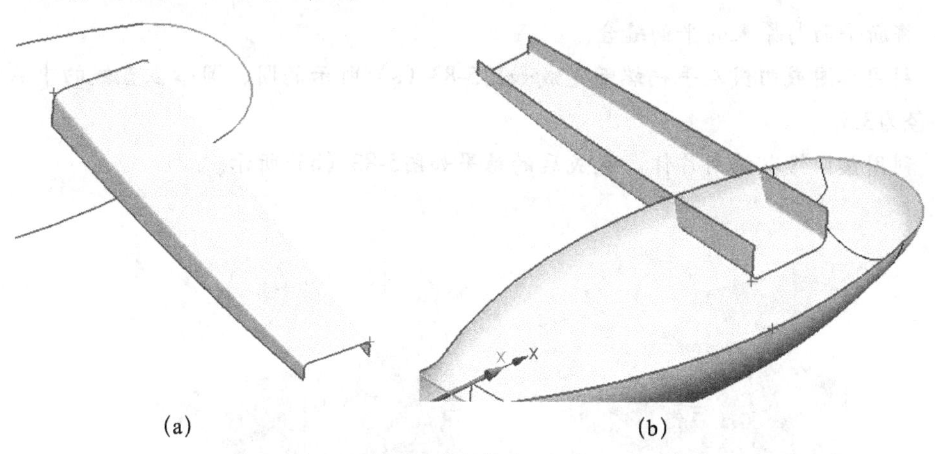

(a)　　(b)

图 5-80　扫掠构建手柄曲面

✧ 在菜单中执行“插入”→“修剪”→“修剪片体”命令，弹出“修剪片体”对话框，选择手柄片体为“目标”并按鼠标中键确定，然后选择壳体片体为“边界对象”并按鼠标中键确定，完成修剪后的模型如图5-81（a）所示；重复同样操作，选择壳体片体为“目标”，手柄片体为“边界对象”，完成后的结果如图5-81（b）所示。

✧ 缝合手柄片体和壳体片体。

✧ 使用曲线或直接草图，利用端点捕捉连接手柄端面的两个点，如图5-82（a）所示。

✧ 在菜单中执行“插入”→“曲面”→“有界平面”命令，弹出“有界平面”对话框，依次选择封闭的端面线框，完成后形成的平面如图5-82（b）所示。

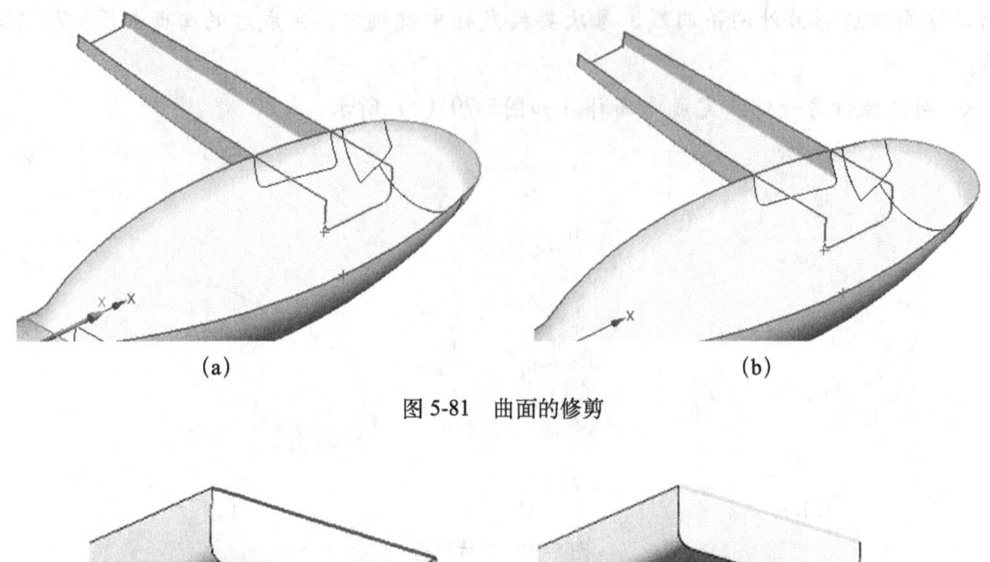

(a)　　　　　　(b)

图 5-81　曲面的修剪

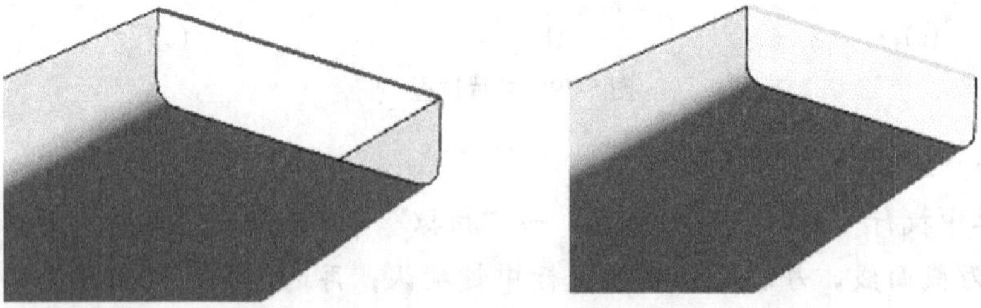

(a)　　　　　　(b)

图 5-82　手柄端面添加平面

✧ 将新平面与原来的平面缝合。

✧ 利用草图或曲线在手柄端面完成如图5-83（a）所示的圆，圆心在直线的中点处，圆的半径为3.5。

✧ 利用该圆修剪端面片体，完成后的结果如图5-83（b）所示。

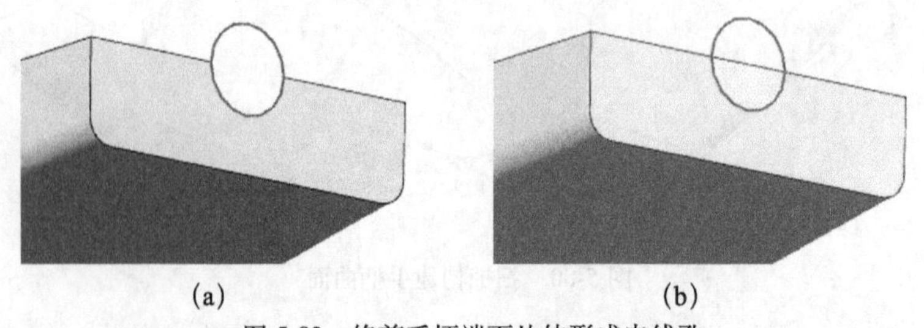

(a)　　　　　　(b)

图 5-83　修剪手柄端面片体形成电线孔

✧ 对手柄与壳体交接处做“面倒圆”操作，圆角半径为3；对手柄端面做同样操作，圆角半径为1.5，完成后的结果如图5-84所示。

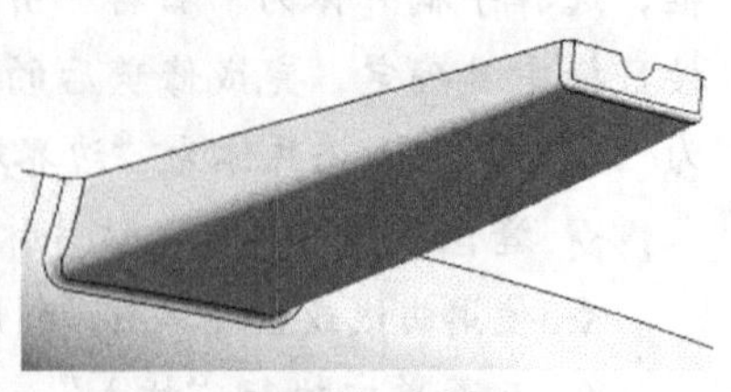

图 5-84　面倒圆

✧ 以*X-Y*面为草图平面，创建如图5-85（a）所示的草图，直径为51，圆心在*X*轴上，距离*Y*轴为224，完成后的结果如图5-85（b）所示。

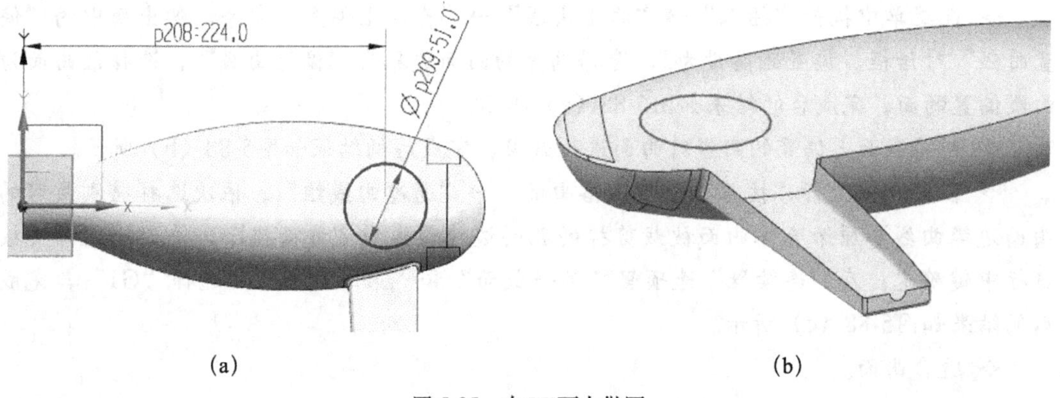

(a) (b)

图 5-85 在XY面上做圆

✧ 在菜单中执行“插入”→“派生曲线”→“投影”命令，弹出“投影曲线”对话框，将XY面上的平面图形—圆投影到壳体的曲面上。完成后的模型如图5-86（a）所示。在菜单中执行“插入”→“修剪”→“分割面”命令，以投影曲线为分割对象将所在曲面分割为两个面，如图5-86（b）所示。

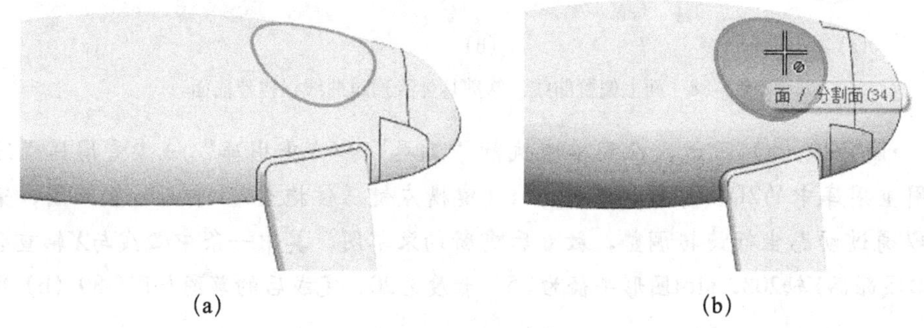

(a) (b)

图 5-86 将圆投影到壳体曲面上并分割面

✧ 将分割的面做偏置，在菜单中执行“插入”→“偏置/缩放”→“偏置曲面”命令，弹出“偏置曲面”对话框，偏置距离设为3，在下壳体内部方向偏置，完成后的结果如图5-87（a）所示。

✧ 重复投影曲线操作，并以该投影曲线做边界对象修剪曲面，完成后的结果如图5-87（b）所示。

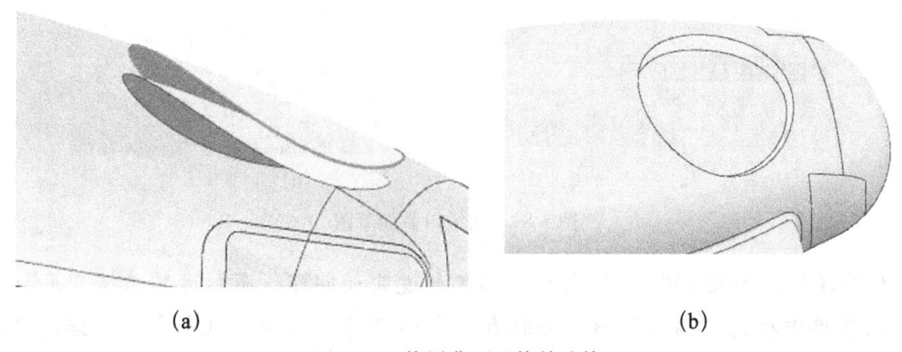

(a) (b)

图 5-87 偏置曲面及修剪片体

✧ 在菜单中执行“插入”→“派生曲线”→“在面上偏置”命令，弹出面中的“偏置曲线”对话框。偏置距离设为3，选择偏置的曲面边界为“偏置曲线”，选择该曲面为曲线偏置的面，完成后的结果如图5-88（a）所示。

✧ 利用在面上偏置的曲线对曲面进行裁剪，完成后的结果如图5-88（b）所示。

✧ 在菜单中执行“插入”→“网格曲面”→“通过曲线组”，依次选择将刚裁剪的曲面边缘曲线和原来壳体曲面被裁剪掉的孔的边缘曲线为“截面线”，每一次选择要按鼠标中键确定；在“连续性”选项里“第一截面”和“第二截面”都选择“G1”，完成后的结果如图5-88（c）所示。

✧ 缝合曲面。

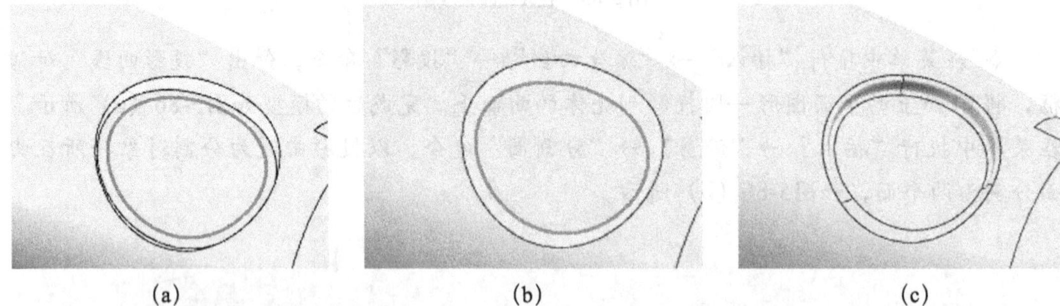

(a) (b) (c)

图 5-88　面上偏置曲线、修剪片体及通过曲线组构建曲面

✧ 如图5-89（a）所示，在菜单中执行“工具”→“重用库”→“重用库管理”命令，利用重用库中的2D图形库，选择slot（键槽左键压住拖至XY平面放置草图，若方向不对可以通过动态坐标旋转调整，放置后重新约束草图，其中一条中心线与X轴重合，另一条中心线距离Y轴208，slot图形半径为1.5，长度为20。完成后的草图如图5-89（b）所示。

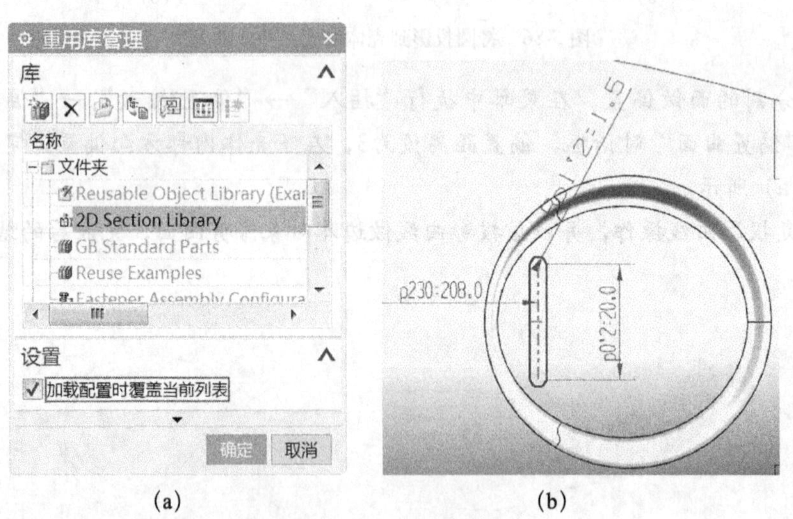

(a) (b)

图 5-89　通风口截面草图

✧ 拉伸草图，如图5-90（a）所示，高度超过曲面即可，布尔运算选择“无”。

✧ 在菜单中执行“插入”→“关联复制”→“阵列几何特征”命令，弹出“阵列几何特征”对话框，类型选择“线性”，间隔为6，数量为6，指定矢量方向是X正方向，完成后结果如图5-90（b）所示。

✧ 在菜单中执行“插入”→“组合”→“减去”命令，选择求差运算修剪片体，完成后结果如图5-90（c）所示。

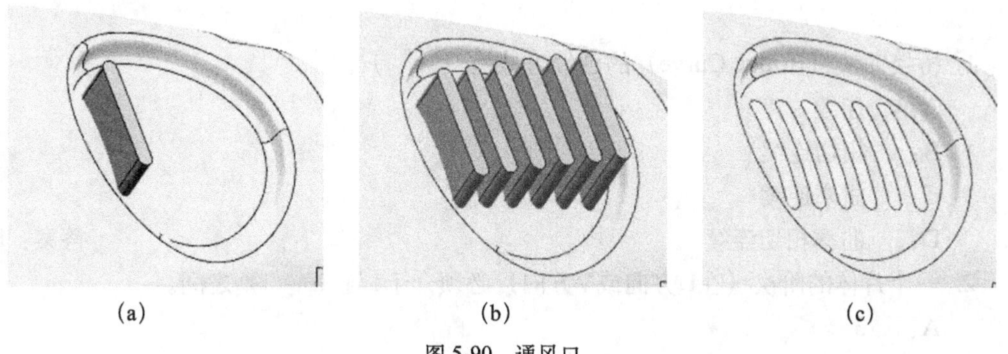
(a) (b) (c)

图 5-90 通风口

✧ 加厚片体使之成为实体：在菜单中执行“插入”→“偏置/缩放”→“加厚”命令，弹出“加厚”对话框，在“偏置1”里填写1，即加厚1mm，然后选择片体，完成后的模型如图5-91（a）所示，再将片体隐藏。

✧ 片体加厚边界并不在一个平面上，以XY面基准平面向Z方向偏置一个基准面，以此基准面为分界面，对实体进行“修剪体”操作，将模型一侧修平，如图5-91（b）所示。

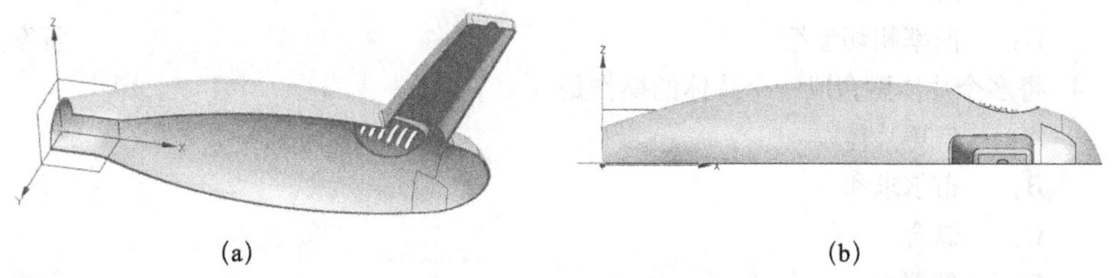
(a) (b)

图 5-91 片体加厚及实体修平

✧ 在菜单中执行“插入”→“关联复制”→“镜像几何体”命令，选择修平实体的那个基准面为镜像平面，进行镜像实体操作，完成后的模型如图5-92所示。

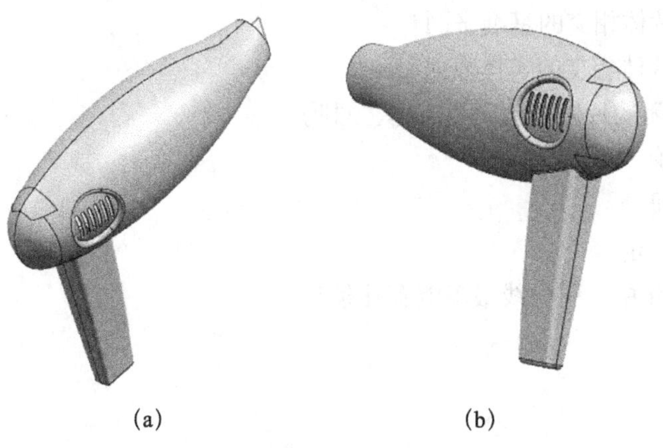
(a) (b)

图 5-92 镜像几何体

5.4 思考与练习

1. 桥接曲线（Bridge Curve）的连续方式有（　　）。

A：　连续

B：　相切连续

C：　曲率连续

D：　曲率相切连续　　答案：BC

2. 一个片体的阶次（在U方向或V方向）必须介于1与（　　）之间。

A：　3

B：　5

C：　7

D：　24　　答案：D

3. G2连续指的是（　　）。

A：　连续

B：　相切连续

C：　曲率连续

D：　曲率相切连续　　答案：C

4. 将多个片体融合成一个片体的操作是（　　）。

A：　修剪片体

B：　布尔求和

C：　缝合

D：　偏置面　　答案：C

5. 修剪片体操作时，片体是“目标对象”，以下哪些对象可以做为“边界对象”？

A：　投影在片体上的曲线

B：　与片体相交的曲面

C：　与片体相交的基准平面

D：　与片体相交的实体表面　　答案：ABCD

6. 缝合后封闭的片体自动成为实体，对吗？

A：　正确

B：　错误

C：　不一定　　答案：A

7. 在扫略操作中，引导线最多能有几条？

A：　1

B：　2

C：　3

D：　4　　答案：C

8. 使用“整体突变”（Swoop）命令得到的曲面是非参数化的。

A：　正确

B：　错误　　答案：B

9. 在“通过曲线组”操作中，选取剖面线串时要使显示的箭头矢量处于剖面线串的（　　），否则生成的片体将发生扭曲。

A：　同一侧

B：　两侧

C：　无所谓　　答案：A

10. Rho越大曲线就越饱满。

A：　正确

B：　错误　　答案：A

11. 完成如图5-93所示的水果盘的实体模型，尺寸自定。

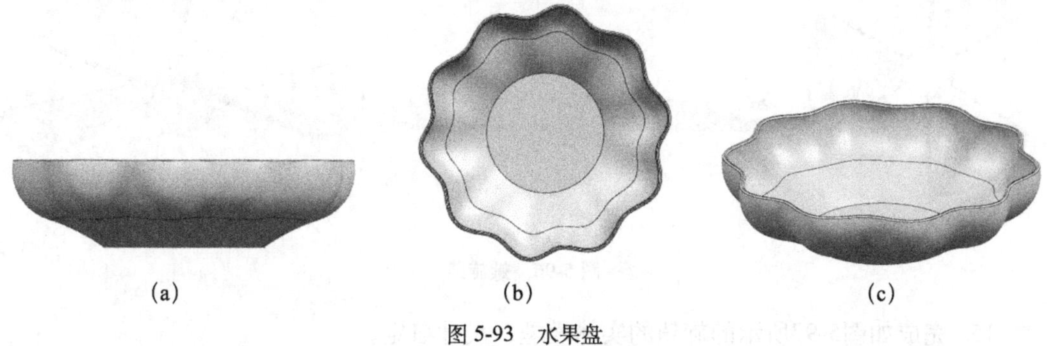

(a)　(b)　(c)

图 5-93　水果盘

12. 完成如图5-94所示的棱锥的片体。

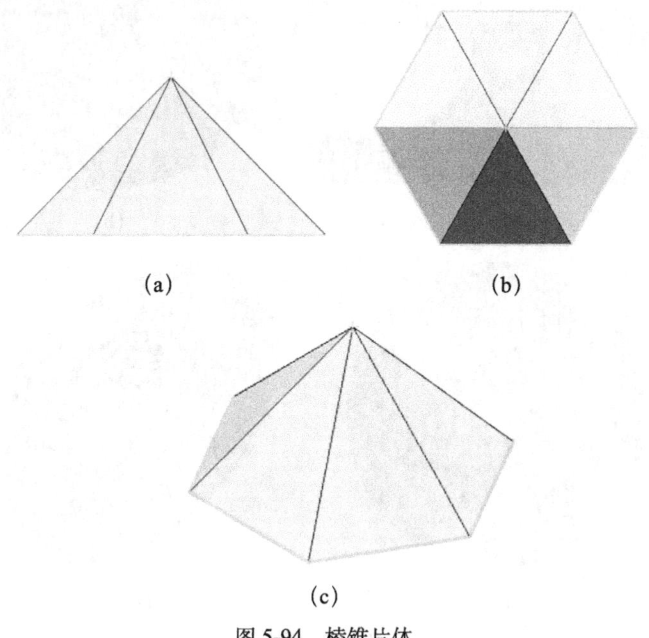

(a)　(b)

(c)

图 5-94　棱锥片体

13. 完成如图5-95所示的咖啡壶的实体模型，尺寸自定。

(a) (b)

图 5-95 咖啡壶

14. 完成如图5-96所示的螺旋桨的实体模型，尺寸自定。

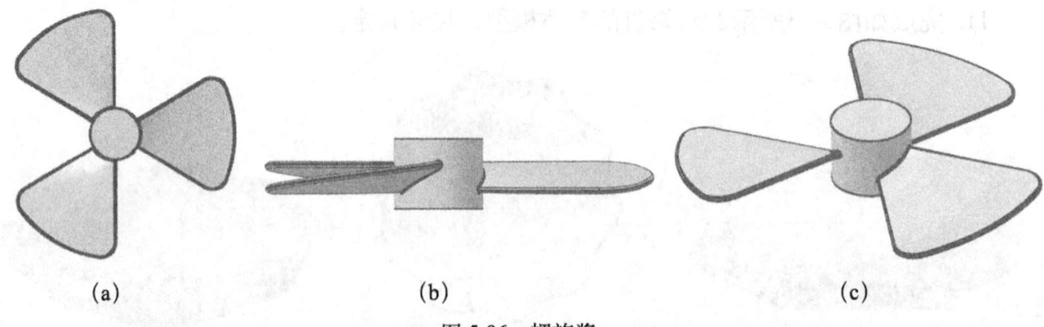

(a) (b) (c)

图 5-96 螺旋桨

15. 完成如图5-97所示的旋钮的实体模型，尺寸自定。

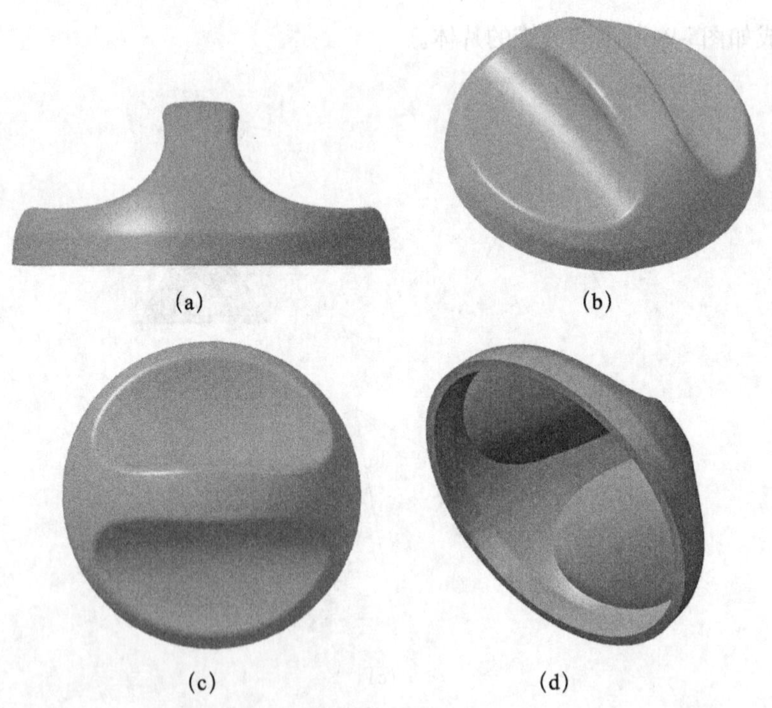

(a) (b) (c) (d)

图 5-97 旋钮

16. 完成如图5-98所示的加热器的实体模型，尺寸自定。

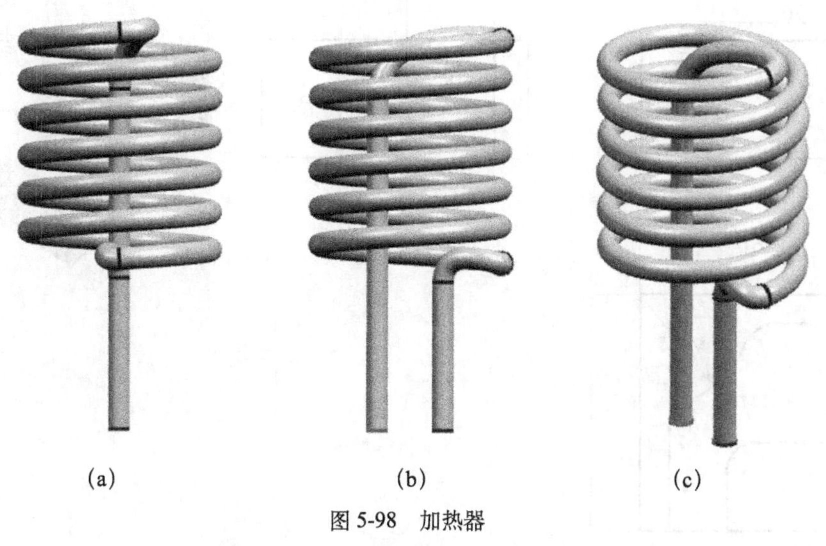

图 5-98　加热器

17. 完成如图5-99所示的连杆的实体模型。

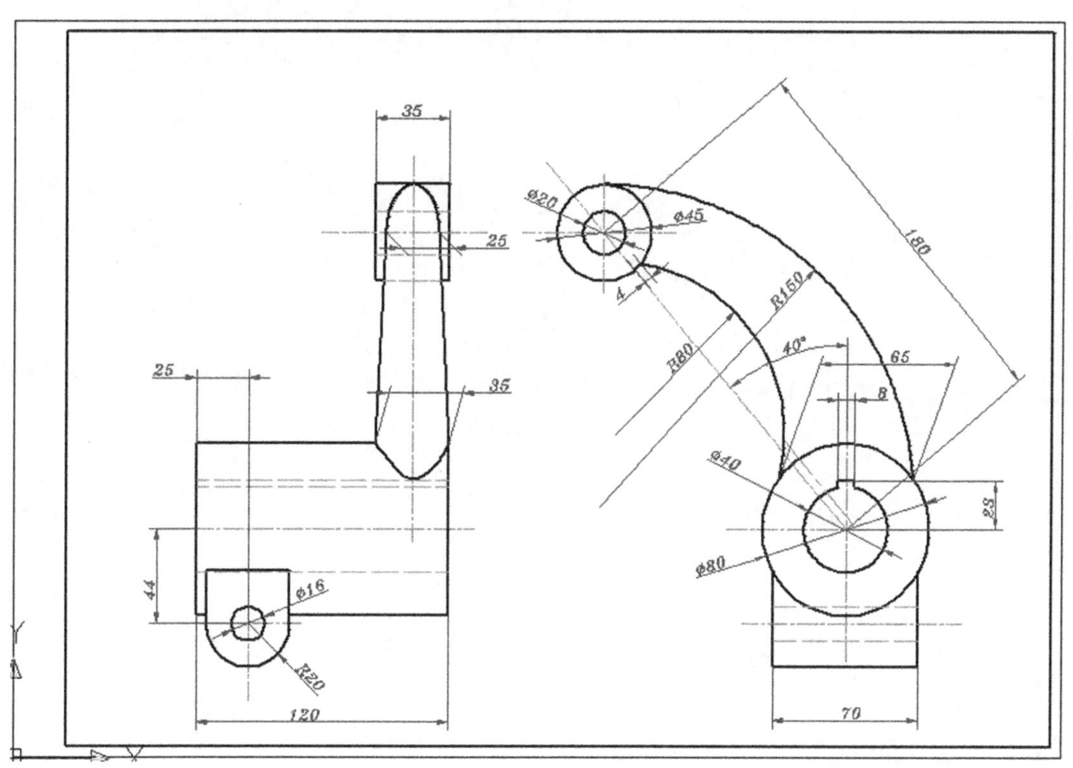

图 5-99　连杆

18. 完成如图5-100所示的实体模型的建模。

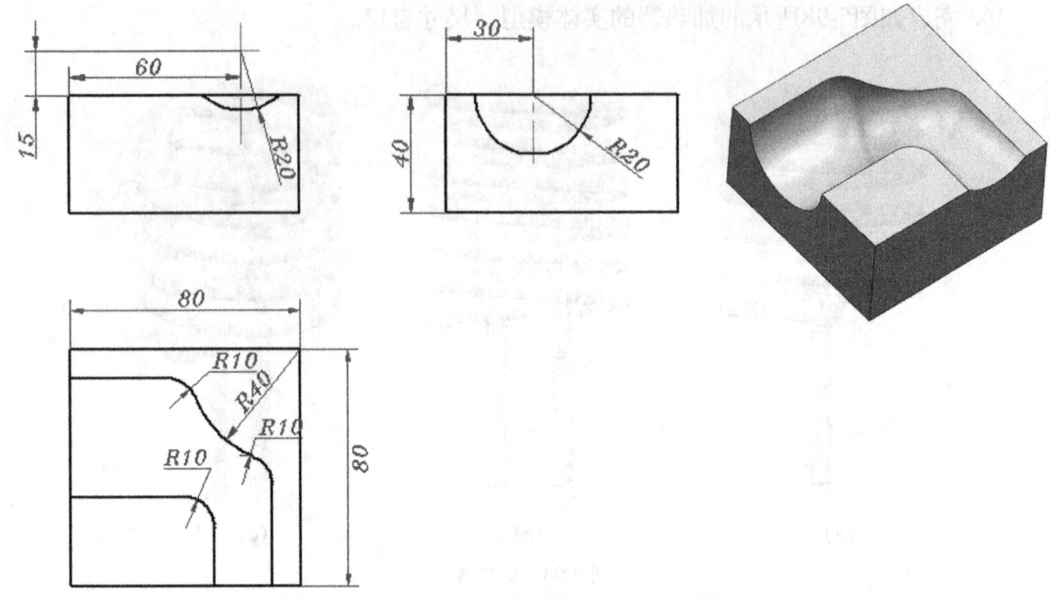

图 5-100　扫略实体

第6章 装配设计

零件设计完成后，通过“虚拟装配”构成产品数字样机。NX12.0提供了用于装配设计的装配模块。在该模块中不仅可以快速地将零部件按照一定的约束关系组合在一起，也可以在装配环境下完成某个部件或多个部件的建模，还能够在装配中参照其他零部件进行部件的关联设计，对装配模型进行间隙分析、重量管理等操作。本章就NX装配设计的基本概念、基本功能和基本操作进行介绍，并通过应用实例加以说明。

本章要点

- 自顶向下（top-down）及上下文设计（design in context）
- 变形装配
- 间隙分析
- 小平面表示
- 装配重量管理

6.1 虚拟装配的一般过程

首先新建装配文件，在菜单中执行“文件”→“新建”命令或单击标准工具栏中的新建图标，弹出如图6-1所示的“新建”文件对话框。在“模型”选项卡下的名称项要选择“装配”，在“新文件名”项下为装配文件命名，注意文件类别后缀为asm1；在“文件夹”项后按按钮，找到装配部件零件所在的文件夹。完成后按“确定”按钮，系统弹出“添加组件”对话框，建议关闭该对话框，在装配工具栏中单击添加组件图标来添加组件。

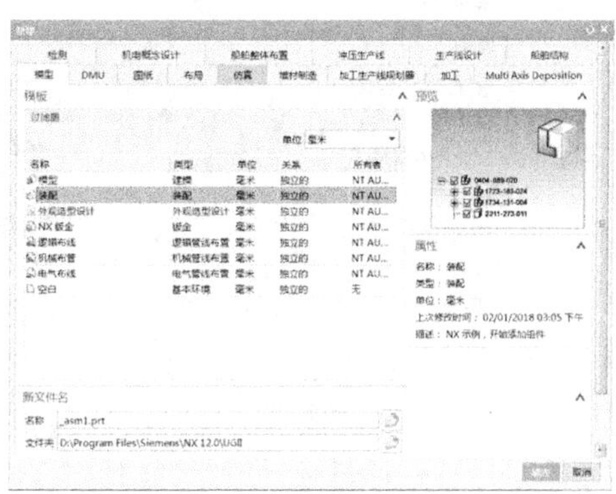

图 6-1　新建装配文件

◆ 引导实例6-1

小车轮的装配，如图6-2所示，（a）（b）（c）（d）为小车轮的四个零件，将其装配成如图6-2（e）所示的装配模型。

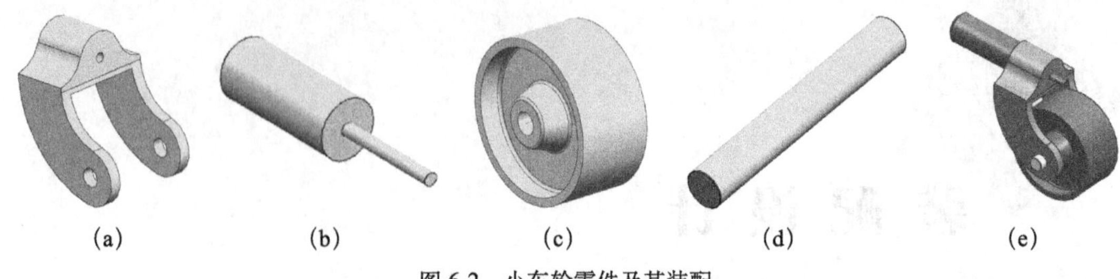

图 6-2　小车轮零件及其装配

〖操作步骤〗

✧ 新建文件，在图6-1所示的界面中，模板选择“装配”，文件的类别名由建模的model变为asm。

✧ 确认文件夹为四个零件文件所在的文件夹，确定后弹出“添加组件”对话框，建议先取消该对话框。

✧ 确认当前在“装配”标签下，单击装配工具栏中的“添加”图标，弹出“添加组件”对话框，如图6-3（a）所示。在对话框中按“打开”图标，系统自动进入图6-1所示“新建”对话框中的文件夹内，选择要添加的如图6-2（a）所示的支架，按“OK”按钮返回“添加组件”对话框；“位置”选项的设置如图6-3（a）所示，由于是第一个零件，“放置”选项选择“移动”，“引用集”选项选择“模型”，“图层选项”选择“原始的”，若不出现零件预览，说明零件建模图层不在1层，按Ctrl+L组合键将零件所在图层选中即可。

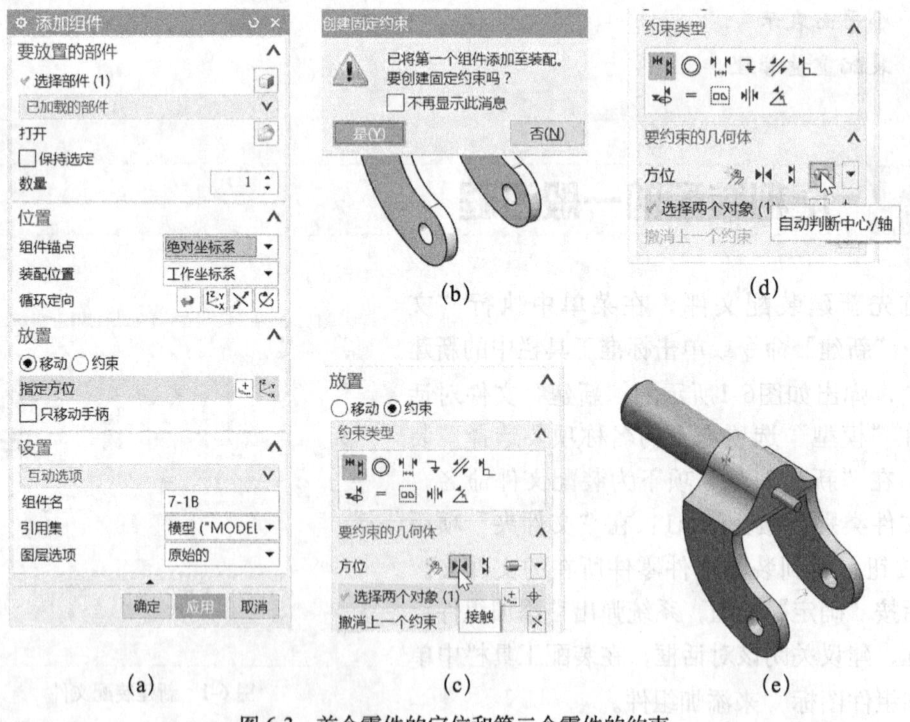

图 6-3　首个零件的定位和第二个零件的约束

✧ 在“添加组件”对话框中单击“应用”按钮，会出现如图6-3（b）所示的提示，建议选择“是”，即将第一个零件固定。

✧ 继续添加图6-2（b）所示的零件，在“放置”项中先选择“移动”，再将要装配的零件拖动和旋转到合适方位；然后选择“约束”，其下方会出现“约束类型”。选中第一个“接触对齐”图标，在下方按实际情况先选择“接触”图标，如图6-3（c）所示，此时先选择活动零件的面，再选择固定零件的面，则两个面即建立接触关系；再选择“自动判断中心/轴”图标，如图6-3（d）所示，此时先选择活动零件小圆柱，再选择固定零件孔回转面，完成后的装配模型如图6-3（e）所示。

✧ 继续添加图6-2（c）所示的车轮，在“添加组件”对话框中，“位置”项下的“装配位置”选项选择“对齐”，确认当前操作是在“选择对象”选项上的选择，如图6-4（a）所示，则车轮零件变成半透明且随光标位置移动，此时还可以通过单击“循环定向”后的“选择”图标调整车轮方位，也可以通过贴靠其他零件调整方位，调整好位置后单击即可放置零件。

✧ “放置”项选择“约束”，首先将车轮轴孔和车架轴孔完成“轴中心重合”，然后再将车轮和车架“中心”对齐，“约束类型”及其子类型选择如图6-4（b）所示，在车轮上分别选择两侧平面，然后在车架上再分别选择对称的两侧平面（内侧两个面或外侧两个面均可），预览，车轮模型如图6-4（c）所示，在对话框中单击“应用”或“确定”按钮即可。

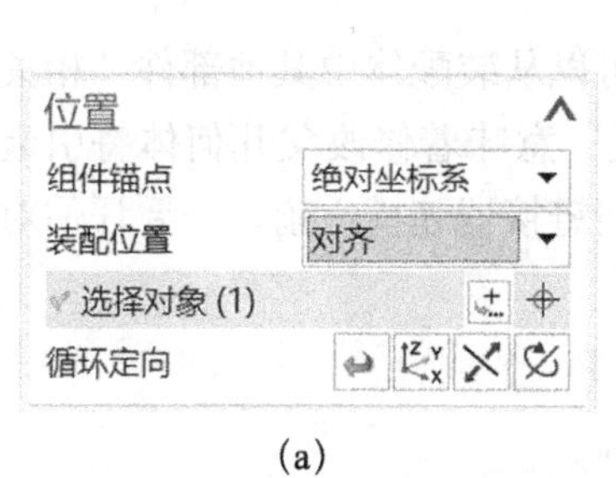

(a)

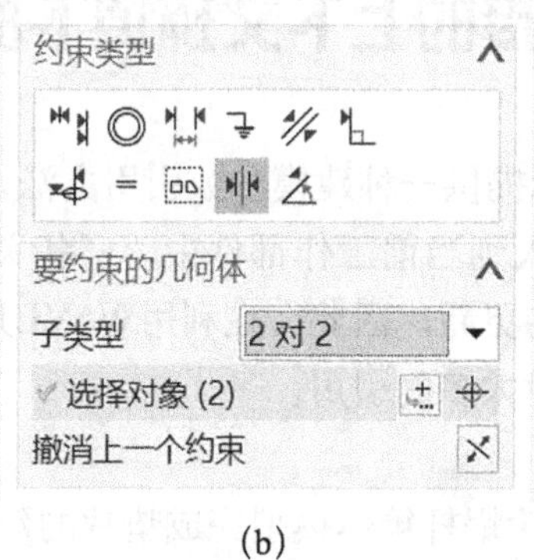

(b)

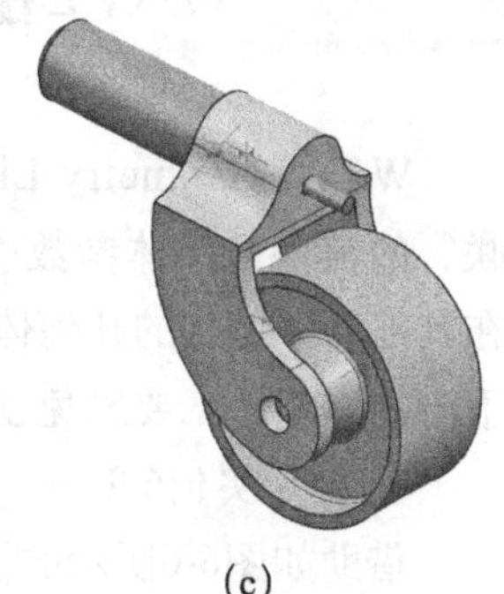

(c)

图 6-4　车轮装配位置的调整及其与车架中心对齐

✧ 继续添加图6-2（d）所示的销轴，加载零件后直接单击对话框“位置”项下的“选择对象”，销轴会随光标位置出现，此时可以通过鼠标滚轮调整零件的显示比例。如图6-5（a）所示，将“设置”项下“引用集”选项由“模型”改为“整个部件”，此时销轴正中间会出现一个基准面，如图6-5（b）所示。

✧ 确认“放置”项选择“约束”，将销轴与车架轴孔实现“轴中心重合”，完成后单击“确定”按钮退出“添加组件”对话框。

✧ 销轴与车架同样要“中心”对齐，当然可以使用“2对2”找中心，但本例中销轴有一个中间基准面，因此我们采用“1对2”找中心。单击“装配约束”图标，弹出“装配约束”对话框，如图6-5（c）所示，在该对话框中选择“中心”约束图标，子类型选择“1对2”；再选择销轴中间的基准面，然后再分别选择车架上对称的两侧平面（内侧两个面或外侧两个面均可），完成小车轮四个零件的组装，完成后的模型与图6-2（e）一致。

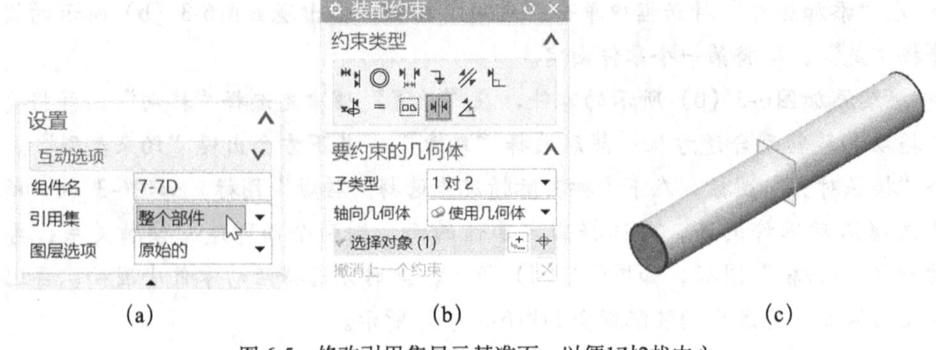

(a) (b) (c)

图 6-5　修改引用集显示基准面，以便1对2找中心

补充说明1：“添加组件”对话框中“设置”项下的“图层选项”一般默认为“原始的”，即被添加到装配环境中的零件保持原来建模时的图层。若改为“工作的”，则是无论被添加的零件在哪层建模，进入装配后都变为当前图层。

补充说明2：“添加组件”对话框中“设置”项下的“引用集”一般默认为“模型”，即只将被添加零件的实体模型引入装配中，本例中需要将基准面引入，则将引用集选项改为“整个部件”。

6.2 WAVE链接的上下文环境下的建模

WAVE Geometry Link提供一种建模参数引用方法，可以从装配体中其他部件“相关联”的链接几何体参数引入到当前工作部件中。“相关联”意味着修改父几何体将引起在其部件中链接的几何体的更新。因此，在利用WAVE几何链接器建模之前，一要评估对下游的影响，二要避免创建太多的引用。

◆ 引导实例6-2

借助如图6-6所示的涡轮蜗杆箱体模型完成垫片的建模。

〖操作步骤〗

✧ 新建文件，文件类型为“装配”，文件名为wolunwogan_asm1，确认涡轮蜗杆等模型文件在“文件夹”项所指的路径中。

✧ 在“装配”标签下单击“添加”图标，在弹出的“添加组件”对话框中加载涡轮蜗杆箱体零件，单击对话框右上角的“重置”图标，将对话框中的选项恢复为默认状态。将对话框中“位置”项下的“装配位置”改为“绝对坐标系-工作部件”，单击“确定”按钮，则蜗轮蜗杆箱体按建模方位添加到装配文件中。随后弹出“创建固定约束”对话框，选择“是”将泵体零件模型固定。

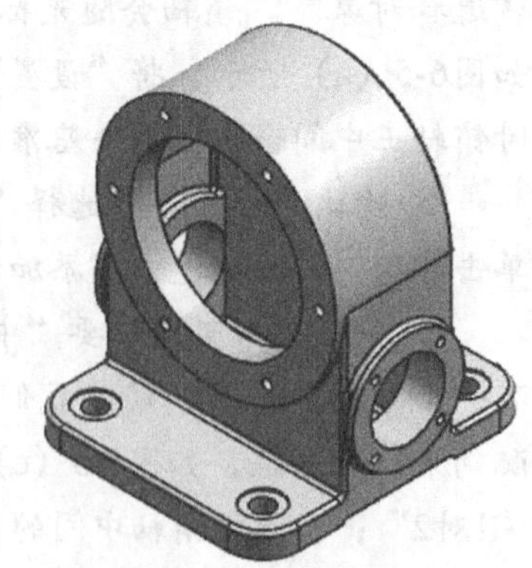

图 6-6　涡轮蜗杆箱体

✧ 在菜单中执行“装配”→“组件”→“新建组件”命令或在工具栏中按“新建”图标，弹出“新组件文件”对话框，如图6-7（a）所示，文件类型选择“空

白”，文件名为“dianpian_model1.prt”，单击“确定”按钮，弹出“新建组件”对话框，在“设置”项中将“引用集”选项改为“模型”，其他选项选择默认值，如图6-7（b）所示，再单击“确定”按钮。

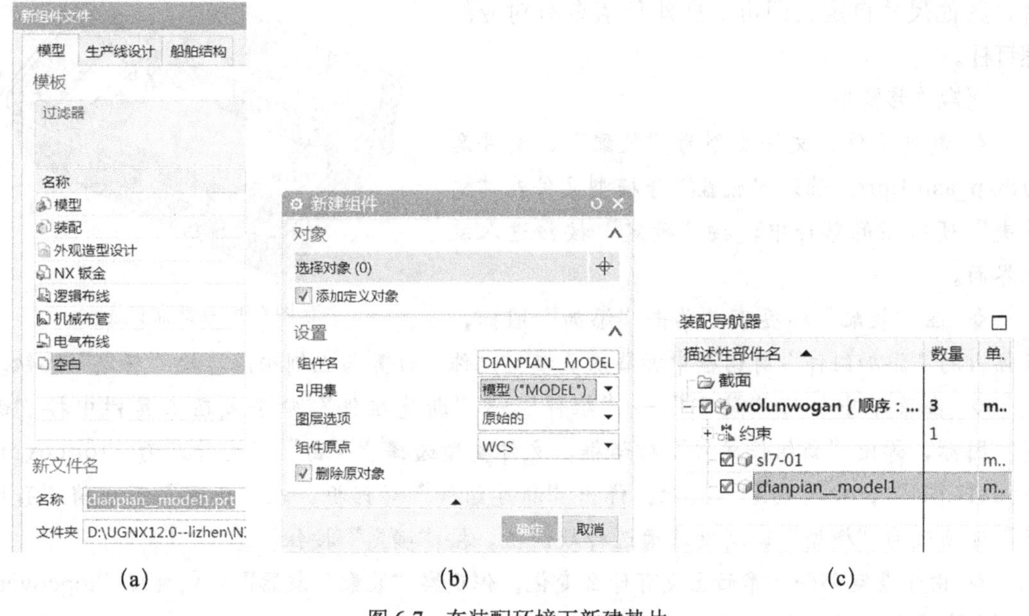

图 6-7　在装配环境下新建垫片

✧ 在图6-7（c）所示的“装配导航器”中可以发现“dianpian_model1”已经在装配树中，但选中该零件，界面不发生变化，说明该零件只在装配树中占了一个位置，还没有实体模型。

✧ 在“装配导航器”中选择“dianpian_model1”后右键单击，在弹出的快捷菜单中选择“设为工作部件”选项，则界面中模型颜色返灰显示，表示系统当前处在装配环境下的dianpian_model1.prt部件的建模操作中。

✧ 返回“主页”标签选择“拉伸”选项，在弹出的“拉伸”对话框中设置拉伸距离从0开始、到2结束，“布尔”选项选择“无”。将“选择范围”列表调整为“整个装配”，并按“创建部件间链接”图标按钮。

✧ 曲线选择规则调整为“面的边”，光标在涡轮箱前放圆形接口法兰平面，确认拉伸方向朝外，在“拉伸”对话框中按“确定”按钮后完成垫片的建模，此时垫片为工作部件，其他零部件返灰显示。

✧ 在“装配导航器”中双击总装配文件或选择wolunwogan_asm1文件后右键单击，在弹出的快捷菜单中选择“设为工作部件”选项，可将总装配激活，如图6-8所示。

特别说明：垫片完成建模即完成装配；另外，垫片文件是独立模型文件，读者可以单独打开其文件观察其模型。

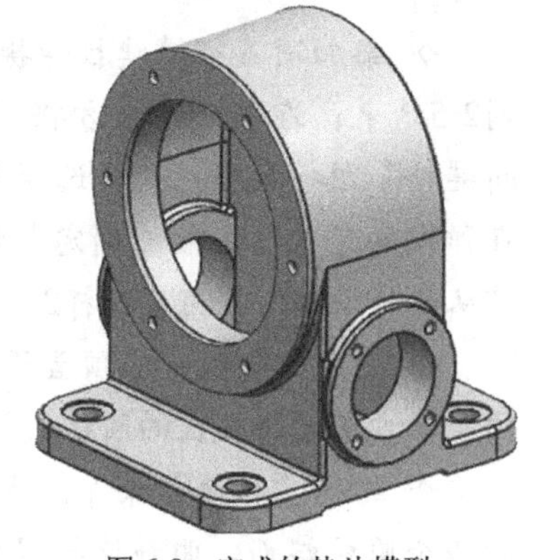

图 6-8　完成的垫片模型

◆ 引导实例6-3

图6-9所示为一接线盒的底盖，借助该实体模型完成接线盒顶盖的建模，上下盖接口尺寸要吻合，其他尺寸自定义即可，所建顶盖要有对应的螺钉柱。

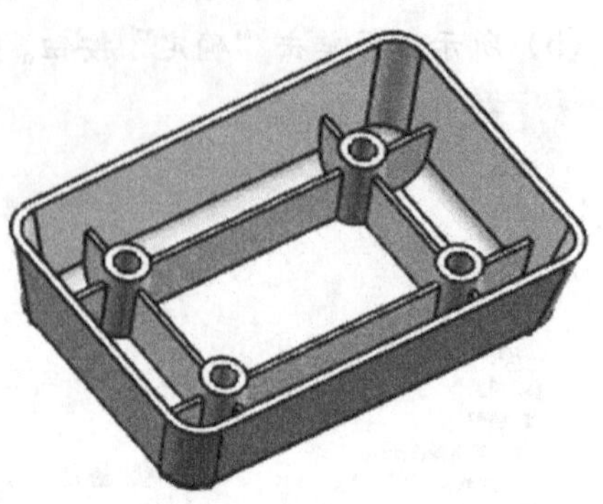
图 6-9 接线盒底盖

〖操作步骤〗

✧ 新建文件，文件类型为“装配”，文件名为tbzp_asm1.prt，确认“底盖”等模型文件在“文件夹”项所指的路径中，按“确定”按钮进入装配界面。

✧ 在“装配”标签下单单击“添加”图标，在弹出的“添加组件”对话框中加载底盖模型文件，设置与上例相同，按“确定”按钮。

✧ 在菜单中执行“装配”→“组件”→“新建组件”命令或在工具栏中按“新建”图标，弹出“新组件文件”对话框，文件类型选择“空白”，文件名为“topcover_model1.prt”，按“确定”按钮；弹出“新建组件”对话框，在“设置”项中将“引用集”选项改为“模型”，其他选项选择默认值，按“确定”按钮。

✧ 由于是空部件，界面上没有什么变化，但观察“装配导航器”可以发现“topcover_model1”文件已经在装配树中。

✧ 在“装配导航器”中选择“topcover_model1”后右键单击，在弹出的快捷菜单中选择“设为工作部件”选项，界面中模型颜色返灰显示，表明系统当前处在tbzp_asm1.prt装配环境下的topcover_model1.prt部件的建模操作中。

✧ 返回“主页”标签选择“拉伸”，在弹出的“拉伸”对话框中设置拉伸距离，从0开始到8结束，“布尔”选项选择“无”；在界面左上方将“选择范围”列表调整为“整个装配”，并按“创建部件间链接”图标按钮；曲线选择规则调整为“相切曲线”，用光标选择底盖上沿内侧，在弹出的对话框中按“确定”按钮。

✧ 确认拉伸方向箭头朝上，为拉伸出边框要在“拉伸”对话框“偏置”选项中选择“两侧”，开始设为0，结束设为1.7；在“拔模”项下选择“从起始开始”，角度为2°；在“拉伸”对话框中按“确定”按钮，即完成顶盖侧壁的建模。图6-10所示为拉伸选择过程。

✧ 添加顶盖：继续拉伸操作，在弹出的“拉伸”对话框中设置拉伸距离，从0开始到2.5结束；在界面左上方将“选择范围”列表调整为“整个装配”，并按“创建部件间链接”图标按钮；曲线选择规则调整为“相切曲线”，用光标选择上盒盖上沿外侧，在弹出的对话框中按“确定”按钮；“布尔”选项选择“合并”，在“拔模”项下选择“从起始限制”，角度选择2°；按“确定”按钮完成顶盖的建模，如图6-11所示。

✧ 完成螺钉柱：将顶盖设置为“静态线框”，顶盖即变成透明显示状态，以便看穿顶盖，方便选择底盖的圆柱面。

✧ 选择“拉伸”操作，将“选择范围”调整为“整个装配”，透过顶盖选择底盖上的四个圆柱端面，曲线选择规则调整为“面的边”即可；确认拉伸方向朝上，拉伸结束再选择“直至选定”，选择顶盖下表面，“布尔”选项选择“合并”，建模过程如图6-12所示。

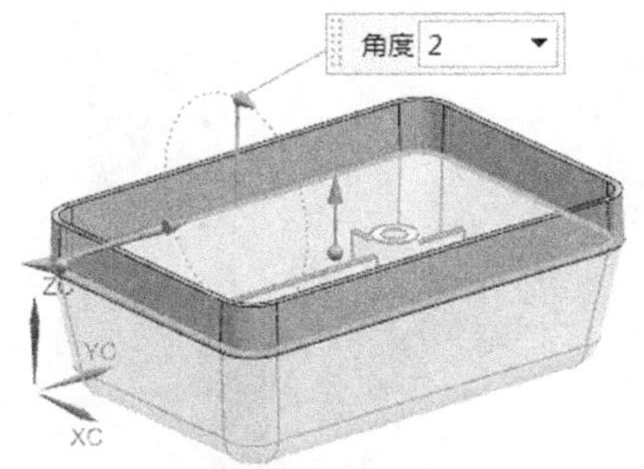

图 6-10 拉伸操作

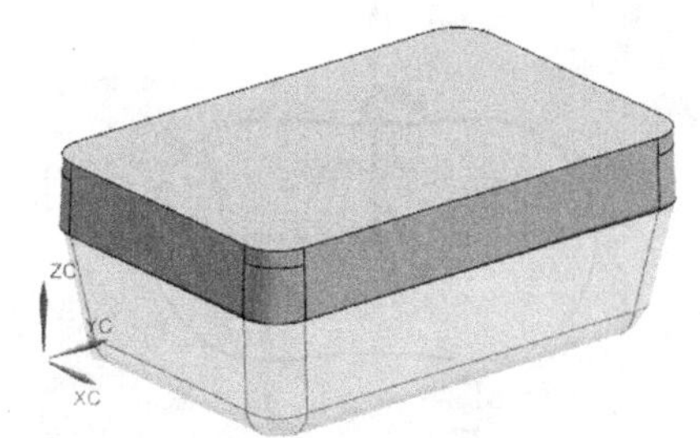

图 6-11 顶盖的建模

✧ 顶盖的建模完成即装配完成。在装配导航器中双击tbzp_asm1使之成为当前工作部件，可见顶盖和底盖装配在一起了。

✧ 在“装配导航器”中选择topcover_model1，右键单击，在弹出的快捷菜单中选择“在窗口中打开”选项，则进入顶盖实体模型，如图6-13所示。

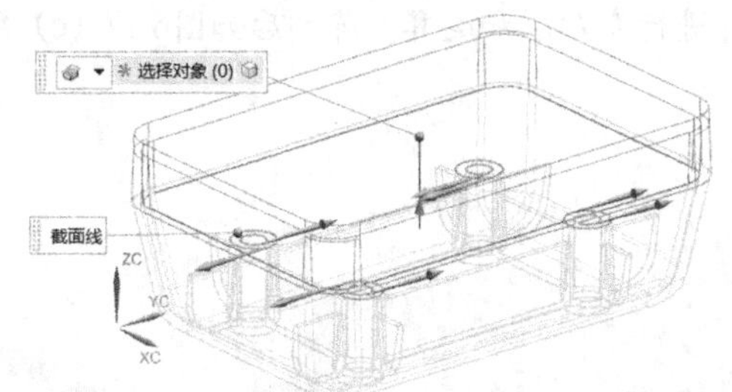

图 6-12 顶盖螺钉柱建模过程

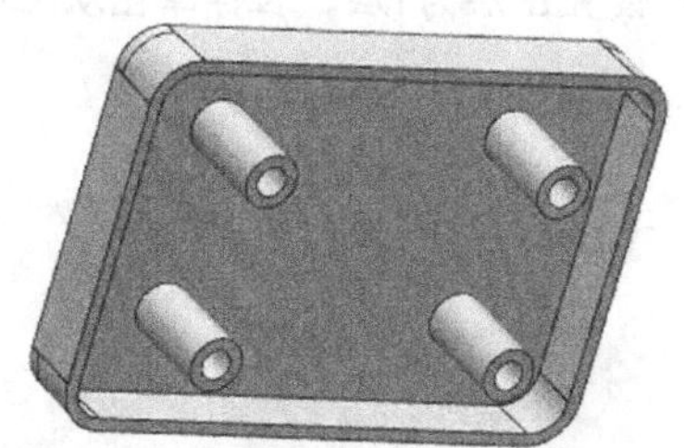

图 6-13 完成后的顶盖实体模型

6.3 整体产品的自顶向下设计

整体产品的自顶向下（top_down design）设计方法是：首先创建产品的整体外形，然后分割产品从而得到各个零部件，再对零部件机构细化设计；也可以对已经分割的部件继续分割。一次分割得到的是“一级控件”，“一级控件”继续分割是“二级控件”。

◆ 引导实例6-4

利用WAVE相关部件间建模方法，创建如图6-14所示的肥皂盒，尺寸自定。

〖操作步骤〗

✧ 新建模型文件，文件名为fzh_model1。在21层的X-Y面上建草图，草图尺寸如图6-15所示。

✧ 对完成的草图在1层进行拉伸操作，在弹出

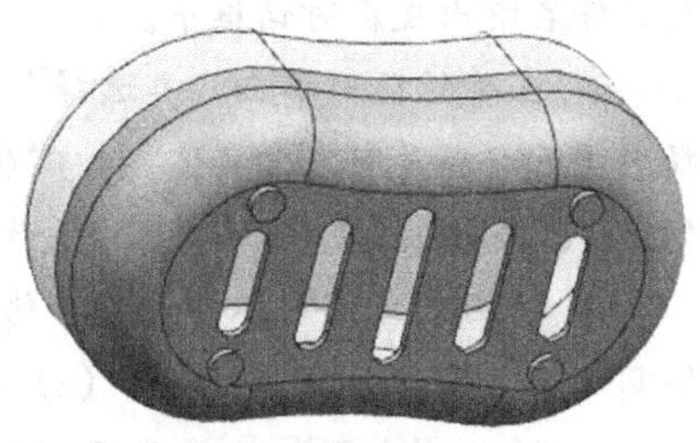

图 6-14 肥皂盒（上下盖）的建模

的“拉伸”对话框中设置拉伸距离，从0开始到48结束，边缘倒圆角，圆角半径为8。

✧ 在62层实体两平面间创建中间基准面，如图6-16所示。

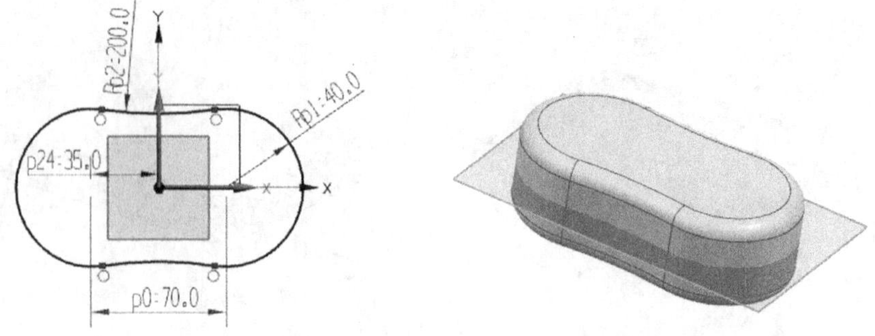

图6-15　肥皂盒草图　　　　图6-16　肥皂盒实体及中间基准面

✧ 设置图层为22层，选择实体底面为草图平面创建草图，在草图对话框中的“原点方法”项后选择“使用工作部件原点”，这样草图原点就与建模时的坐标原点重合。绘制直径为8的圆，定位情况如图6-17（a）所示，对其进行镜像操作，完成后如图6-17（b）所示，退出草图。

✧ 设置图层为1层，拉伸草图从0到2，再进行布尔求和运算。阵列后如图6-17（c）所示。

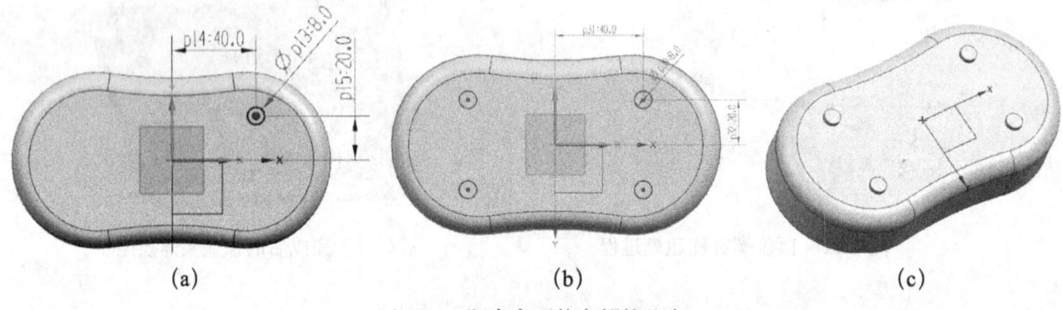

图6-17　肥皂盒下盖底部的凸台

✧ 创建上盖：光标放置在“装配导航器”内空白处按鼠标右键，确认WAVE模式已经勾选。

✧ 将工作图层设置为2层，在“装配导航器”中选择模型文件fzh_model1，右键单击，在弹出的快捷键菜单中选择“WAVE”→“新建层”选项，弹出“新建层”对话框，在对话框中单击“指定部件名”按钮，在弹出的对话框中填写将要分割的肥皂盒上盖文件名fzh（sg），在对话框中按“确定”按钮，回到“新建层”对话框，fzh（sg）的路径及文件名便出现在对话框中。

✧ 在对话框中单击“类选择”按钮，弹出“WAVE组件间的复制”对话框，用光标选择中间基准面及肥皂盒实体，按“确定”按钮回到“新建层”对话框，继续按“确定”按钮，“装配导航器”中的内容会发生变化，前后如图6-18（a）和图6-18（b）所示。

✧ 返回“主页”标签选择“修剪体”操作，以中间基准面为切割面，将肥皂盒实体切割保留上半部分，如图6-19（a）所示，完成后将基准面隐藏。

✧ 返回“主页”标签选择“抽壳”操作，抽壳厚度为2，“要穿透的面”选择肥皂盒的上盖切割面，结果如图6-19（b）所示。

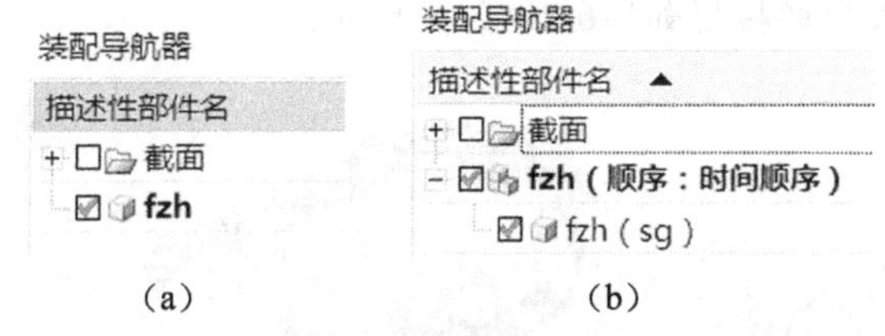

（a）　　　　　　　　（b）

图6-18　“新建层”操作后装配导航器的前后对比

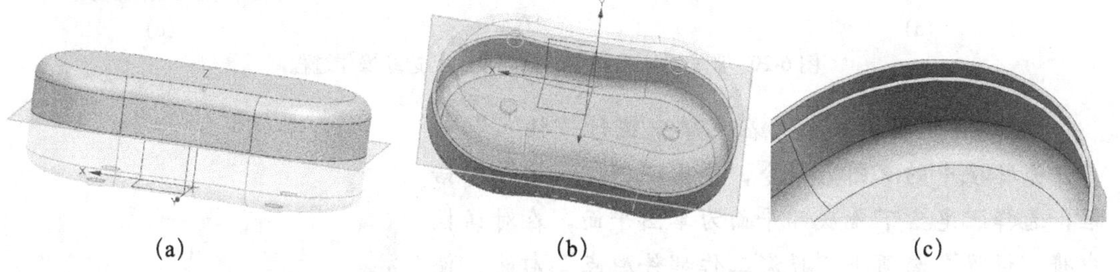

（a）　　　　　　　　（b）　　　　　　　　（c）

图6-19　肥皂盒上盖修剪、抽壳及凹凸边缘操作过程

✧ 上下盖须有凹凸边缘结构，上盖一般为凹缘，凹缘深度为4，厚度取壁厚的一半为1。选择边缘外侧曲线拉伸，拉伸距离为4，拉伸方向向内，偏置设为单侧，偏置结束距离设为1，偏置方向向外，布尔求差，完成后的模型如图6-19（c）所示。

✧ 创建下盖（一级主控件）：在“装配导航器”中选择fzh（sg）选项，右键单击，在弹出的快捷菜单中选择“显示父项”→“fzh_model1”，双击fzh_model1（或选择fzh_model1右键单击，在弹出的快捷菜单中选择“设为工作部件”）。在工具栏中单击图层设置图标，双击1层暂时将其设置为工作图层，取消图层2前面的勾选，使其不可见，按“关闭”按钮退出对话框。

✧ 将工作图层设置为3层，在“装配导航器”中选择模型文件fzh_model1，右键单击，在弹出的快捷菜单中选择→“WAVE”→“新建级别”选项，弹出“新建级别”对话框，在该对话框中单击“指定部件名”按钮，在弹出的对话框中填写将要分割的肥皂盒下盖文件名fzh（xg），在对话框中按“确定”按钮回到“新建级别”对话框，则fzh（xg）路径及文件名出现在对话框上。

✧ 在对话框中单击“类选择”按钮，弹出“WAVE组建间的复制”对话框，用光标选择中间基准面及肥皂盒实体，按“确定”按钮回到“新建级别”对话框，继续按“确定”按钮，“装配导航器”中的内容会发生变化。与fzh（sg）一样，fzh（xg）出现在fzh_model1的下一级别选项里。

✧ 选择fzh（xg），右键单击，在弹出的快捷菜单中选择“设为显示部件”选项，确认3层为工作图层。单击特征工具栏中的修剪体图标，以中间基准面为切割面，将肥皂盒实体切割，保留下半部分，如图6-20（a）所示，完成后将基准面隐藏。

✧ 单击特征工具栏中的抽壳图标，抽壳厚度为2，以肥皂盒下盖切割面为种子面，结果如图6-20（b）所示。

✧ 下盖一般为凸缘，凸缘深度为4，厚度为0.8。选择边缘内侧曲线拉伸，拉伸距离为4、拉伸方向向外，偏置设为双侧，偏置起始距离为0、结束距离为0.8，偏置方向向外，再布尔求和，完成后的模型如图6-20（c）所示。

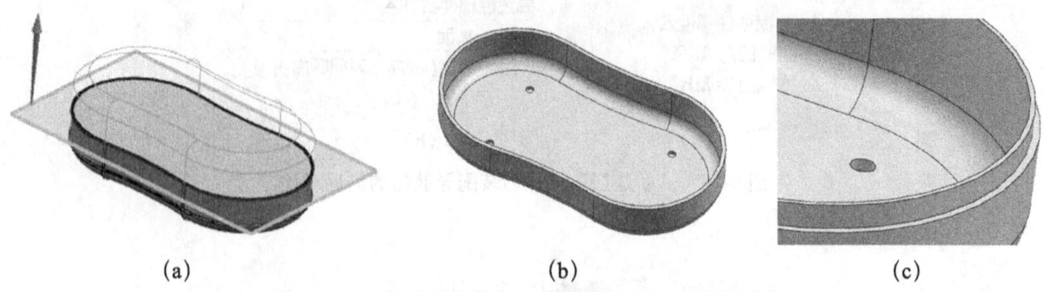

图 6-20　肥皂盒下盖修剪、抽壳及凹凸边缘操作过程

✧ 完成下盖排水孔：在菜单中执行“插入”→“任务环境中的草图”命令，弹出“创建草图”对话框，选择肥皂盒下盖底部平面为草图平面，在对话框中将“设置”选项下“投影工作部件原点”勾选，使草图坐标原点与模型基准坐标原点重合，如图6-21所示，按“确定”按钮退出对话框。

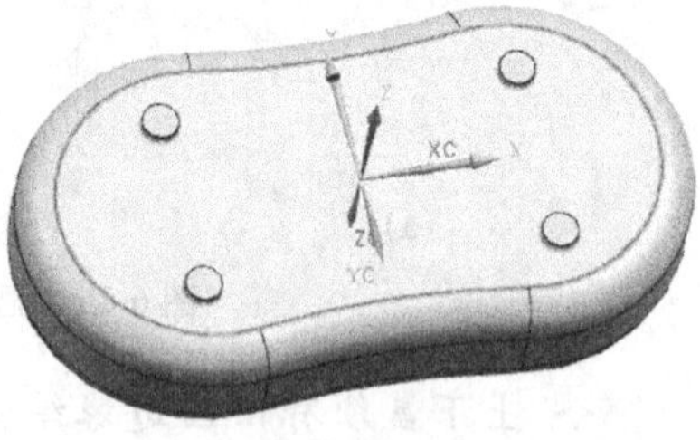

图 6-21　草图平面

✧ 排水孔草图如图6-22（a）所示，NX12.0的“重用库”中“2D Section Library”里提供了很多常用图形，本例使用该方法创建排水孔草图。

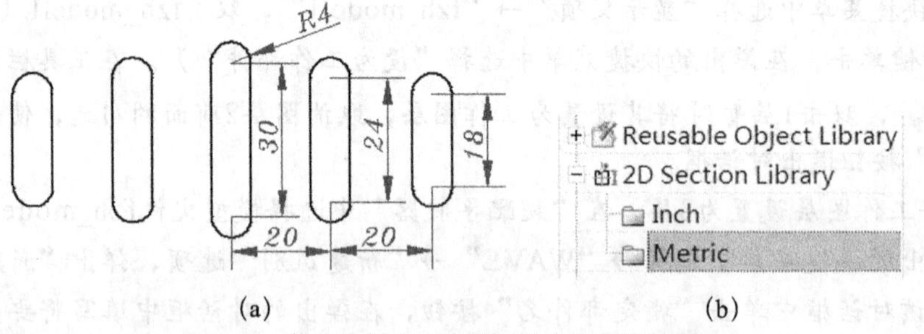

图 6-22　排水孔样式、位置、尺寸及重用库图示

✧ 在导航条中单击“重用库”图标，右侧弹出对话框，选择“2D Section Library”→“Metric”，在下面“成员选择”框里选择“Slot”图案，如图6-22（b）所示。按住鼠标左键选择“Slot”图案拖动到草图平面释放，“Slot”呈水平状，如图6-23（a）所示，单击选择动态坐标旋转夹点，角度输入90°，按Enter键后图案变为竖直。

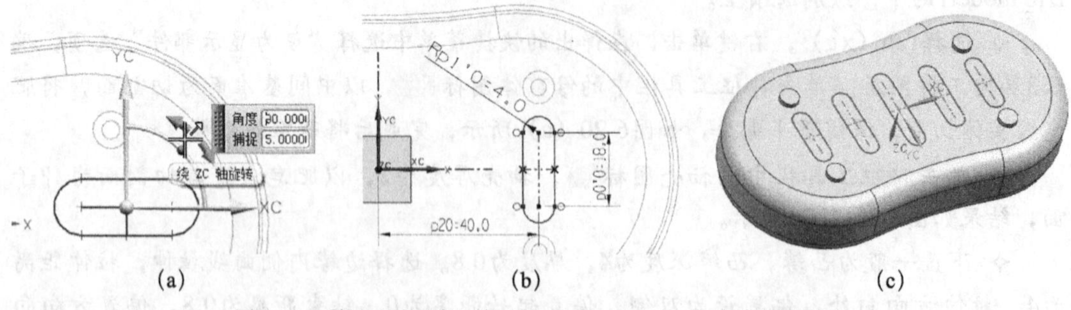

图 6-23　利用“重用库”中“2D Section Library”完成草图图形

✧ 在“粘贴”对话框中按“确定”按钮，草图尺寸约束出现，双击约束尺寸即可修改，如图6-23（a）所示，约束完成后的草图如图6-23（b）所示。

✧ 重复如上步骤，完成全部草图后退出草图模式，结果如图6-23（c）所示。

✧ 草图拉伸，布尔求差，将草图、基准隐藏，完成后的肥皂盒下盖如图6-24所示。

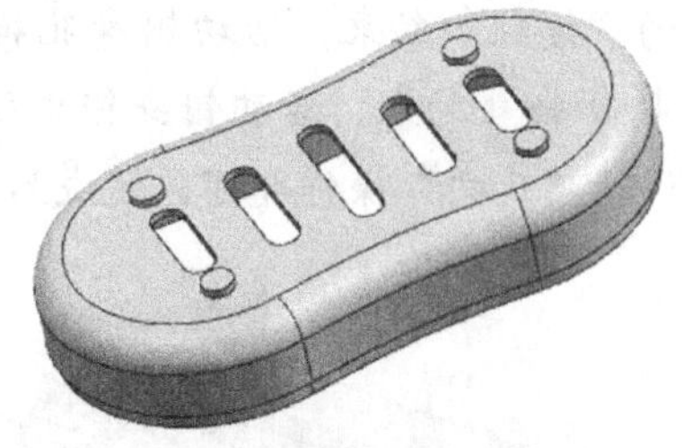

图 6-24 完成排水孔的下盖

✧ 在“装配导航器”中选择fzh（sg），右键单击，在弹出的快捷菜单中选择“显示父项”→“fzh_model1”选项，双击fzh_model1（或选择fzh_model1，右键单击，在弹出的快捷菜单中选择“设为工作部件”）。在工具栏中单击图层设置图标，将图层1设置为不可见，图层2和图层3可选，隐藏草图和基准。

✧ 将光标放置在肥皂盒下盖上，右键单击，在弹出的快捷菜单中选择“编辑显示”→“编辑对象显示”选项，弹出“编辑对象显示”对话框。在对话框“基本符号”项下单击“颜色”后的色块，弹出“颜色”对话框，选择一种颜色以区别肥皂盒上盖，一直单击“确定”按钮退出操作模式，至此完成肥皂盒的建模，结果如图6-14所示。

6.4 重用库标准件在虚拟装配中的使用方法

NX12.0重用库中提供了常用的2D图形库、标准件建模、链轮设计工具等，在标准件再装配中常常被使用，用户可以在虚拟装配的过程中直接使用重用库的标准件。

◆ 引导实例6-5

参照图6-25所示的平口台钳，完成其装配。

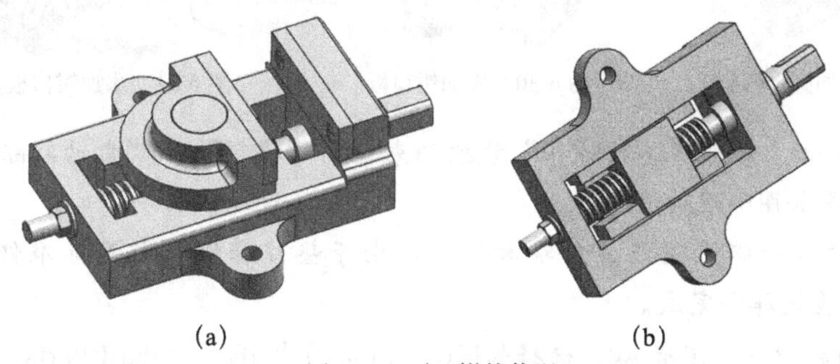

(a) (b)

图 6-25 平口钳的装配

〖操作步骤〗

✧ 新建装配文件，单击装配工具栏中的添加组件图标，弹出“添加组件”对话框；选择要添加的固定钳身零件，组件锚点选择“绝对坐标系”，装配位置选择“绝对坐标系-工作部件”，引用集选择“模型”，图层设置选择“原始的”；完成添加后如图6-26所示。

✧ 添加丝杠螺母，采用“接触对齐”装配约束中的“接触”和“中心”装配约束的

"2对2"方式；确定后位置若不合适，可以选择丝杠螺母后单击右键，选择"移动"选项，移动到合适位置，如图6-27所示。

✧ 添加活动钳身，活动钳身下表面和固定钳身上表面采用"接触对齐"装配约束中的"接触"约束，活动钳身孔和丝杠螺母轴采用"接触对齐"装配约束中的"自动判断中心/轴"约束，活动钳身钳口端面和固定钳身钳口端面采用"平行"约束，若方向相反进行"反向"操作即可，完成后结果如图6-28所示。

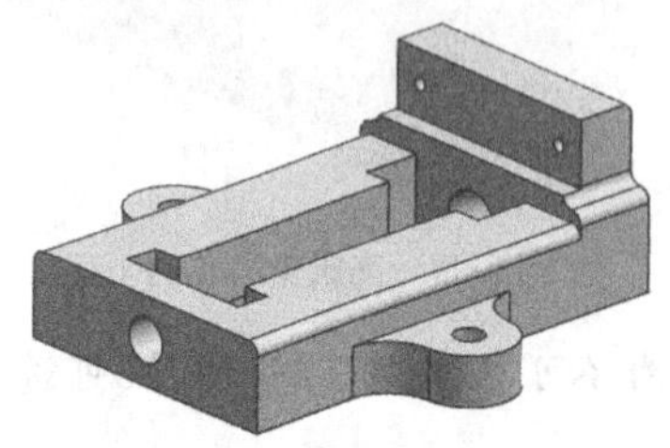

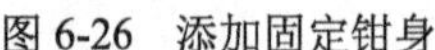

图6-26 添加固定钳身

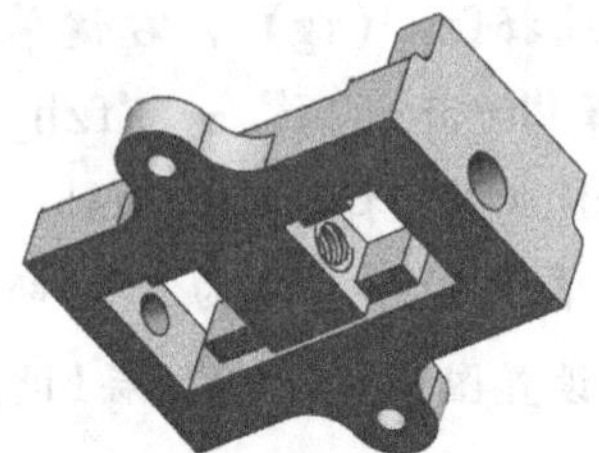

图6-27 添加丝杠螺母

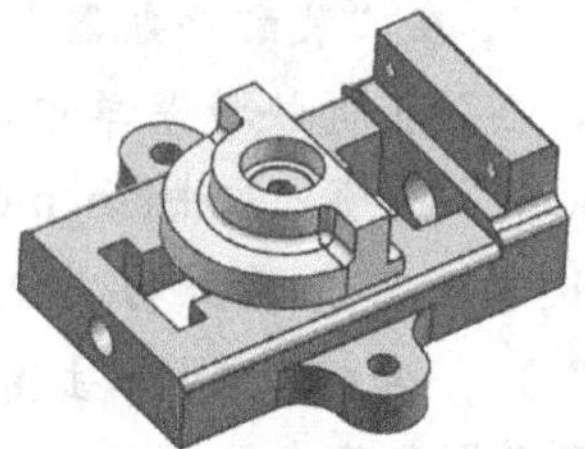

图6-28 添加活动钳身

✧ 添加固定螺钉，采用"接触对齐"装配约束中的"接触"和"自动判断中心/轴"约束，完成后结果如图6-29所示。

✧ 添加钳口板，接触面采用"接触对齐"装配约束中的"接触"约束，螺钉孔两次采用"接触对齐"装配约束中的"自动判断中心/轴"，完成后结果如图6-30所示。

✧ 添加钳口板固定螺钉，圆锥面采用"接触对齐"装配约束中的"接触"约束，螺钉轴线和孔轴线采用"接触对齐"装配约束中的"自动判断中心/轴"约束，完成后结果如图6-31所示。

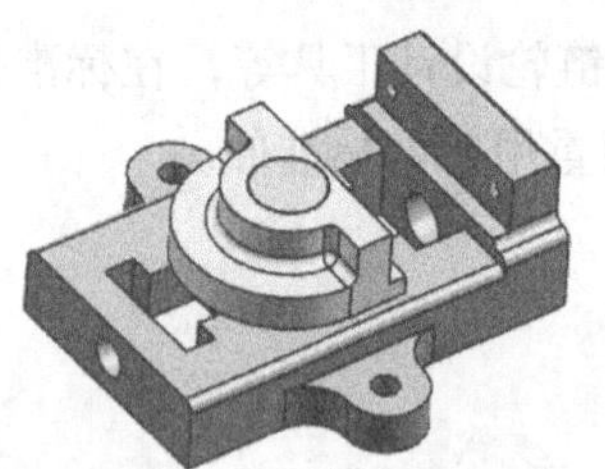

图6-29 添加固定螺钉

图6-30 添加钳口板

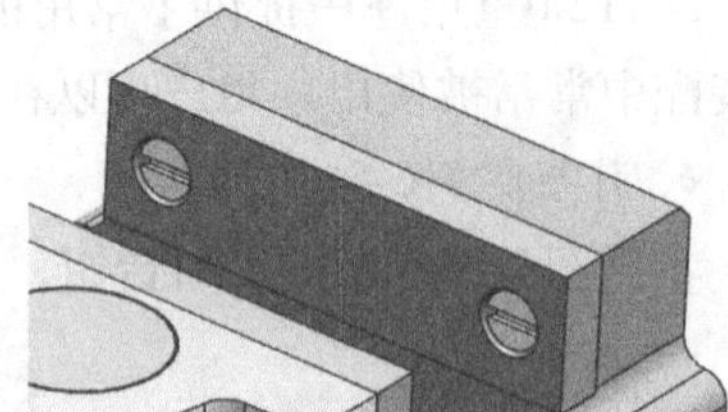

图6-31 添加钳口板固定螺钉

✧ 添加丝杠，采用"接触对齐"装配约束中的"接触"和"自动判断中心/轴"约束，完成后结果如图6-32所示。

✧ 丝杠的另一端采用垫片和螺母固定，由于垫片和螺母都是标准件，所以应用NX12.0中的"重用库"完成。

✧ 在导航栏中单击图标，选择如图6-33所示的"GB Standard Parts"前的＋号，选择Washer（垫片）下的Plain（平垫片），如图6-34所示；在其下方的"成员选择"中的图例中选择"GB-T97_1_2000"的垫片，按住鼠标左键拖至钳身端面，选择垫片参数为M14，确定后结果如图6-35所示。

✧ 在装配工具栏中单击装配约束图标，在弹出的"装配约束"对话框中，选择"接触对齐"装配约束中的"自动判断中心/轴"约束，用光标先后选择垫片圆周面和丝杠圆柱面；再选择"接触对齐"装配约束中的"接触"约束，用光标先后选择垫片平面与钳身平面，完成后结果如图6-36所示。

✧ 在导航栏中单击图标，选择如图6-37所示的“GB Standard Parts”前的+号，选择Nut（螺母）下的Hex（六角头）；在其下方的“成员选择”中的图例中选择“GB-T6170_F_2000”的螺母，按住鼠标左键拖至垫片上，选择螺母参数为M14，如图6-38所示，确定后的螺母如图6-39所示。

✧ 在装配工具栏中单击图标，弹出“装配约束”对话框，在该对话框中选择“接触对齐”装配约束中的“自动判断中心/轴”约束，用光标先后选择螺母内圆周面和丝杠圆柱面；再选择“接触对齐”装配约束中的“接触”约束，用光标先后选择垫片平面与六角头螺母平面，完成后结果如图6-40所示。

图 6-32　添加丝杠

图 6-33　重用库

图 6-34　标准件之平垫片

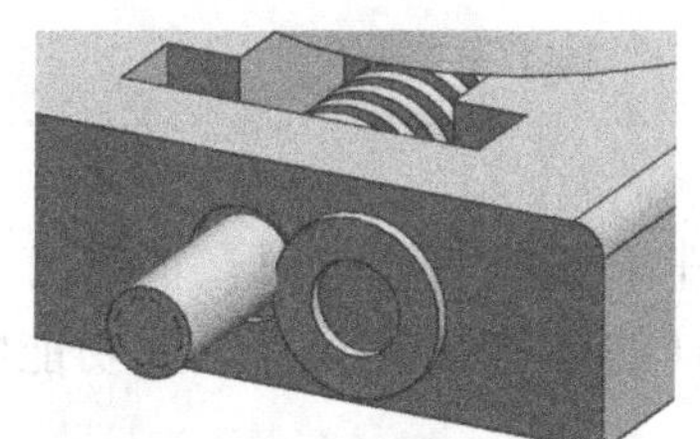
图 6-35　将垫片贴在面上

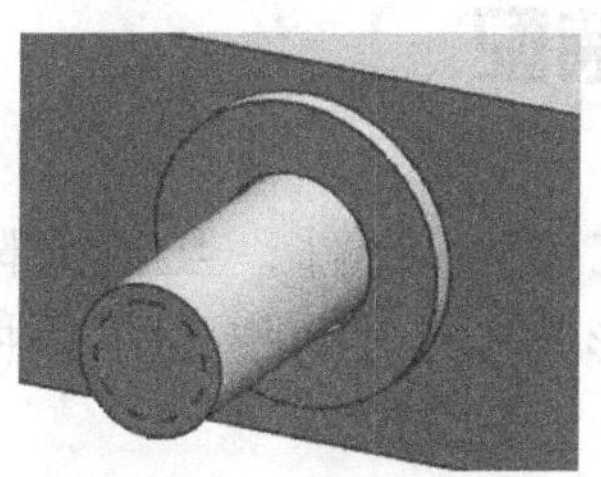
图 6-36　“同轴”约束

图 6-37　六角头螺母

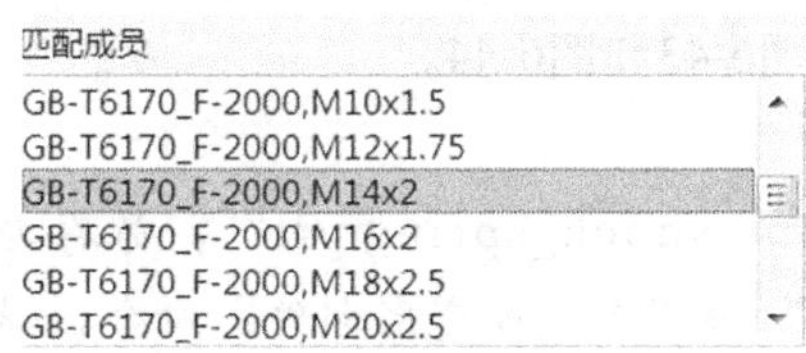

图 6-38　选择螺母参数

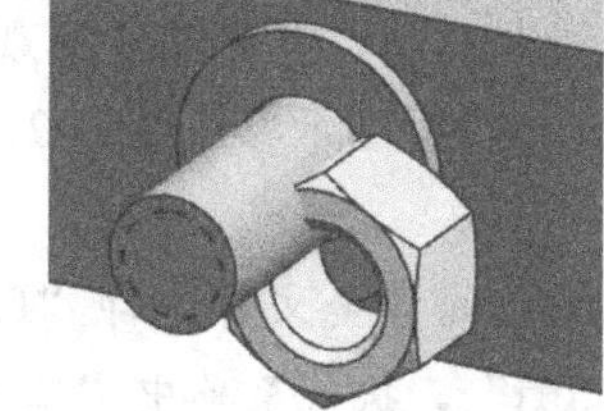
图 6-39　贴在垫片上的螺母

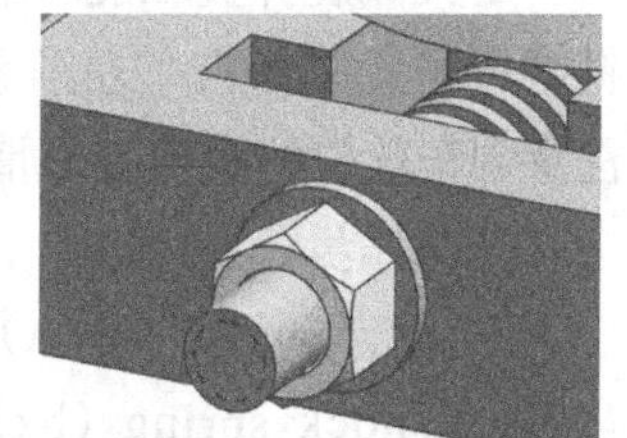
图 6-40　约束后的螺母

✧ NX系统将其重用库的标准件文件统一保存在指定的目录中，该目录可以由用户自定义（通过在菜单中执行“文件”→“实用工具”→“用户默认设置”命令，在弹出的对话框中单击“基本环境”项目，在其下选择“重用库”选项，在其右侧选择“可重用组件”标签，在其下的“Windows”项后面的文本框中可以设置，如图6-41所示）。

✧ 用户需要将其标准件文件复制到零部件所在的文件夹中，否则，再次打开装配文件时标准件将无法显示。

图 6-41　重用库中标准件保存路径的设置

6.5 变形部件装配

利用可变形部件可以定义一个部件，当这个部件添加到装配中时，能够有多种形状。对于经常会有不同形状、尺寸和位置的部件（如弹簧或软管），此功能特别有用。

◆ 引导实例6-6

定义减震弹簧和刹车软管变形，并将其分别装配到减震器和汽车左前轮悬架上；再将减震器安装到汽车左前悬架上，通过弹簧的变形观察汽车悬架系统的工作情况，同时注意刹车软管的跟随变形情况，过程图示参见图6-42、图6-43和图6-44。

〖操作步骤〗

✧ 打开如图6-42（a）所示的弹簧文件，即“front_shock_spring.prt”，另存为“front_shock_spring（bx）.prt”，执行菜单中“工具”→“定义可变形部件”命令，弹出“定义可变形部件”对话框。

✧ 第一步是定义特征名，系统默认当前部件名称为所定义的特征名，可以不做改动。

✧ 第二步是定义可变形特征，除“固定基准轴”以外所有特征都将参与变形，选择后按“添加特征”的箭头按钮添加到可变形特征列表中，如图6-45所示。

✧ 第三步是定义变形表达式，在“可用表达式”中选择弹簧的长度即“spring_length=5”，然后按“添加表达式”的箭头按钮将其添加到可变形的输入表达式中，如图6-46所示。然后再定义表达式规则和弹簧长度的最大值、最小值，如图6-47所示。

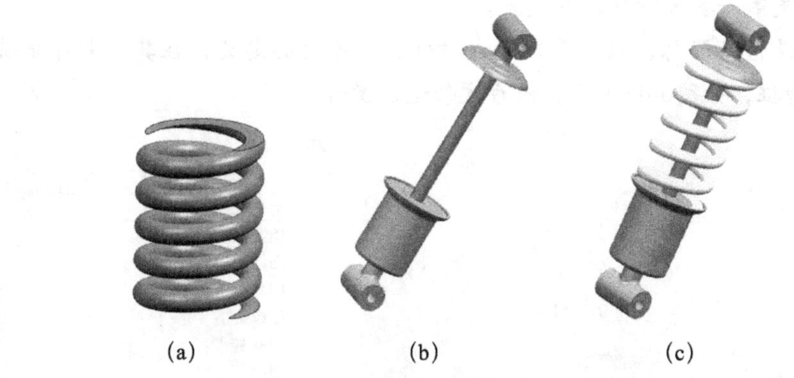

图 6-42 定义弹簧变形并将其装配到减震器上

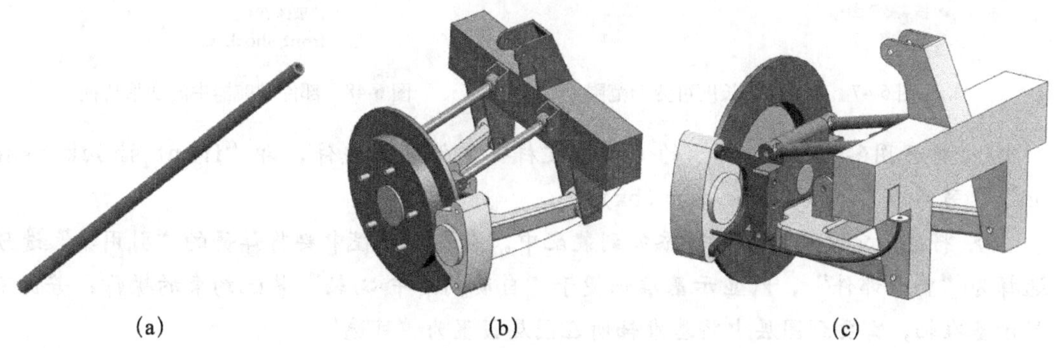

图 6-43 定义刹车软管变形并将其装配到汽车左前悬架上

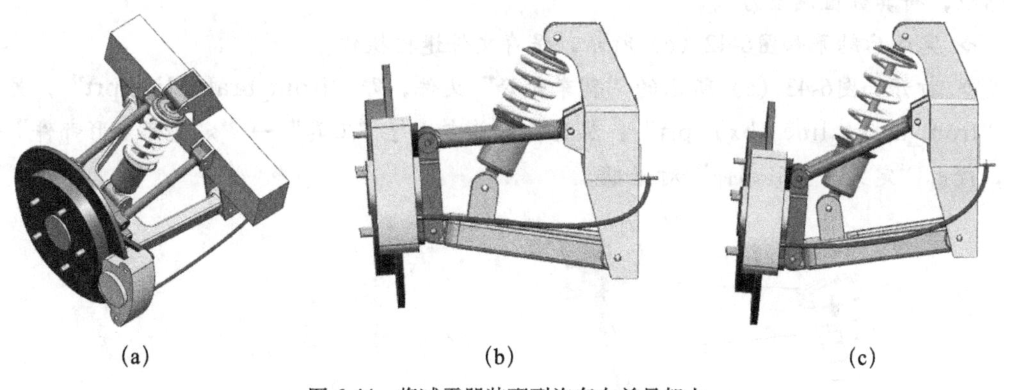

图 6-44 将减震器装配到汽车左前悬架上

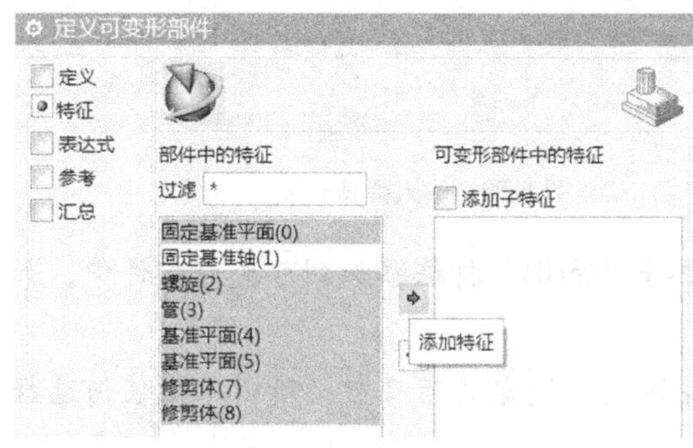

图 6-45 选择可变形特征

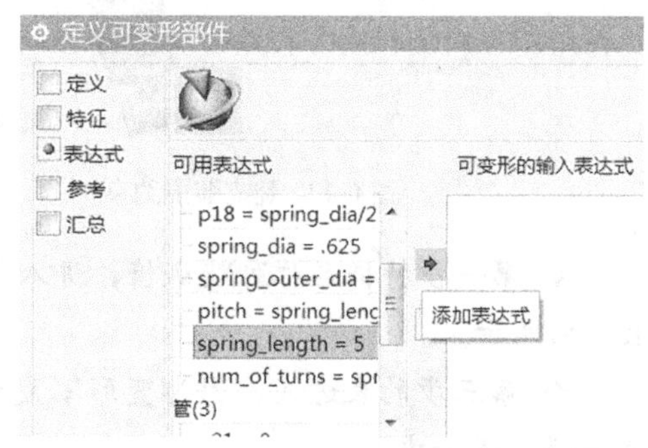

图 6-46 选择可变形特征

✧ 第四步是第一参考特征，本例无。

✧ 第五步是信息汇总，结束后即完成对弹簧的可变形定义，在其“部件导航器”中可看到其变形特征，如图6-48所示。保存文件退出操作。

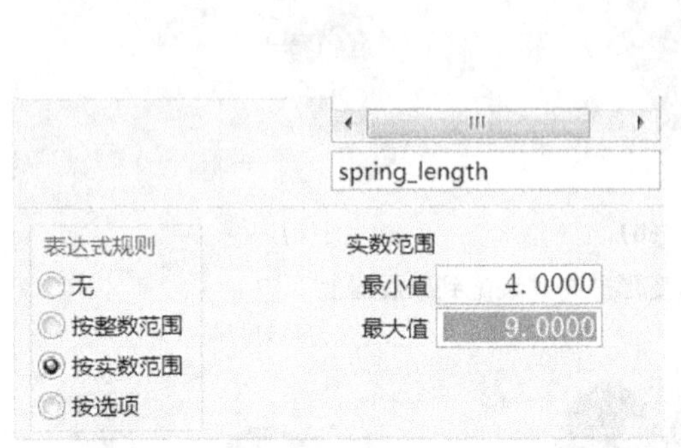

图6-47　定义弹簧长度可变形范围

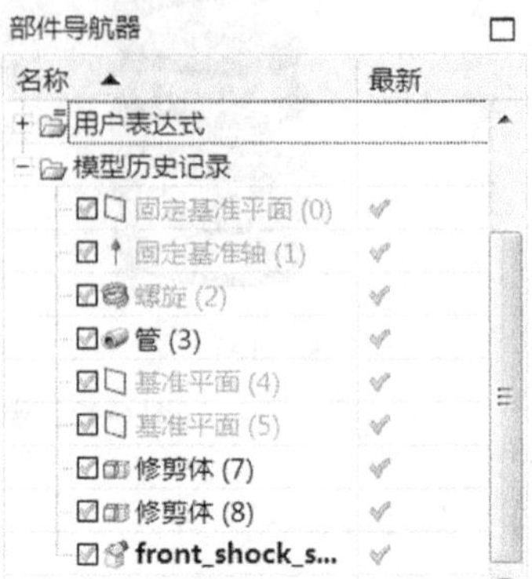

图6-48　部件导航器中的变形特征

✧ 打开图6-42（b）所示的“前减震杆”组件装配文件，即“front_shock_asm.prt”，另存为“front_shock_asm（bx）”。

✧ 将已经定义变形的弹簧添加到装配中，在添加过程中要将弹簧的“引用集”选项选择为“整个部件”，以显示基准轴便于“自动判断中心/轴”装配约束的操作；若仍不显示基准轴，需要到图层中将基准轴所在图层设置为“可选”。

✧ 按照图6-49所示进行装配约束，完成后自动弹出图6-50所示的“弹簧长度”调整对话框，将其数值调整为7。

✧ 完成后结果如图6-42（c）所示，保存文件退出操作。

✧ 打开如图6-43（a）所示的“刹车软管”文件，即“front_brake_line.prt”，另存为“front_brake_line（bx）.prt”；然后在菜单中执行“工具”→“定义可变形部件”命令，弹出“定义可变形部件”对话框。

图6-49　建立装配约束

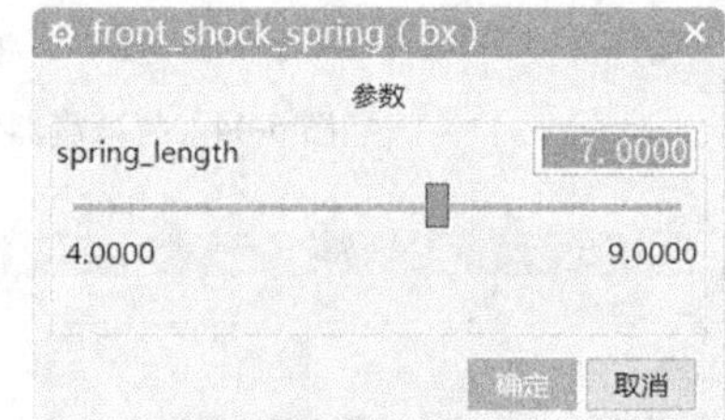

图6-50　输入弹簧长度

✧ 第一步特征名称取默认值，进入第二步将“管(0)”特征添加到可变形部件中，如图6-51所示。

✧ 第三步的表达式，因为变形不发生在表达式所规定的项目中，所以不做任何选择直接进入下一步。

◇ 第四步定义参考特征，选择“guide String Object 用于管(0)”项目。注意：在“新建提示”后的文本框中不能有汉字，如图6-52所示。

◇ 全部完成所有步骤后保存文件并退出。

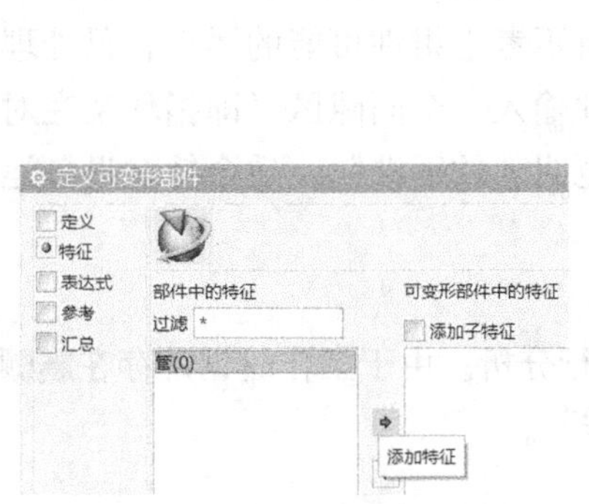

图 6-51　定义可变形特征

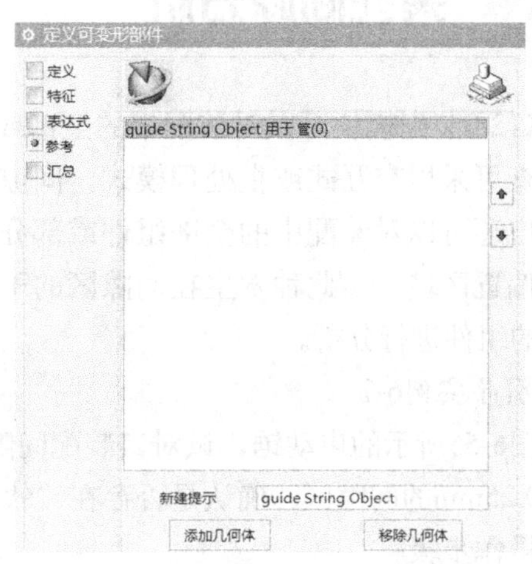

图 6-52　选择参考用于管道变形

◇ 打开图6-43（b）所示的前悬架装配文件，即“front_suspension_asm.prt”，另存为“front_suspension_asm（bx）.prt”。

◇ 将已经定义变形的刹车软管添加到装配中，定位方式选择“绝对原点”，确定后弹出如图6-53所示的“解决参考”对话框。注意：在文本前显示（-）意味着用于管道变形的参考对象没有选择。

◇ 在前悬架上选择刹车引导线，对话框中文本前显示（+），说明已经完成参考对象的选择。确定后可见软管已经按参考对象形状变形，结果如图6-43（c）所示。

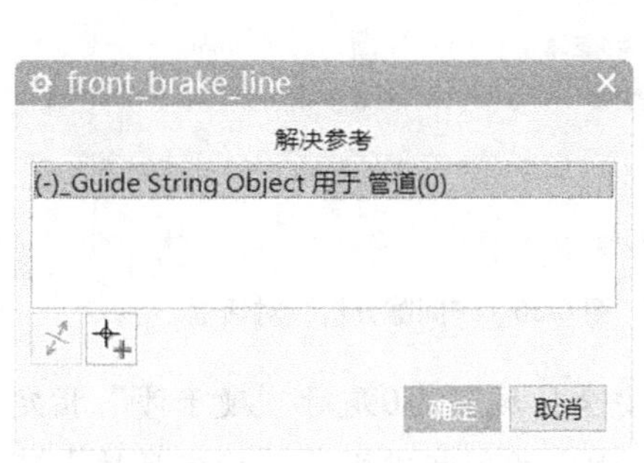

图 6-53　选择参考对象操作

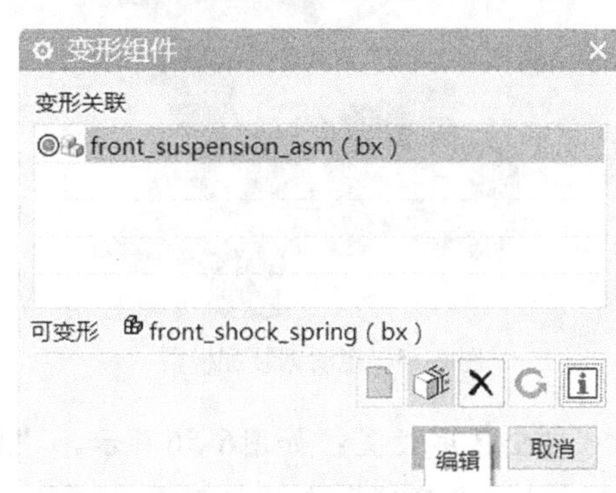

图 6-54　编辑变形组件

◇ 继续添加组件，将已经装配上弹簧的“前减震器”组件装配到汽车前悬架上，完成后结果如图6-44（a）所示。

◇ 在菜单中执行“装配”→“组件”→“变形组件”命令，弹出“类选择”对话框，选择弹簧实体，确定后弹出如图6-54所示的“变形组件”对话框，单击“编辑”图标按钮，弹出如图6-50所示的对话框。

◇ 拉动滑块或直接输入数值，观察前悬架的整体变形情况，直至符合图6-44（b）和图6-44（c）所示为止。

6.6 装配间隙分析

NX12.0装配模块可以对装配中的全部或部分组件进行间隙分析或干涉检查，这种分析或检查可采用交互式或批处理模式。间隙分析不考虑组件可能的运动，只处理静态问题。用户还可以对装配中的全部组件或部分组件输入一个间隙区（即指环绕在对象周围的空间偏置区域），此种发生在间隙区的干涉也叫"软干涉"，适合针对设备运行中存在震颤的组件进行分析。

◆ 引导实例6-7

如图6-55所示的电动锯，试对其装配间隙进行分析。由于工作时锯片存在震颤，对锯片设置0.25mm的间隙区，确认是否存在"软干涉"。

〖操作步骤〗

✧ 打开电动锯装配文件，即"saw_cl_anl.prt"，如图6-55所示。

✧ 在菜单中执行"分析"→"装配间隙"→"间隙集"→"新建"命令，或在"装配"主页上单击"间隙分析"图标，弹出如图6-56所示的"间隙分析"对话框。

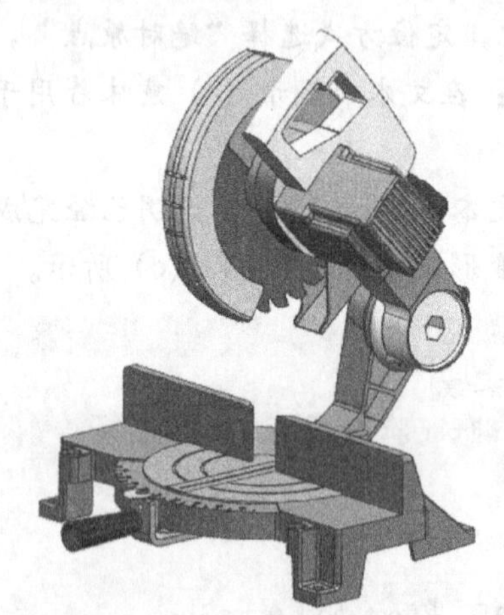

图6-55　电动锯装配模型

图6-56　"间隙分析"对话框

✧ 安全区域设置：如图6-56所示，"默认安全区域"为0是对"硬干涉"指定的判断准则，"指定区域"内的设置是对"软干涉"指定的判断准则。"指定区域"项选择"基于对象"；"名称"一项可省略；"距离"项在文本框中填入要求的0.25作为安全距离。将当前操作焦点置于"选择对象"项，在装配模型上选择"锯片"（BLADE2）对象。

✧ 添加安全区域进列表：完成锯片的选择后，"添加新的安全区域"将激活，单击"添加新集"图标，则安全区域的设置将进入列表中。

✧ 确定退出"间隙分析"对话框，分析结果显示在如图6-57所示的"间隙浏览器"中，前三项为"硬干涉"，第四项为"软干涉"；将"软干涉"前的方框勾选，发生"软干涉"的两个组件将单独显示出来，并显示最小距离为0.1，如图6-58所示。

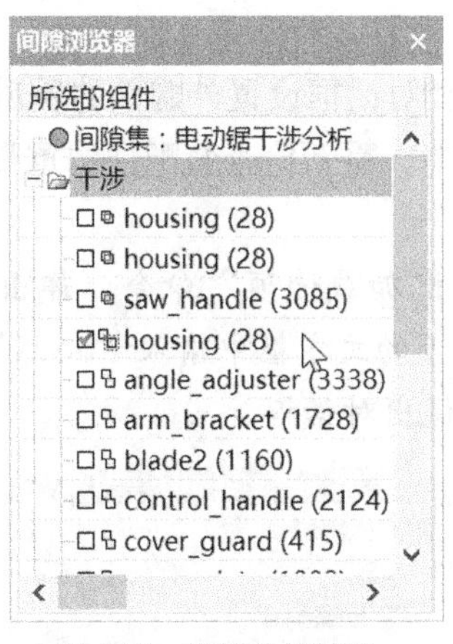

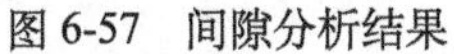
图 6-57　间隙分析结果

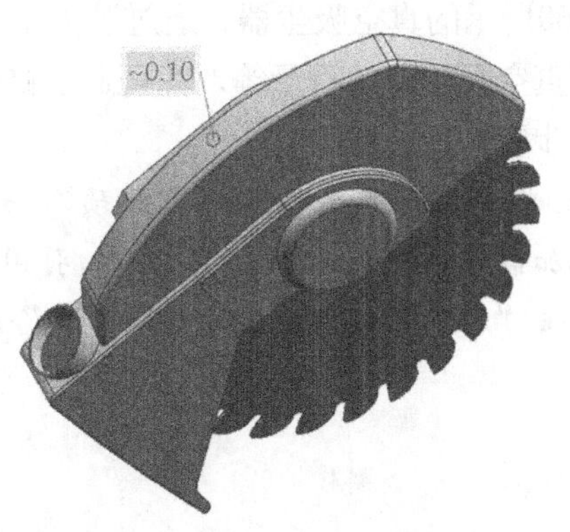

图 6-58　存在“软干涉”的两个组件

✧ 前三组存在“硬干涉”，若勾选其前面的方框，同样会分别单独显示出干涉的两个组件。

补充说明：“间隙”的三种情况分别为“接触”“硬干涉”和“软干涉”，三种情况所显示的图标是不同的。“硬干涉”意味着零件间存在交叠，在实际装配中将无法满足设计要求；“软干涉”往往针对震动零件分析；“接触”是装配中的正常状态。

6.7 装配的重量管理

NX12.0装配重量管理是高级装配的一个重要部分，它的对象当然是大装配。用装配重量管理可以计算、显示、管理大装配中组件的质量特性，该功能以组件和装配件的实体为基础，计算并控制它们的重量和其他质量特性。装配重量管理不仅可以计算装配中未装载的组件，还可以定义没有精确建模的部件质量特性（如外购件等）。在菜单中执行“分析”→“高级质量属性”→“高级重量管理”命令，即弹出如图6-59所示的“重量管理”对话框。

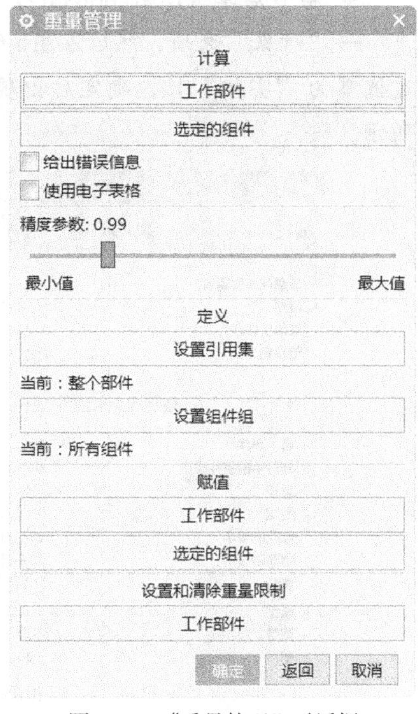

图 6-59　“重量管理”对话框

引用集是在装配的组件中定义的数据子集。在装配加载时合理的部件引用集管理可以加快加载时间，减少内存占用，减少混乱的图形显示等。每个部件都有Entire Part（整个部件）、Empty（空）、Model（模型）、Lightweight（轻量级的）和Simplified（简化的）5个系统定义的引用集。系统的Model（模型）引用集主要用在如下几种方式中：进行重量或质量计算、边界盒尺寸（空间过滤）、真实形状数据（比边界盒更精确的空间过滤）等。

◆ 引导实例6-8

如图6-60所示的真空吸尘器，通过装配重量管理对话框设置外购件的质量、设置重量极限、计算真空吸尘器的重量等，并可通过修改模型，重新检查装配件的重量。

〖操作步骤〗

✧ 在菜单中执行“文件”→“选项”→“装配加载选项”命令，弹出如图6-61所示的“装配加载选项”对话框，在“添加引用集”下的文本框中输入“body”，按Enter键，然后单击“添加”按钮，最后按“确定”按钮退出对话框。

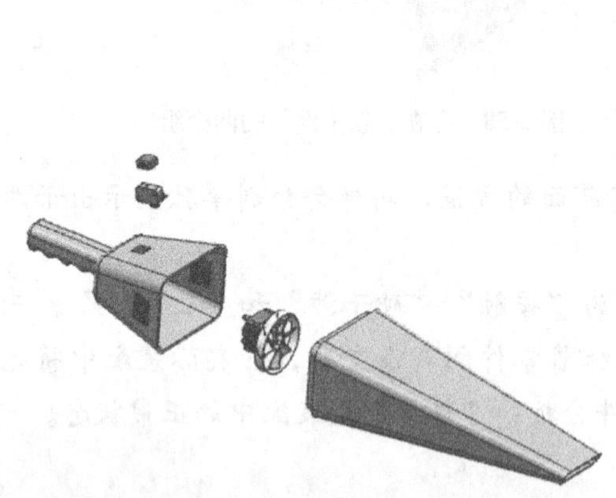

图 6-60　真空吸尘器装配爆炸图

图 6-61　“装配加载选项”对话框

✧ 打开分析文件dust_vac.prt，在“装配导航器”右侧属性栏中查看吸尘器各个部件的加载引用集，都显示为“BODY”。

✧ 检查后罩（Rear_housing）和吸嘴（Example_nozzle）的密度：在菜单中选择“信息”→“对象”选项，然后在图6-60中选择两个组件，注意选中的应该是实体（建议调整过滤器为“实体”），确定后出现“信息”窗口，可以看到有关密度的信息，如图6-62所示。

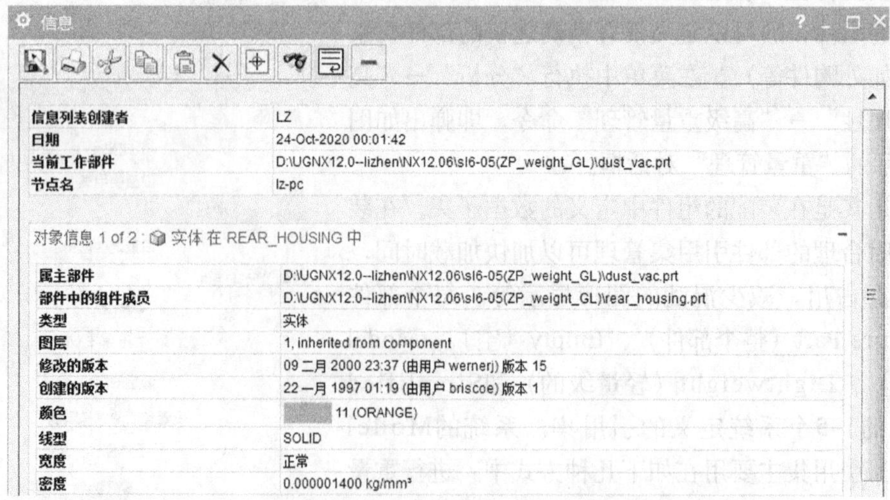

图 6-62　“信息”窗口显示的密度数值

✧ 打开装配导航器检查装配重量状态：在导航区中单击“装配导航器”图标，在装配导航器空白处按鼠标右键→属性，弹出如图6-63所示的“装配导航器属性”对话框，在“列”选项卡下勾选数量、单位、重量（g）和重量状态等项，并将这些选项向上移动。

✧ 完成后“装配导航器”如图6-64所示。注意“重量状态”栏下的记号的意义：?表示“不可靠数值（Unreliable Value）”，✓表示“重量数据可靠（Weight OK）”，表示“假设重量（Asserted Weight）”，⊗表示“重量超过极限（Weight Limits Violated）”。从图6-64可知，micro_switch（微型开关）和rear_housing（后罩）两个组件的质量被认为是不可靠的。

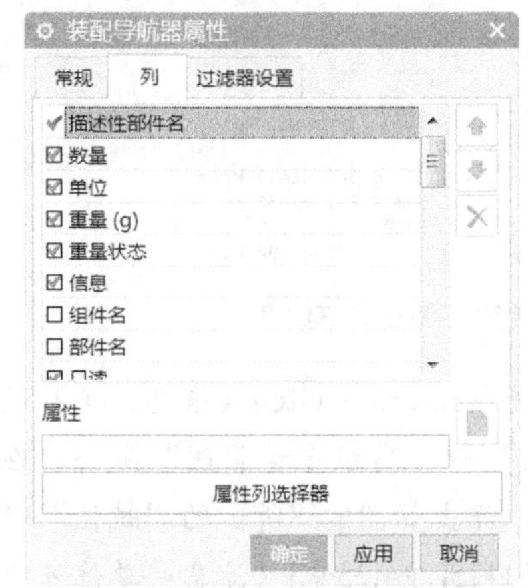

图 6-63　设置“列”属性

装配导航器

描述性部件名 ▲	数量	单.	重...	重	信..	只	已	引用集
截面								
- dust_vac（顺序：时间...	22	m..	398...	?				
- micro_switch	3	m..	3.6...	?				BODY
button		m..	3.6...	✓				BODY
switch		m..		?				BODY
+ elec-motor-assy	16	m..	62....	✓				BODY
example-nozzle		m..	333...	✓				BODY
rear_housing		m..		?				BODY

图 6-64　设置“列”属性后的装配导航器

✧ 为了使装配重量管理具有更多的质量存储功能，建议应用“自底向上”的管理方法。由于保证所有部件均能够存储数据，所以在装配重量管理计算中总是可以存取到以前的质量特性数据，唯一需要的只是组件中修改实体数据。为此需要做到重量引用集设置正确并保存在每个部件中，保证勾选“保存选项”中的“生成重量数据”选项、允许使用标准精度，保证存储有足够的精度。

✧ 文件打开后，在菜单中执行“文件”→“选项”→“保存选项”命令，弹出“保存选项”对话框，如图6-65所示，确认勾选“生成重量数据”选项。

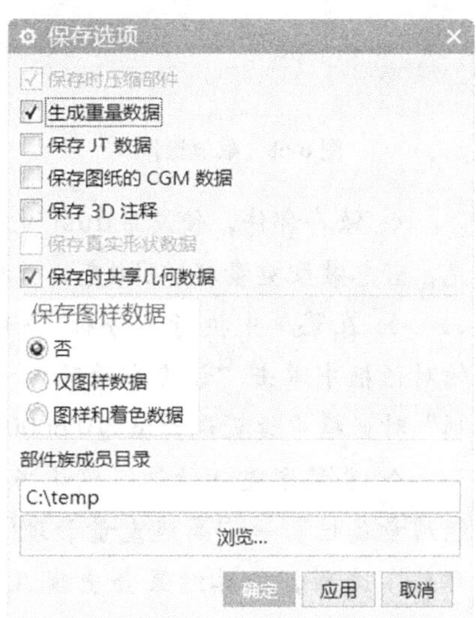

图 6-65　“保存选项”对话框

✧ 在组件rear_housing、example_nozzle和button里建立质量存储器。使rear_housing成为工作部件，在菜单中执行“分析”→“高级质量属性”→“高级重量管理”命令，在弹出的“重量管理”对话框中单击“计算”项下的“工作部件”选项，如图6-66所示。

✧ 计算结果显示在信息窗口里，如图6-67所示。同时可以看到装配导航器里组件rear_housing的重量状态已经显示为可靠的了。

✧ 重复前面的操作，给组件example_nozzle和button建立质量存储器。

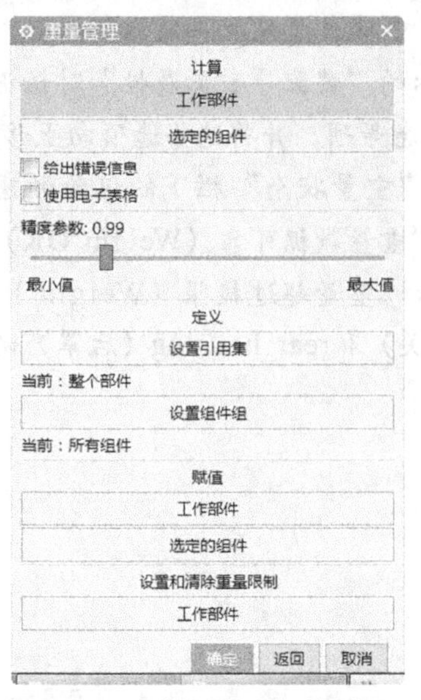

图 6-66　“重量管理”对话框

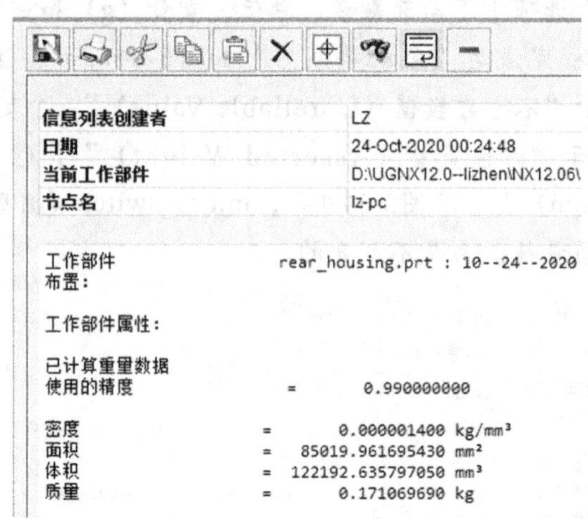

图 6-67　组件后罩的计算结果

✧ 给外购件micro_switch（微型开关）假设质量：先使micro_switch（微型开关）成为工作部件，再执行菜单中“分析”→“高级质量属性”→“高级重量管理”命令，在弹出的对话框中的“赋值”项下单击“工作部件”选项，弹出如图6-68所示的“赋值”对话框，选择“Mass only”选项，在质量文本框中填写0.00425[即4.25克]（注意：单位可以通过执行菜单“分析”→“单位”命令选择修改）。完成后，装配导航器中的组件micro_switch的重量状态变为“假设质量”标识，如图6-69所示。

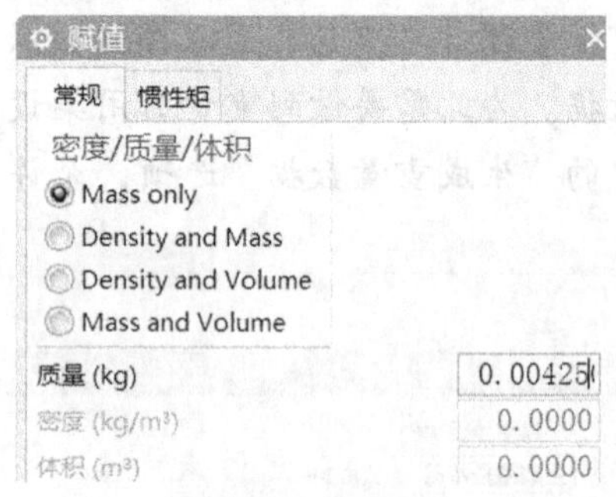

图 6-68　赋值操作

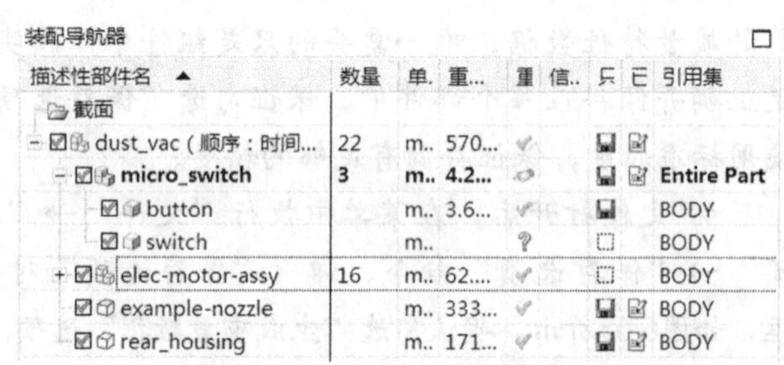

图 6-69　组件switch的重量状态为假设值

✧ 保存部件，使总装dust_vac成为工作部件。为真空吸尘器设置最大重量极限为600克，若总装配重量超过600克，数据报告将报警。

✧ 在菜单中执行“分析”→“高级质量属性”→“高级重量管理”命令，在弹出的对话框中单击“设置和清除重量限制”项下的“工作部件”选项，在弹出的“重量限制”对话框中设置最大值为0.6000[即600克]，如图6-70所示，确定后所有预设置完成。

✧ 总装配重量计算：确认当前工作部件是dust_vac，在菜单中执行“分析”→“高级质量属性”→“高级重量管理”命令，在弹出的对话框中单击“计算”项下的“工作部件”选项，计算结果会出现在信息窗口，此时导航器里的重量状态一栏均为有效标识，总装配组件dust_vac的重量是574.0774克，如图6-71所示。

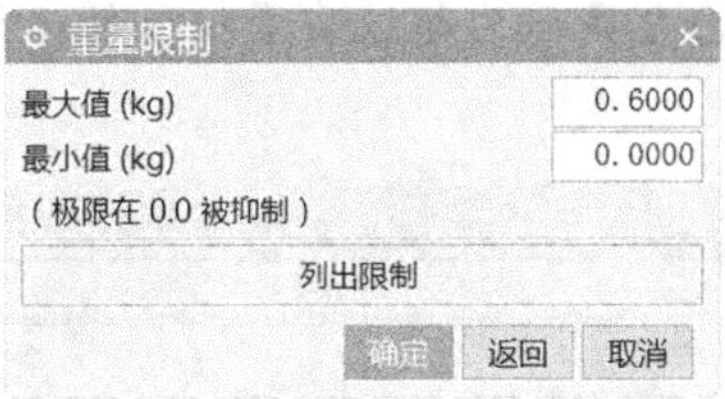

重量限制

最大值 (kg) 0.6000

最小值 (kg) 0.0000

（极限在 0.0 被抑制）

列出限制

确定 返回 取消

图 6-70 设置重量限制

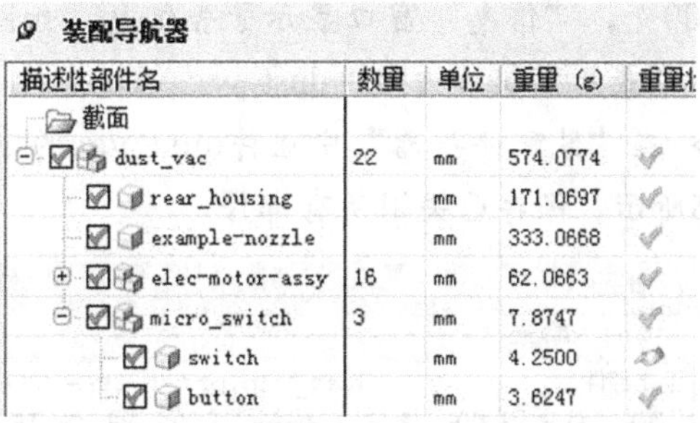

装配导航器

描述性部件名	数量	单位	重量 (g)	重量状
截面				
dust_vac	22	mm	574.0774	✓
rear_housing		mm	171.0697	✓
example-nozzle		mm	333.0668	✓
elec-motor-assy	16	mm	62.0663	✓
micro_switch	3	mm	7.8747	✓
switch		mm	4.2500	✓
button		mm	3.6247	✓

图 6-71 总装配重量状态均有效

✧ 将组件rear_housing和example_nozzle的壁厚修改为3.5，然后再检查重量情况，使组件rear_housing成为工作部件。在菜单中执行“开始”→“建模”命令进入建模模块。再执行“编辑”→“特征”→“编辑参数”命令，在弹出的“编辑参数”对话框中选择如图6-72所示的“抽空(12)”特征（即抽壳Hollow），单击“确定”按钮或双击该特征进入“抽空”特征操作。

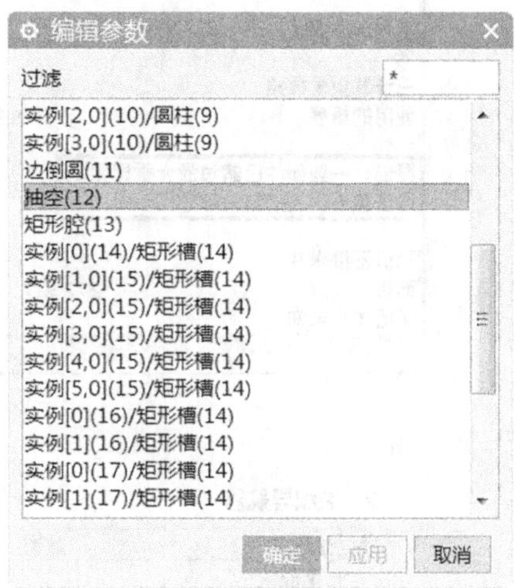

图 6-72 选择抽空特征

✧ 如图6-73（a）所示，将组件rear_housing的壁厚由原来的3mm改为3.5。单击“确定”按钮完成操作。

✧ 对组件example_nozzle做同样的操作，将其壁厚同样改为3.5。

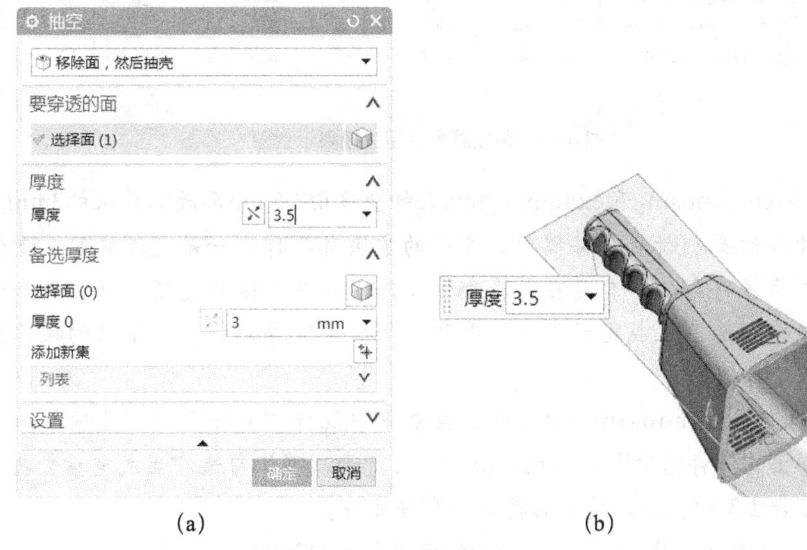

图 6-73 将抽空厚度由3改为3.5

✧ 计算修改后总装配的重量：使组件dust_vac成为工作部件，在菜单中执行“分析”→“高级质量属性”→“高级重量管理”命令，在弹出的对话框中单击“计算”项下的“工作部件”选项，计算结果出现在信息窗口。由于总装配重量653.6克超过设置的上限600克，“信息”窗口显示警告信息，如图6-74所示。在“信息”窗口下拉右侧的滚动条，在最后系统给出组件dust_vac.prt超重。

✧ 在“装配导航器”中组件dust_vac的重量状态也显示为超过重量极限的标识，如图6-75所示。保存后关闭所有部件。

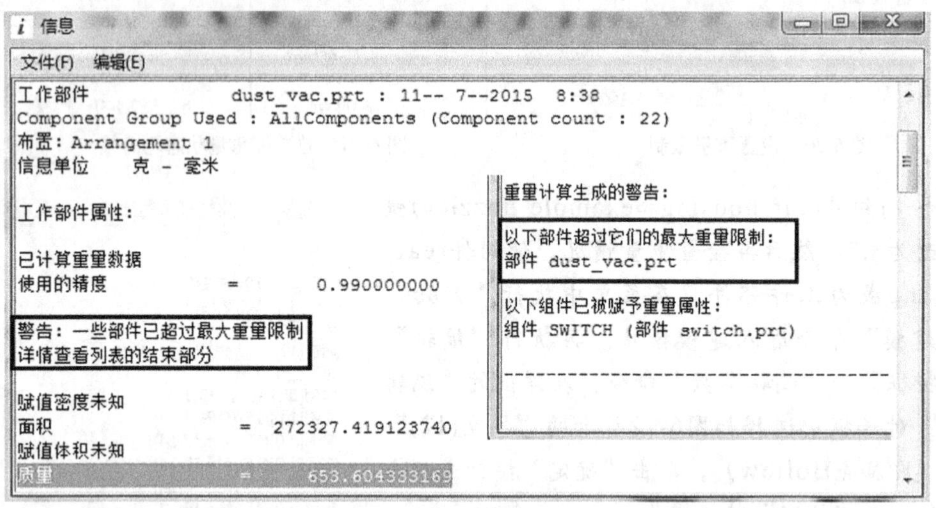

图 6-74 计算结果信息窗口

装配导航器

描述性部件名	数量	单位	重量（g）	重量状态	引用集	信息	只	已	位
截面									
dust_vac	22	mm	653.6043						
rear_housing		mm	197.6292		BODY				
example-nozzle		mm	386.0342		BODY				
elec-motor-assy	16	mm	62.0663		BODY				
micro_switch	3	mm	7.8747		BODY				

图 6-75 装配总重量超过极限示意图

✧ 将组件rear_housing和example_nozzle的壁厚由3.5mm再改回原来的3mm。注意，部件几何尺寸改动要刷新质量存储器。可用的方法有两种：一是通过装配重量管理计算部件重量，然后保存部件；二是在保存部件文件前，在“保存选项”（文件→选项→保存选项）窗口中勾选“生成重量数据”选项，然后再保存部件。接下来的操作采用第二种方法刷新质量存储器。

✧ 打开组件rear_housing.prt文件，在菜单中执行“文件”→“选项”→“保存选项”命令，弹出“保存选项”对话框，如图6-65所示，确认勾选“生成重量数据”选项。将抽壳特征参数由3.5改为3，确定后再保存部件文件。

✧ 重复以上操作，将example_nozzle的壁厚也改回3mm。

✧ 完成以上操作后关闭所有部件。

✧ 在菜单中执行“文件”→“选项”→“装配加载选项”命令，在弹出的对话框中“范围”项下的“加载”选项选择“仅限于结构”，以便打开装配时不装载任何组件，如图6-76所示。

✧ 打开总装文件dust_vac.prt，没有任何组件显示（因为没有加载组件，只加载了装配结构），在没有装载任何组件的情况下，计算总装配重量。

✧ 在菜单中执行“分析”→“高级质量属性”→“高级重量管理”命令，在“计算”项下单击“工作部件”选项，弹出如图6-77所示的信息窗口，系统提示装配中已经有两个部件做了修改（即后罩部件rear_housing和吸嘴部件example_nozzle），问是否在计算重量前更新质量存储器里的数据？在信息窗口单击“是”按钮。

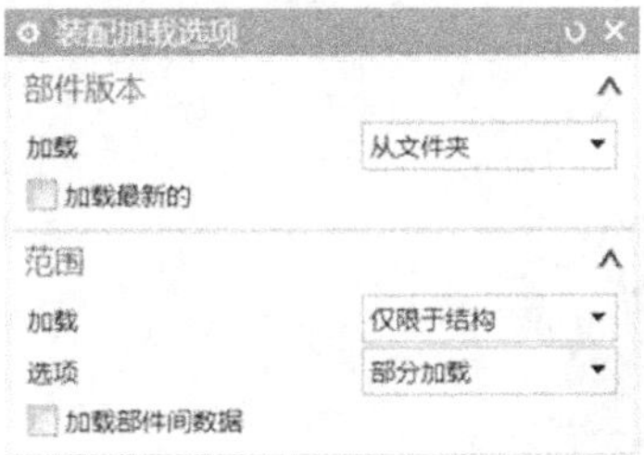

装配加载选项
部件版本
加载 从文件夹
加载最新的
范围
加载 仅限于结构
选项 部分加载
加载部件间数据

图 6-76 设置加载选项

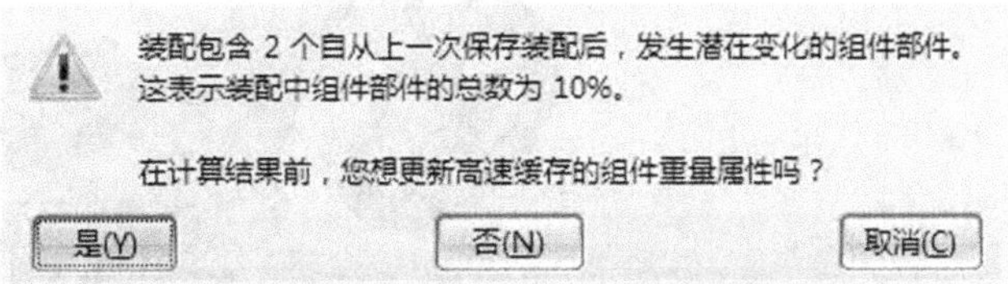

装配包含 2 个自从上一次保存装配后，发生潜在变化的组件部件。
这表示装配中组件部件的总数为 10%。
在计算结果前，您想更新高速缓存的组件重量属性吗？
是(Y) 否(N) 取消(C)

图 6-77 更新结构信息窗口

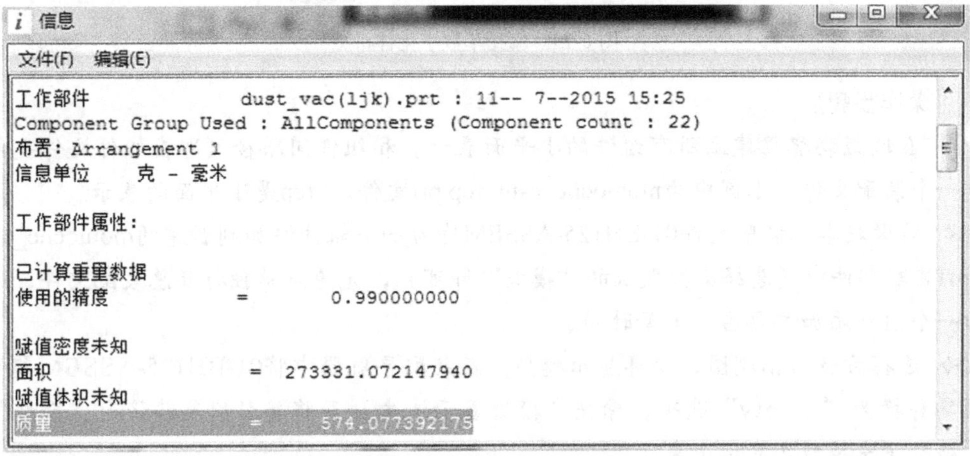

信息
文件(F) 编辑(E)

```
工作部件              dust_vac(ljk).prt : 11-- 7--2015 15:25
Component Group Used : AllComponents (Component count : 22)
布置: Arrangement 1
信息单位      克 - 毫米

工作部件属性:

已计算重量数据
使用的精度             =         0.990000000

赋值密度未知
面积             =   273331.072147940
赋值体积未知
质量             =        574.077392175
```

图 6-78 更新结构信息窗口

✧ 由于更新了修改过的后罩部件和吸嘴部件的质量存储器，装配重量计算结果如图6-78所示，与最初的设置（参见图6-69）一致，最后关闭信息窗口。

6.8 小平面表示

当装配组件或部件数量庞大时，装配件的恢复和显示往往消耗大量时间，在这种情况下使用小平面表示就非常必要。所谓小平面表示（representation）是指使用与实体相关联的小平面模型（faceted object）表示组件，由于存在关联，只要组件的实体改变，小平面模型就会自动更新。

小平面表示有三种基本方法，分别是：大模型级别的小平面表示（mock-up level representations）、主要子装配级别的小平面表示（major subassembly level representations）、单个零件级别的小平面表示（piece part level representations）。

◆ 引导实例6-9

图6-79所示的摩托车数字化样机，总装配显示和恢复时间都很长。采用大模型级别的小平面表示，可以缩短恢复和显示时间。

图 6-79　摩托车数字化样机

〖操作步骤〗

✧ 在顶级装配里建立所有组件的小平面表示。和组件同路径（即在组件文件夹内）新建一个装配文件，本例中为motuoche_asm_rep.prt文件，_rep是小平面的表示。

✧ 将摩托车总装配文件01-BH125-ASSEM作为一个组件添加到新建的motuoche_asm_rep.prt装配部件中（选择集按默认的"模型"即可），无论是单独打开总装配文件，还是作为一个组件添加都要占用大量时间。

✧ 选择方位为轴测图，全屏显示模型。在装配导航器中将01-BH125-ASSEM部件的引用集替换为"Empty"选项，摩托车模型显示消失；再将其引用集替换为"模型"选项，则摩托车模型又显示出来。

✧ 在菜单中执行"装配"→"高级"→"表示"命令，弹出如图6-80所示的"定义表示"对话框。单击"创建"按钮，弹出"类选择"对话框，如图6-81所示。选择"全选"项，单击"确定"按钮，系统会将全部对象生成小平面表示并弹出"引用集"对话框，如图6-82所示。

✧ 由于是在顶级装配中，所以不需要选择或定义"引用集"，单击"引用集"对话框中的"取消"按钮，即小平面表示不添加给任何引用集，这样在顶级装配中就建立了小平面表示。

✧ 在"定义表示"对话框中单击"编辑小平面参数"按钮，弹出如图6-83所示的"可用的表示"对话框，单击"全选"项后单击"确定"按钮，弹出如图6-84所示的"编辑小平面参数"对话框，将距离公差和角度公差按图中设置，按"确定"按钮后系统开始比较长时间的更新。

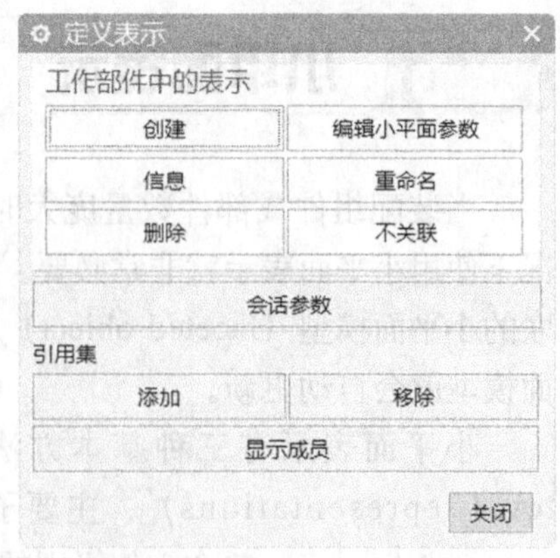

图 6-80　"定义表示"对话框

图 6-81 "类选择"对话框

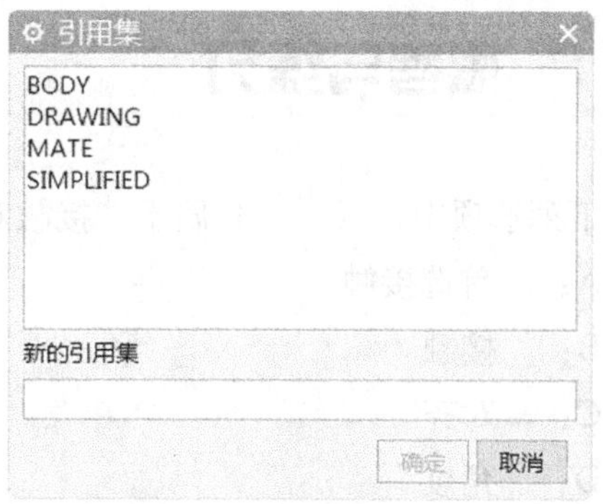

图 6-82 "引用集"对话框

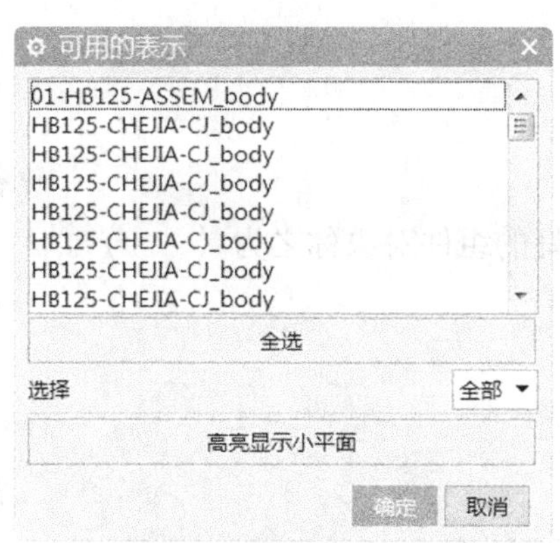

图 6-83 "可用的表示"对话框

图 6-84 "编辑小平面参数"对话框

✧ 更新完成后关闭"编辑小平面参数"对话框，在"装配导航器"中，将01-BH125-ASSEM的引用集替换为"Empty"（空集），如图6-85所示，发现模型依旧显示。现在显示的即是小平面表示的模型。

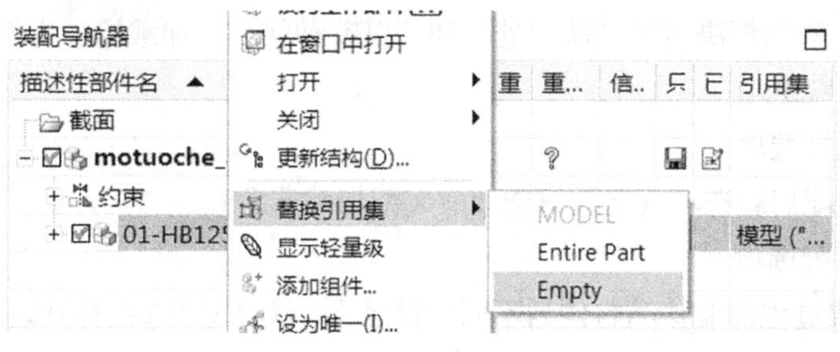

图 6-85 将引用集替换为空

✧ 保存文件并关闭。再打开motuoche_asm_rep.prt文件，发现模型以极快的速度显示出来。

✧ 可以在小平面表示的模型上右键单击，在弹出的快捷菜单中编辑其显示方式等项。

6.9 思考与练习

1. 下列选项中，（　　）属于“接触对齐”的装配约束的子选项。

A：　首选接触

B：　接触

C：　对齐

D：　角度　　答案：ABC

2. 一个（　　）是多个零部件或子装配的指针实体的集合。任何一个装配是一个包含组件对象的.prt文件。

A：　装配

B：　组件

C：　零件

D：　模型　　答案：A

3. 可以在高一级装配内使用的、已经装配好的组件对象称之为（　　）。

A：　子装配

B：　对象组

C：　零件

D：　组件　　答案：A

4. 在装配中约束类型为“中心”时，子类型有（　　）。

A：　1对2

B：　2对1

C：　2对2

D：　1对1　　答案：ABC

5. （　　）对话框决定了“从何处”和“以哪种状态”加载组件文件。

A：　系统选项

B：　选择选项

C：　装配加载选项（文件→选项→装配加载选项）

D：　装配选项　　答案：C

6. 如果修改过程需要移动零件到不同的目录下，为了让NX在打开装配文件时知道到哪里去找到这些移动的零件，需要在加载选项中定义（　　）。

A：　使用部分加载

B：　部件

C：　用户目录

D：　搜索目录　　答案：D

7. 以下哪个选项不是装配中组件阵列的方法?

A： 线性

B： 从实例特征

C： 从引用集阵列

D： 圆的 答案：B

8. 若没有额外创建其他引用集，默认的可用引用集有（ ）。

A： 模型

B： 整个部件

C： 空的

D： 实体的 答案：ABC

9. 若要对装配模型中的某个零件模型进行修改，最便捷的方式是（ ）。

A： 在屏幕上选择要修改的零件，单击右键选择“设为显示部件”

B： 在装配导航器中选择要修改的零件，单击右键选择“设为显示部件”

C： 在屏幕上选择要修改的零件，单击右键选择“设为工作部件”

D： 记住要修改的零件的名称，打开该文件从而打开要修改的零件

答案：AB

10. 在装配导航器中，（ ）可以隐藏装配中的某个零部件。

A： 将某个零部件前方框内的红色✓去掉

B： 双击黄色标记

C： 选择要隐藏的零部件，单击右键选择“隐藏”

D： 双击部件名称 答案：AC

11. 将已经建好的零部件逐一添加至装配体中，完成产品组装过程的方法是（ ）。

A： Bottom Up（自底向上）

B： Bottom Down

C： Top Down

D： Down Top 答案：A

12. 所谓（ ）方法有如下两种：一是首先创建产品的整体外形，然后分割产品从而得到各个零部件；二是首先创建产品的重要结构，然后将装配几何关系的线和面复制到相关零件。归纳为一句话就是在装配的大环境下完成全部或个别零部件建模，从而完成整个产品的设计。

A： Bottom Up

B： Bottom Down

C： Top Down（自顶向下）

D： Down Top 答案：C

13. WAVE链接中，选中“固定于当前的时间戳记”复选框后，WAVE几何对象将（ ）。

A： 随着WAVE源对象修改而修改

B：　不随WAVE源对象修改而修改

C：　无法相对于镜像基准面发生距离移动

D：　无法对WAVE几何对象再做任何操作　　　　　　　　　　　　答案：B

14. 完成如图6-86所示的下箱体上端垫片的建模与装配，垫片厚度是箱体壁厚的二分之一。

15. 完成如图6-87所示的轴上的键的建模与装配，键的高度尺寸请按轴径查阅相关手册。

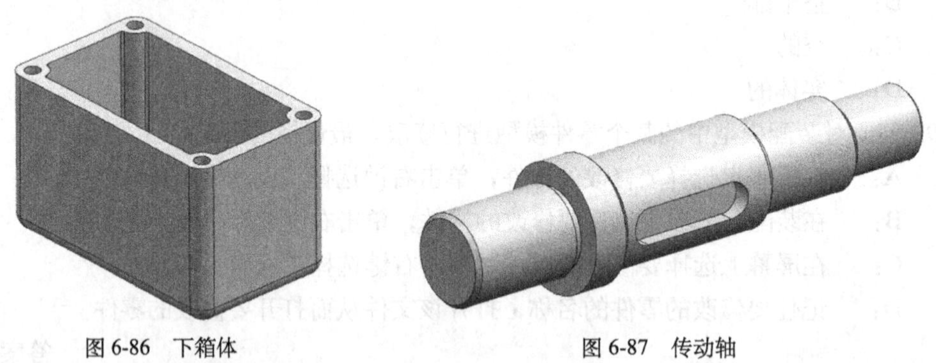

图 6-86　下箱体　　　　　　　　　　　　图 6-87　传动轴

16. 参照引导实例6-4整体建模的方法，完成图6-88和图6-89所示的曲柄连杆及其连接端的实体建模。

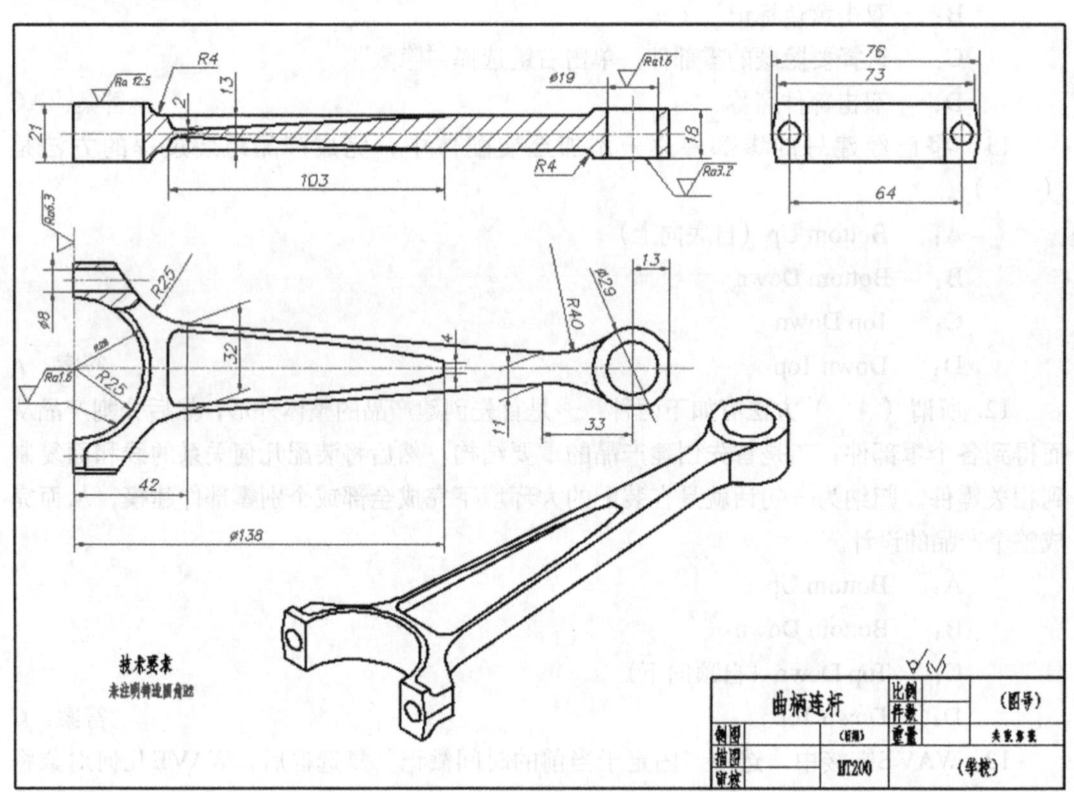

图 6-88　曲柄连杆

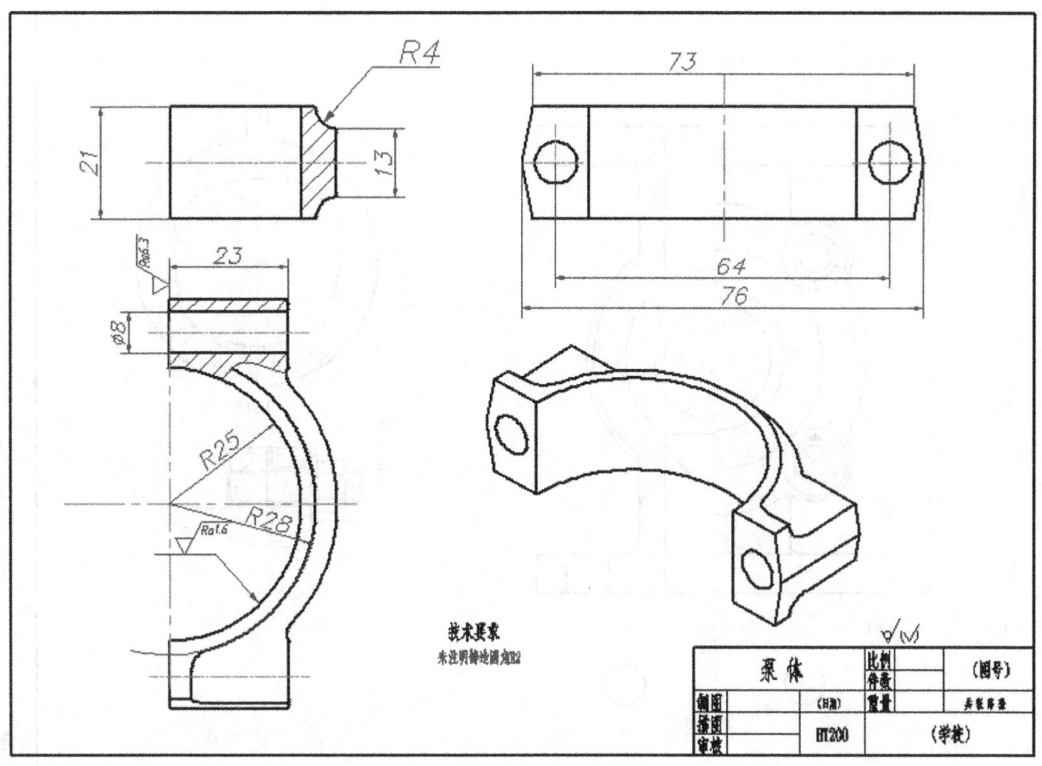

图 6-89　曲柄连杆连接端

17. 完成如图6-90所示的真空泵的装配，相关标准件请使用重用库完成。

18. 完成如图6-91所示的回油阀的装配，装配关系参考其装配图6-92。

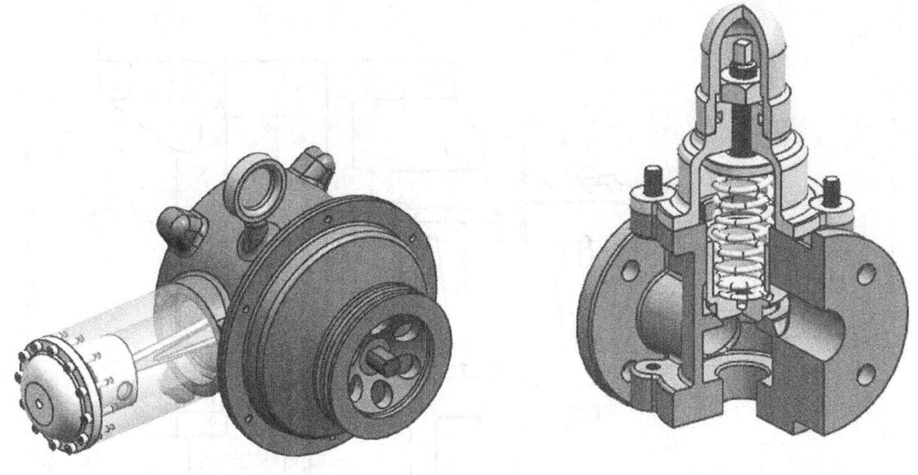

图 6-90　真空泵的装配　　图 6-91　回油阀的装配

19. 齿轮泵的装配：参照图4-84、图4-85和图4-86，完成齿轮泵所有零件的建模，装配关系参考装配图6-93。

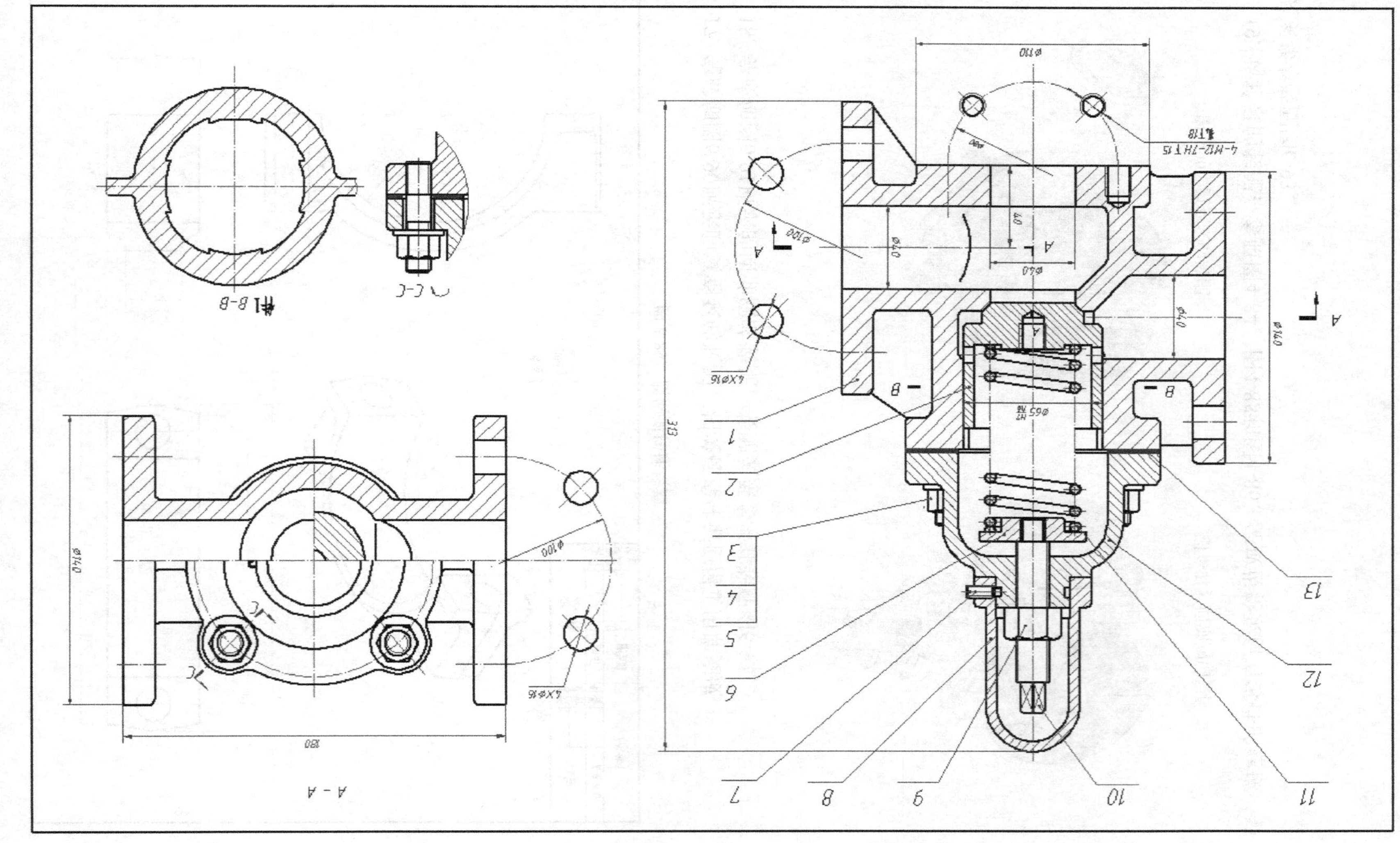
A - A
180
φ140
4×φ16
φ100
B-B
C-C
313
1
2
3
4
5
6
7
8
9
10
11
12
13
φ110
4-M12-7H T15
φ40
φ65 H7
A
B
φ140

图 6-92　回油阀装配图

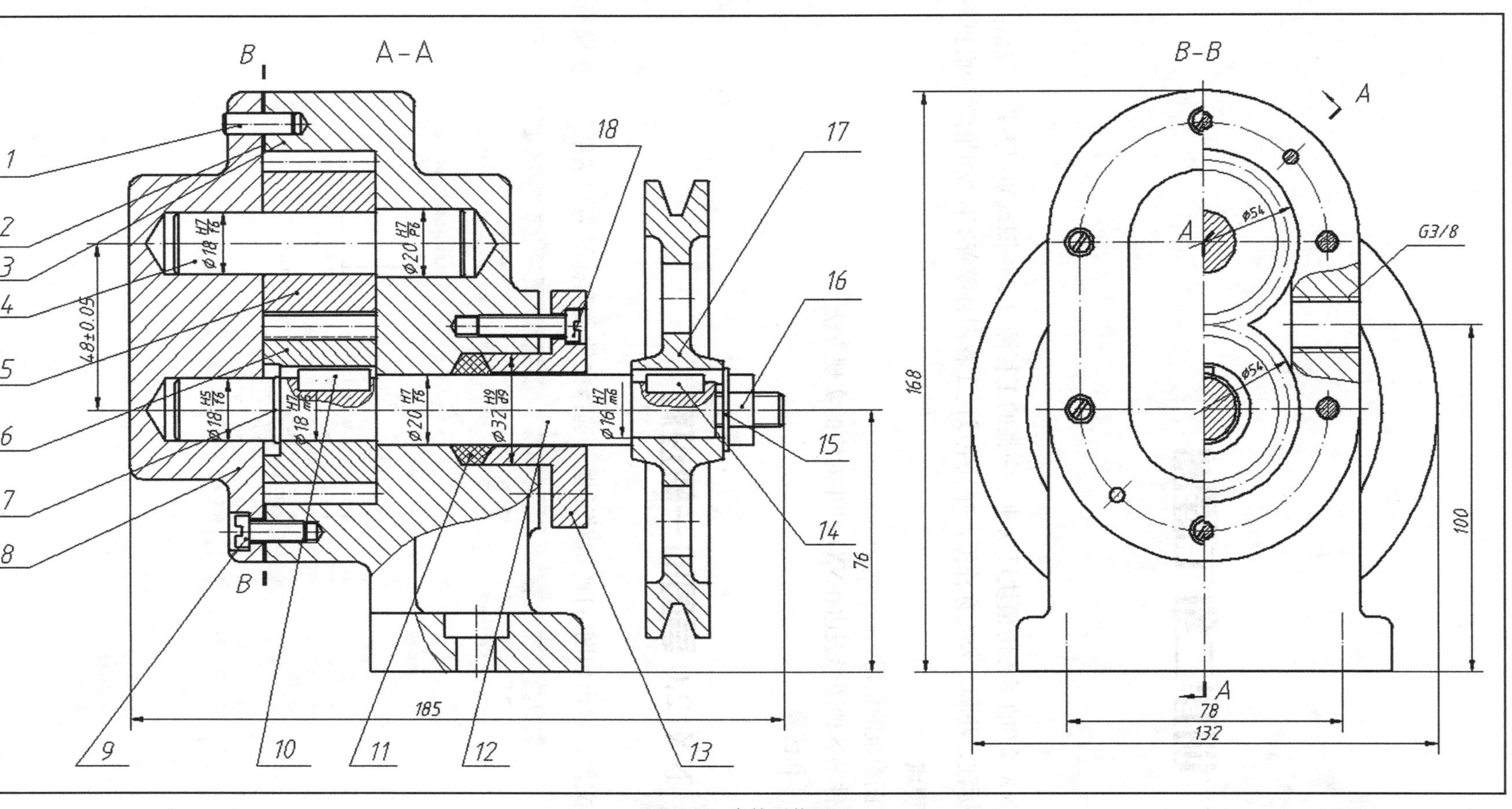
A-A
B-B
B
A
1
2
3
4
5
6
7
8
9
10
11
12
13
14
15
16
17
18
48±0.05
185
76
168
100
78
132
G3/8
φ54
φ18 H7/f6
φ20 H7/p6
φ18 H5/f6
φ18 H7/m6
φ20 H7/f6
φ32 H9/d9
φ16 H7/m6

图 6-93 齿轮泵装配图

第7章 创建二维工程图

利用NX12.0的工程图模块可以建立完整的工程图（零件图或装配图），包括图形表达、尺寸标注、注释、公差标注等，并且生成的工程图会随着实体模型的改变而更新。

本章要点

- 导图模板的使用
- 机件的各种图形表达在NX12.0中对应的实现方法
- 尺寸和注释

7.1 NX12.0 导图的一般过程

新建文件，弹出如图7-1所示对话框。选择文件类型标签为"图纸"，在模板里选

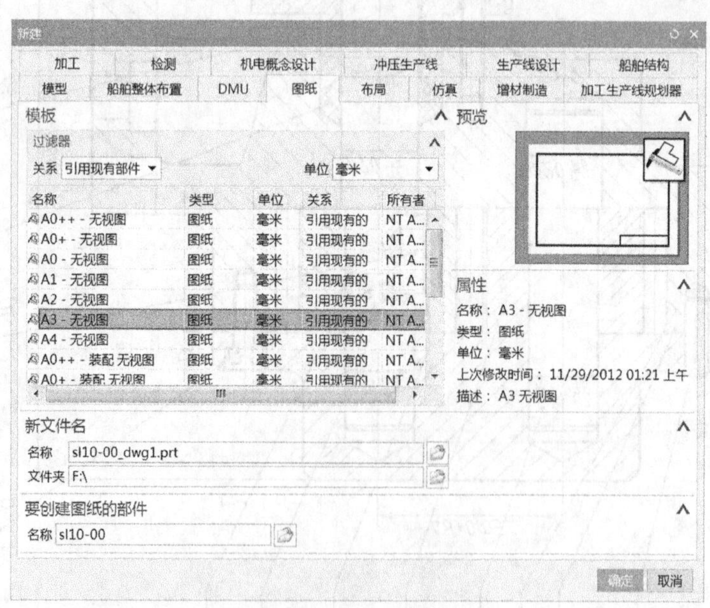

名称	类型	单位	关系	所有者
A0++ - 无视图	图纸	毫米	引用现有的	NT A...
A0+ - 无视图	图纸	毫米	引用现有的	NT A...
A0 - 无视图	图纸	毫米	引用现有的	NT A...
A1 - 无视图	图纸	毫米	引用现有的	NT A...
A2 - 无视图	图纸	毫米	引用现有的	NT A...
A3 - 无视图	图纸	毫米	引用现有的	NT A...
A4 - 无视图	图纸	毫米	引用现有的	NT A...
A0++ - 装配 无视图	图纸	毫米	引用现有的	NT A...
A0+ - 装配 无视图	图纸	毫米	引用现有的	NT A...

图 7-1　创建工程图

择合适的图幅；然后在“新文件名”下的“文件夹”后浏览确定要导出工程图的模型所在的文件夹，在“要创建图纸的部件”后浏览，确定部件文件，完成后该项目显示文件名，如本例的“Sl10-00”，同时上面的文件名称自动变为“Sl10-00_dwg1.prt”；按“确定”按钮弹出“基本视图”对话框及图纸，如图7-2（a）所示。

在图7-2（a）所示对话框中，一般默认导图比例为1：1，默认视图方位为“俯视图”，模板如图7-2（b）所示。在合适位置单击左键，即可放置俯视图；在“基本视图”对话框中的“模型视图”下选择“正等测轴测图”，可以添加轴测视图。

(a)

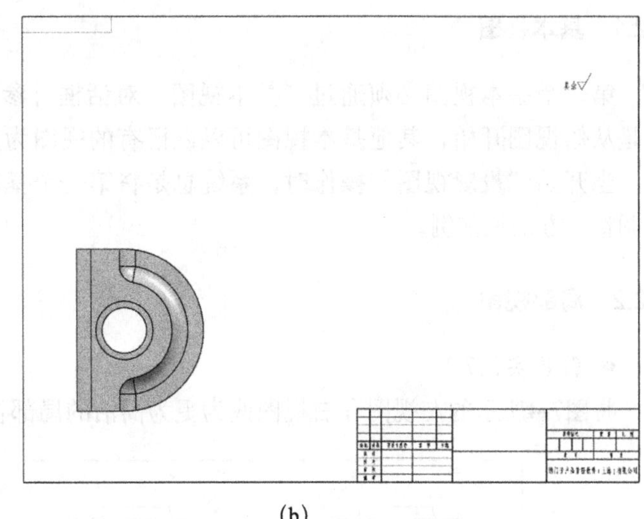

(b)

图 7-2　“基本视图”对话框及导图模板

在工具栏中选择全剖视图图标，选择已放置的俯视图为“父视图”，选择圆心（竖直边的中点，右侧大圆弧的象限点都可以）为剖切位置点，竖直向上（投影方向）放置，即完成全剖的主视图。

在工具栏中选择投影视图图标，在“投影视图”对话框中单击“父视图”下方的“选择视图”，然后光标选择全剖的主视图为投影视图的父视图，水平向右（投影方向）放置，完成左视图。全部完成后结果如图7-3所示。

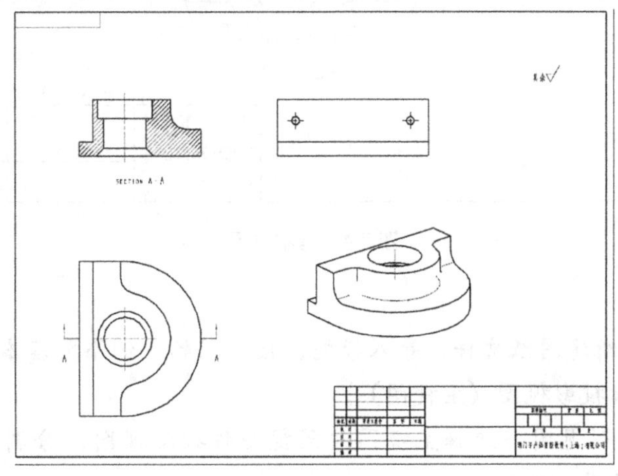

图 7-3　模型完成后的二维工程图样

7.2 视图

视图一般用来表达机件的外部形状，除了六个基本视图外，常用的有局部视图、剖断视图、斜视图和局部放大图。NX12.0中有对应的方法实现上述各种视图的创建。

7.2.1 基本视图

第一个基本视图必须通过“基本视图”对话框［参见图7-2（a）］实现，并且一般都是从俯视图开始，其他基本视图可以以已有的视图为父视图通过“投影视图”方法得到。当开始“投影视图”操作时，系统总是将第一个基本视图当作父视图，若不合适可以调整，方法见前例。

7.2.2 局部视图

◆ 引导实例7-1

将图7-4所示的左视图和右视图改为更为简洁的局部视图表达。

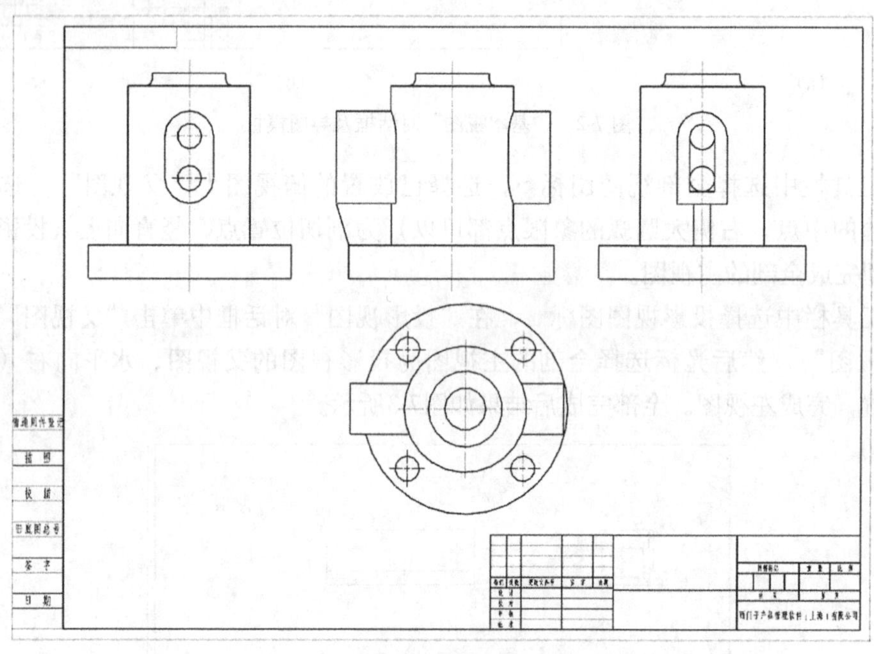

图 7-4 基本视图

〖操作步骤〗

✧ 参照前例，新建图纸文件，导入模型，按2∶1的比例添加基本视图（俯视图），按系统默认方式添加投影视图（主视图）。

✧ 继续添加投影视图，选择主视图为父视图作投影视图，分别做出左视图和右视图。全部完成后的结果如图7-4所示。

✧ 将光标放在左视图上，单击右键选择“激活草图”选项，再单击草图工具栏中的“艺术样条”图标，弹出“艺术样条”对话框。

✧ 在“艺术样条”对话框中，选择“通过点”，在弹出的“通过点生成样条”对话框中使用默认选项（即：多段，3次，非封闭），按“确定”按钮。

✧ 在弹出的“样条”对话框中选择“点构造器”。

✧ 捕捉方式确定为（点在曲线上），选择C、D两点（注意，每次选择后按“确定”按钮）。

✧ 捕捉方式确定为（光标位置），依次选择D～H之间的点。

✧ 捕捉方式确定为，再选择H、K两点（注意，每次选择后按“确定”按钮），如图7-5所示。

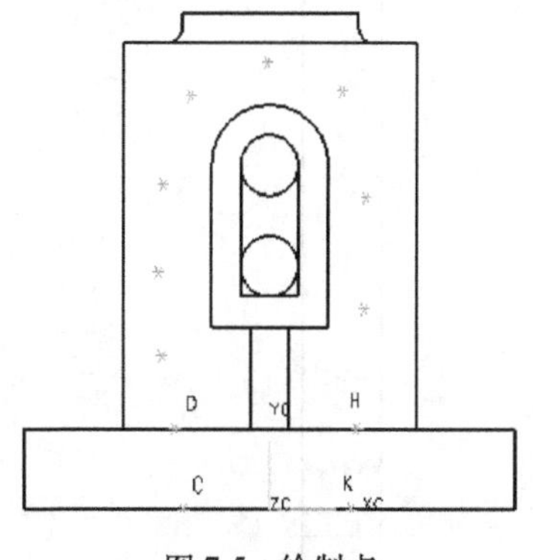

图 7-5 绘制点

✧ 按“确定”按钮完成样条曲线，如图7-6所示；单击草图工具栏中的“完成草图”图标即可完成操作。

✧ 将光标放在视图边框上，右键单击选择“边界”选项，弹出“视图边界”对话框。

✧ 选择边界类型为“断裂线/局部放大图”，用光标选择所做的样条曲线，按“应用”按钮，再次按“应用”或“确定”按钮，左视图变为局部视图。

✧ 将光标放在右视图上，右键单击选择“扩展”选项，右视图转化为扩展视图，其他视图消失。

✧ 在曲线工具栏中单击图标，在弹出的“抽取曲线”对话框中选择“边曲线”，在如图7-7所示的视图中依次选择边缘轮廓线，按“确定”按钮。

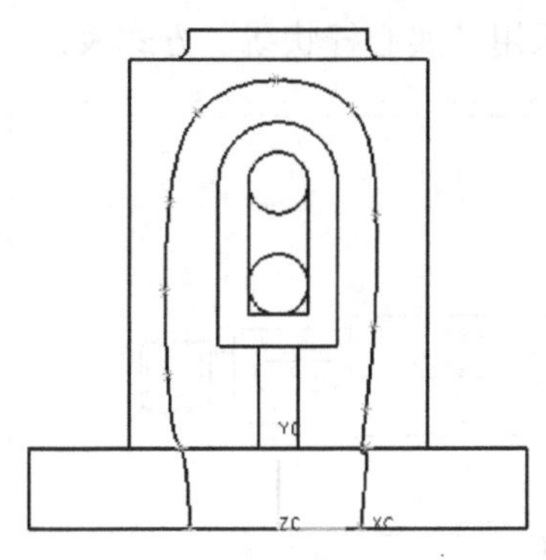

图 7-6 绘制样条曲线

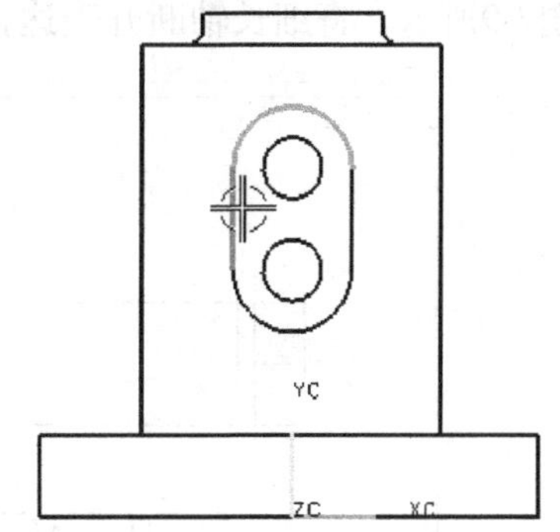

图 7-7 抽取边缘曲线

✧ 退出扩展。

✧ 将光标放在视图边框上，右键单击，选择“边界”选项，弹出“视图边界”对话框，选择边界类型为“断裂线/局部放大图”，用光标选择所做的样条曲线，按“应用”按钮，再次按“应用”或“确定”按钮，右视图变为局部视图。全部完成后的视图如图7-8所示。

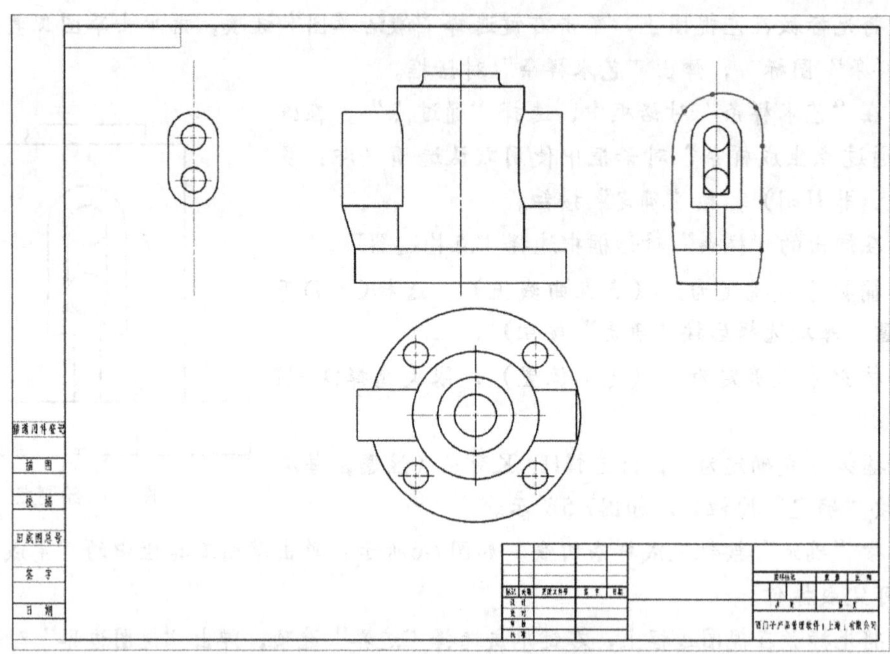

图 7-8　通过视图边界创建局部视图

7.2.3 剖断视图

对于细长杆件的表达，常采用将完全相同或有规律变换的部分断开一部分，在NX12.0导图中对此类部件表达的处理是采用剖断视图的方法。

◆ 引导实例7-2

如图7-9所示，将细长轴断开表达，断裂处采用“实心杆状线”方式表达。

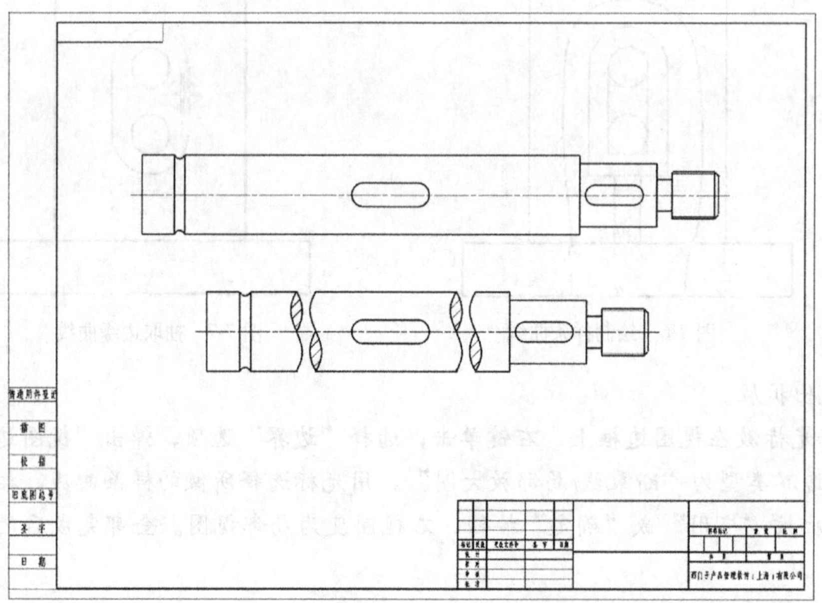

图 7-9　剖断视图

〖操作步骤〗

✧ 新建图纸文件，选择图幅导入模型，并添加基本视图。

✧ 在图纸工具栏中单击图标，弹出“断开视图”对话框。“类型”项选择“常规”，下面的“选择视图”项只需在图纸中选择添加的基本视图，方向选择平行。

✧ 将捕捉方式设置为“曲线上的点”，在“断裂线1”和“断裂线2”选项下分别选择图纸中细长杆件轮廓线上的两处（两个点之间是被剖断的部分）。

✧ 在“设置”选项中，“间隙”为10比较合适，“样式”选择“实心杆状线”，其他选择默认值即可，按“确定”按钮完成操作。

7.2.4 斜视图

机件的倾斜部分向基本投影面投影是得不到该部分的真实形状的，在UG NX中通过将投影视图的投影方向垂直于倾斜部分来实现斜视图的表达。斜视图中的局部处理常使用剖断视图方法。

◆ 引导实例7-3

将图7-10中倾斜部分采用斜视图表达出实形。

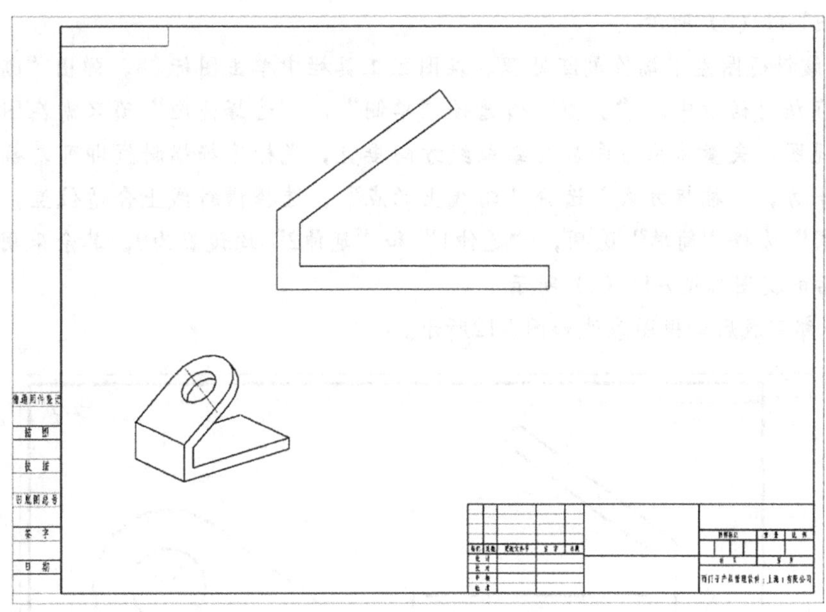

图 7-10 斜视图表达

〖操作步骤〗

✧ 新建图纸文件，选择图幅导入模型，并添加如图7-10所示的斜视图。

✧ 在图纸工具栏中单击图标，弹出“投影视图”对话框。选择正交主视图为父视图，“铰链线”项中的“矢量选项”若选择“自动判断”，需勾选下方的“关联”选项，调整投影方向，当与倾斜部分基本垂直时，图形将变成黄色，保持此投影方向在合适地方放置即可，如图7-11（a）所示。

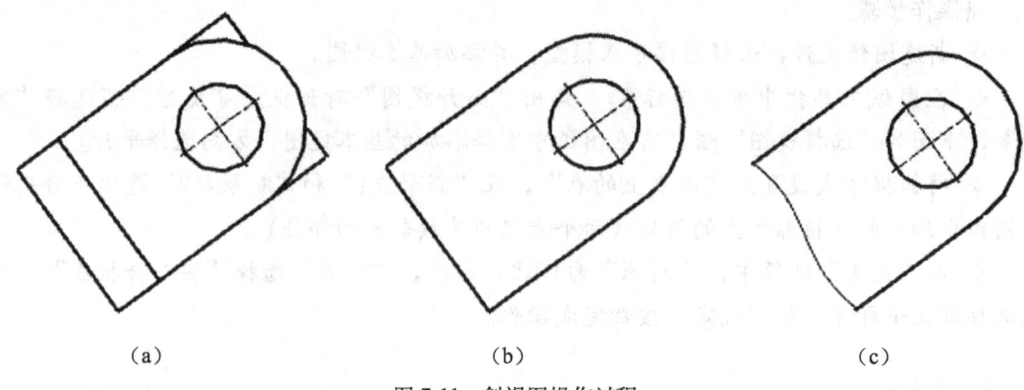

图 7-11　斜视图操作过程

✧ 去掉该斜视图圆弧旁多余的两个“角”的投影线，将斜视图设置为扩展视图。在菜单中执行“编辑”→“视图”→“视图相关编辑”命令，弹出“视图相关编辑”对话框（若对话框返灰显示说明没有进入扩展视图，单击要编辑的视图即可激活对话框）。

✧ 在对话框中单击图标，然后用光标选择斜视图多余的中间横斜线和两个“角”的投影线（显示橘黄色为选中，若误选可按住Shift键，再单击对象取消选择），完成后的视图如图7-11（b）所示。

✧ 对该斜视图左下端作剖断处理。在图纸工具栏中单击图标，弹出“断开视图”对话框。在该对话框中，“类型”项选择“单侧”，“选择视图”项只需在图纸中选择添加的斜视图，矢量箭头方向应与断裂线方向垂直，光标选择横斜线即可，确认矢量箭头指向左下方，“捕捉方式”选择“曲线上的点”，选择横斜线上合适位置，“设置”项中“样式”选择“简单”选项，“延伸1”和“延伸2”均设置为0，其余采用默认值即可，完成后的视图如图7-11（c）所示

✧ 全部完成后的视图表达如图7-12所示。

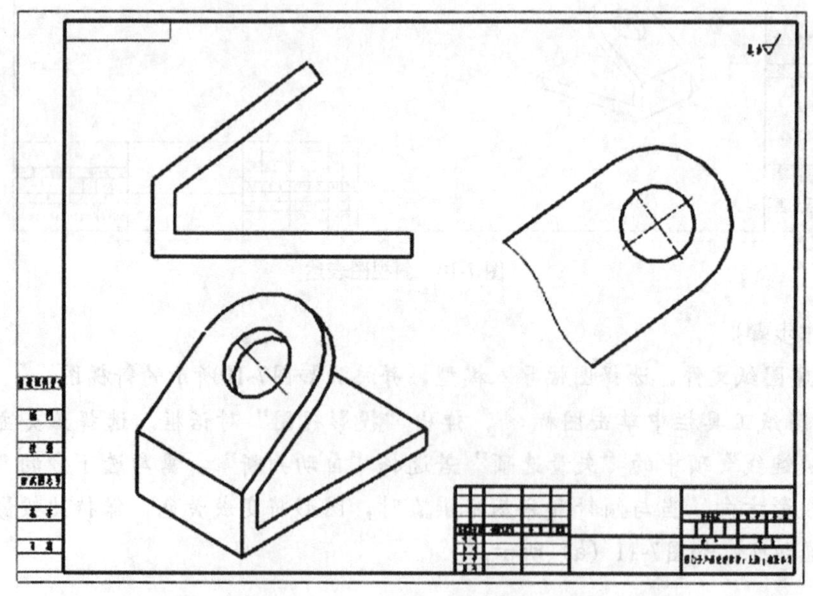

图 7-12　完成后的斜视图表达

7.2.5 局部放大图

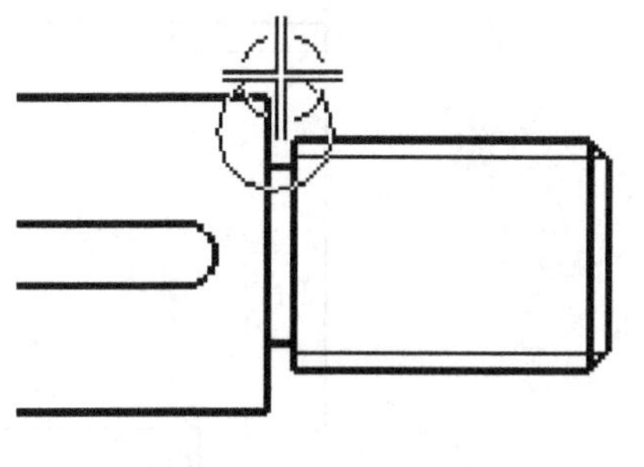

图 7-13 局部放大图

某些零部件具有细小的结构，在视图中对细小的局部进行放大的视图称为局部放大图。NX12.0中有对应的实现方法。

◆ 引导实例7-4

如图7-13所示，将轴右端的退刀槽作局部放大图表达，放大比例为5∶1。

〖操作步骤〗

✧ 单击图纸工具栏中的局部放大图图标，弹出“局部放大图”对话框。类型选择“圆形”，按系统提示在退刀槽附近确定“圆形”的中心点（建议关闭所有的捕捉方式），拖动光标在适当的位置单击“拾取半径”，如图7-13所示。

✧ 在对话框中比例选择为5 : 1。

✧ 在合适的位置放置局部放大图。

✧ 若放大图标注不符合国标（GB）形式，在“部件导航器”中找到对应的局部放大图的操作步骤，右键单击选择“设置”→“详细”→“标签”选项，在弹出的“设置”对话框中有详细的设置，如将“前缀”内字母删除，将比例形式调整为X : Y的形式等。

7.3 剖视图

剖视图是用来表达机件内部结构的。NX12.0中提供了很多方法处理剖视，总的来说有三种：一是由工具栏中的相应工具直接得到的剖视图，如全剖、半剖、阶梯剖和旋转剖，它们需要有基本视图作父视图；二是在已有视图中通过定义边界曲线等操作得到剖视图，如局部剖；三是轴测剖视图，即以轴测图为父视图得到的剖视图，一般作半剖和全剖，此方法常用于多个正交视图都是剖视图的情形。

7.3.1 全剖视图

在NX12.0中，单击图纸工具栏中的图标，可以提供单一剖切平面全部剖开机件的方法，可以实现正交视图和轴测图的全剖。

◆ 引导实例7-5

将图7-14所示的机件在主视图和左视图做全剖表达，并将轴测图按主视图方向全剖。

〖操作步骤〗

✧ 新建图纸文件，添加3#图纸，导入模型。在图纸工具栏中选择“基本视图”命令，比例选择2 : 1，添加俯视图和正等测两个基本视图，如图7-14所示。

✧ 单击图纸工具栏中剖视图图标，弹出“剖视图”对话框。

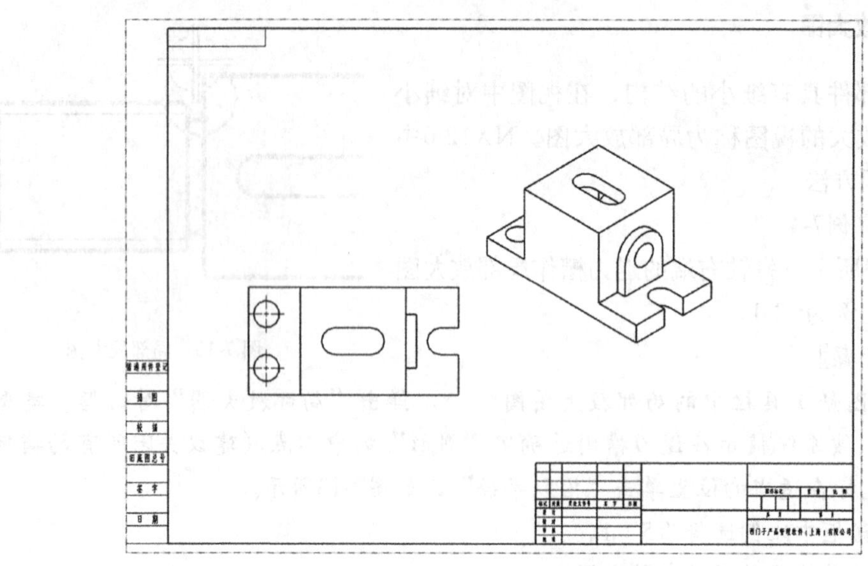

图 7-14　基本视图（俯视图和正等测图）

✧ 单击俯视图边框，选择俯视图为父视图；将自动捕捉设置为“圆心”，选择图中长椭圆孔圆心点定义剖切平面通过点；垂直向上拖动鼠标，在俯视图上方主视图位置放置剖视图，按鼠标中键终止剖视图的添加，完成全剖的主视图。

✧ 重复如上操作，即仍进行全剖操作。仍选择俯视图为父视图，选择长椭圆孔圆心点定义剖切平面通过点，垂直向上拖动鼠标后右键单击，选择“方向”→“剖切现有的”选项，再选择预先放置的正等测视图，该轴测图变为全剖轴测视图。

✧ 继续进行全剖操作：以主视图为父视图，选择圆心或长度方向中点为剖切平面通过点，水平向右拖动鼠标，在主视图右边放置全剖的左视图。

✧ 全部完成后的视图如图7-15所示，投影箭头和字母标签可以拖动到任意位置，若不需要可以隐藏（右键→隐藏）。

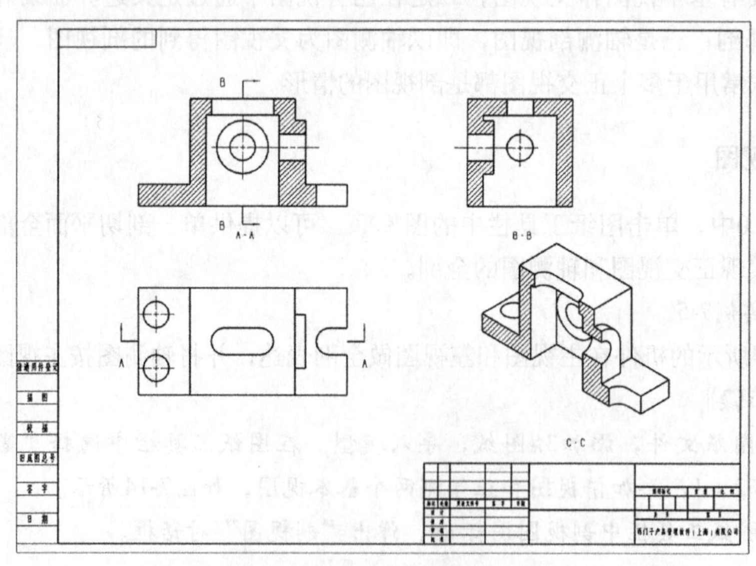

图 7-15　完成后的剖视图

7.3.2 半剖视图

在NX12.0中，单击图纸工具栏中图标，可以提供单一剖切平面半部机件的方法，可以实现正交视图和轴测图的半剖。

◆ 实例引导7-6

将图7-16所示的机件在主视图做半剖表达，并将轴测图按主视图方向半剖。

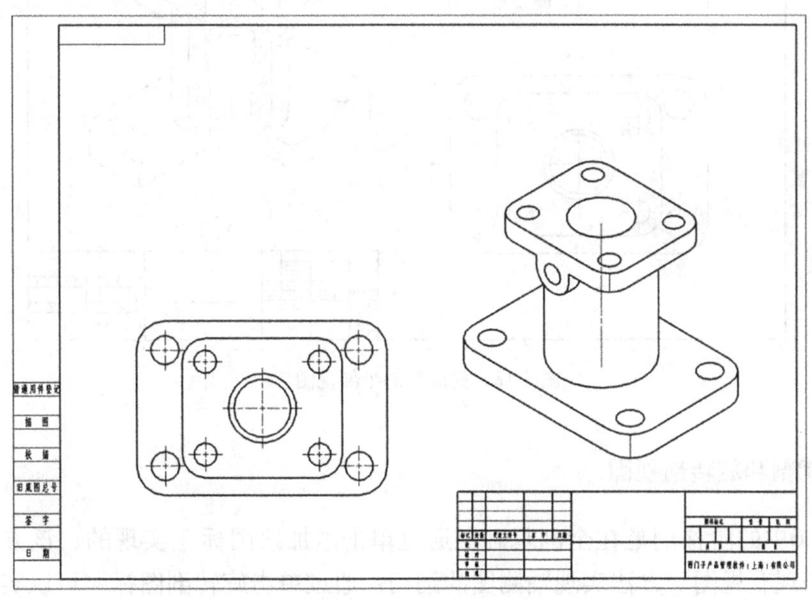

图 7-16 基本视图（俯视图和正等测视图）

〖操作步骤〗

✧ 添加如图7-16所示的俯视图和轴测图两个基本视图。

✧ 单击图纸工具栏中半剖视图图标，弹出“剖视图”对话框。

✧ 单击俯视图边框，选择该俯视图为父视图；将自动捕捉设置为“中点”，选择图中右端竖直边中点定义剖切平面通过点；选择图中下端水平边中点定义“折弯点”，如图7-17所示；垂直向上拖动鼠标，在俯视图上方主视图位置放置半剖视图，按鼠标中键完成半剖视图的添加。

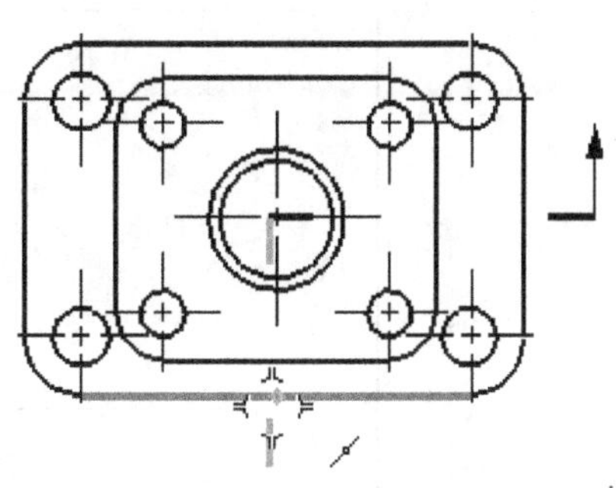

图 7-17 定义“折弯点

✧ 重复执行如上步骤，待垂直向上拖动鼠标时不要放置剖视图，而是右键单击，选择“剖切方位”→“剖切现有视图”选项，选择预先放置的正等测视图，该轴测图即变为半剖轴测视图。

✧ 全部完成后的视图如图7-18所示，投影箭头和字母标签可以拖动到任意位置，若不需要可以隐藏（右键→隐藏）。

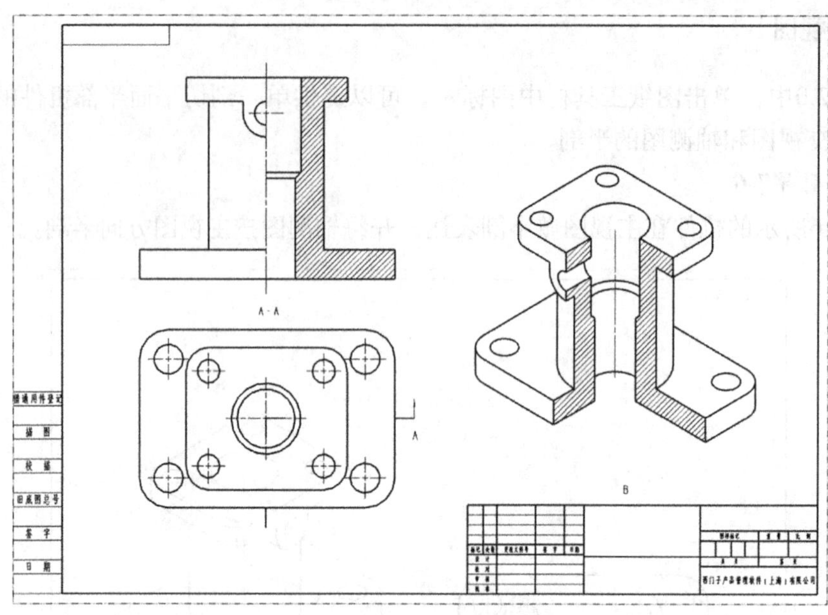

图 7-18　完成后的半剖视图

7.3.3　阶梯剖和旋转剖视图

NX12.0中的阶梯剖是在全剖基础上通过单击添加段图标实现的，该方法支持通过“剖切现有视图”方法实现轴测图的剖切；通过单击旋转剖图标可以实现旋转剖，但该方法不支持对轴测图的剖切。

◆ 引导实例7-7

将图7-19所示的机件做阶梯剖表达。

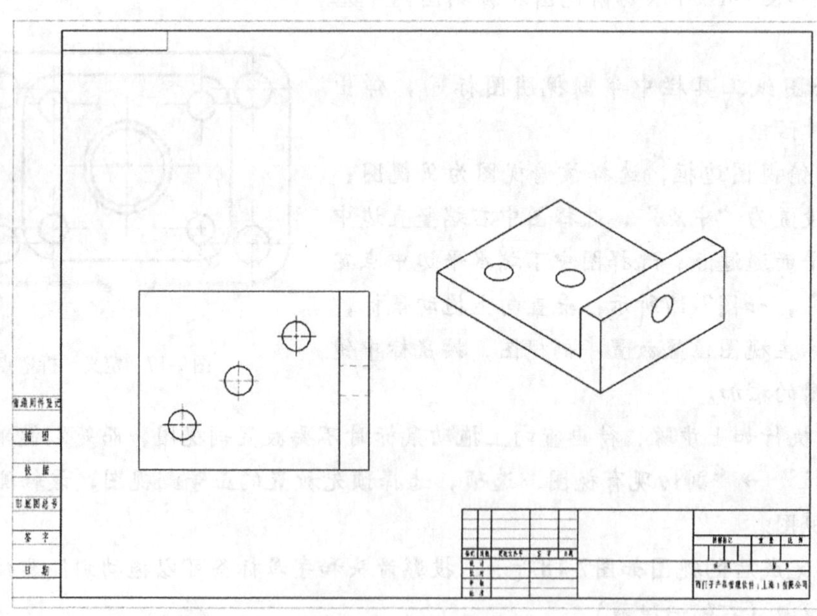

图 7-19　基本视图

〖操作步骤〗

✧ 添加俯视图和正等测两个基本视图，如图7-19所示。

✧ 若俯视图中立板孔无虚线显示，则右键单击，选择“设置”选项，在弹出的“设置”对话框中的“隐藏线”标签下，将“不可见”修改为“以虚线形式可见”。

✧ 单击视图工具栏中剖视图图标，弹出“剖视图”对话框。

✧ 单击俯视图边框，选择该俯视图为父视图；将自动捕捉设置为“圆心”，选择视图中左下角的孔的圆心，单击鼠标右键选择“截面线段”，然后依次选择视图中部、右上角和右端中部的孔的圆心，单击鼠标中键完成选取。

✧ 垂直向上拖动鼠标，在俯视图上方主视图位置单击左键，放置该阶梯剖视图，按鼠标中键终止剖视图的添加。

✧ 重复执行如上步骤，选取完“截面线段”后便垂直向上拖动鼠标，然后右键单击，选择“方向”→“剖切现有的”选项，再选择预先放置的正等测视图，该轴测图变为阶梯剖视图。

✧ 全部完成后的视图如图7-20所示。

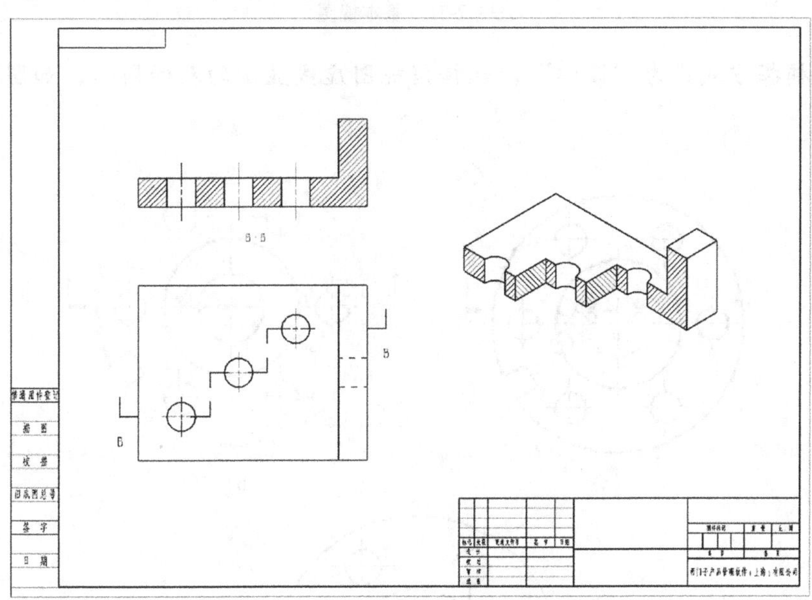

图 7-20　完成后的阶梯剖视图

◆ 引导实例7-8

将图7-21所示的机件做旋转剖表达。

〖操作步骤〗

✧ 添加如图7-21所示的俯视图和正等测两个基本视图，并将俯视图虚线显示出来。

✧ 单击图纸工具栏中旋转剖视图图标，弹出“剖视图”对话框，光标位置位于旋转剖的中心点。

✧ 将捕捉方式设为“圆心”，选择俯视图圆心作为旋转剖中心点，如图7-22（a）所示。

✧ 将捕捉方式设为“象限点”，选择俯视图大圆9点钟位置的象限点，如图7-22（b）所示。

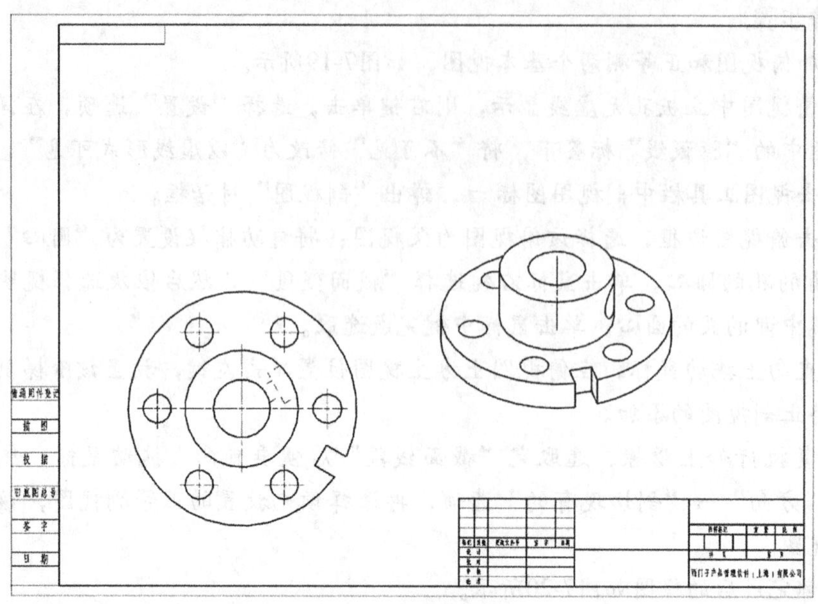

图 7-21　基本视图

✧ 将捕捉方式设为“圆心”，选择俯视图虚线显示的孔的圆心，如图7-22（c）所示。

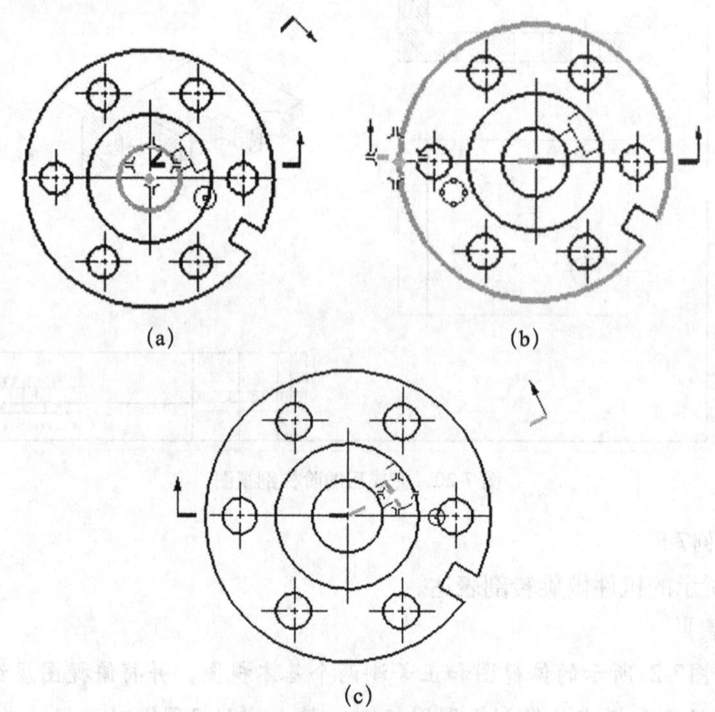

图 7-22　剖切位置的定义

✧ 垂直向上拖动鼠标，在俯视图上方主视图位置放置该旋转剖视图，如图7-23所示。

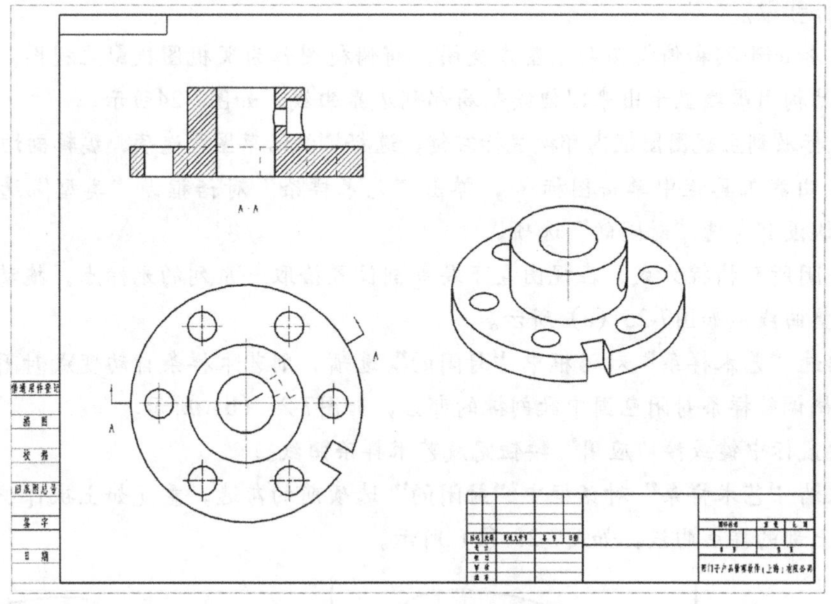

图 7-23　完成后的旋转剖视图

7.3.4　局部剖视图

局部剖视图用来表达零件某一局部的内部结构。在NX12.0中创建局部剖视图需要在已有视图上定义边界曲线，然后通过单击视图工具栏中的局部剖图标，经过定义剖切位置、剖切矢量方向和选择边界曲线等操作得到。

◆ 引导实例7-9

将图7-24所示的机件主视图改为局部剖表达。

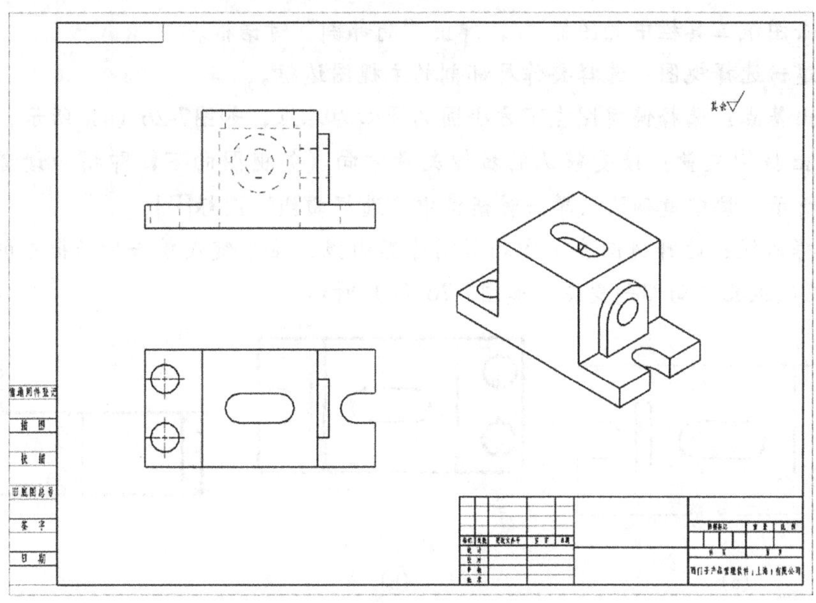

图 7-24　基本视图和投影视图

〖操作步骤〗

✧ 添加正等测和俯视图两个基本视图，将俯视图作为父视图投影主视图。将主视图中的内部结构用虚线显示出来以便绘制局部剖边界曲线，如图7-24所示。

✧ 光标放到主视图图框内部按鼠标右键，选择“激活草图”选项，编辑剖切的范围。

✧ 在曲线工具栏中单击图标，弹出“艺术样条”对话框，“类型”选择“通过点”，确认没有勾选“封闭的”选项。

✧ 关闭所有捕捉方式，在视图左下局部剖位置拾取一系列的光标点，拖动绿色球形柄可以调整曲线，如图7-25（a）所示。

✧ 勾选“艺术样条”对话框中“封闭的”选项，则艺术样条自动变成封闭的，拉动绿色球形柄调整样条封闭包围中欲剖掉的部分，如图7-25（b）所示。

✧ 按鼠标中键或按“应用”按钮完成艺术样条曲线。

✧ 取消“艺术样条”对话框中“封闭的”选项前的勾选，重复如上操作步骤，完成主视图右上部的样条曲线，如图7-25（c）所示。

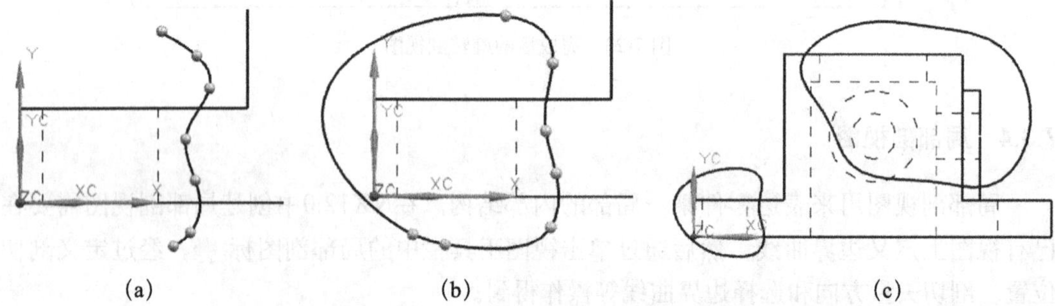

图 7-25　由艺术样条完成局部剖包络线的操作过程

✧ 单击“草图”区域的“完成草图”完成剖切范围的编辑。

✧ 单击图纸工具栏中的图标，弹出“局部剖”对话框。

✧ 创建→选择视图：选择要作局部剖的主视图边框。

✧ 指出基点：选择俯视图左下方小圆的圆心为基点，如图7-26（a）所示。

✧ 指出拉伸矢量：接受默认的拉伸矢量方向（俯视图向下，即指向读者），如图7-26（b）所示。按中键确认或单击对话框中“选择曲线”图标。

✧ 选择曲线：选择视图左下方的封闭边界曲线，按中键或单击对话框中的“应用”按钮，完成底板孔的局部剖视图，如图7-26（c）所示。

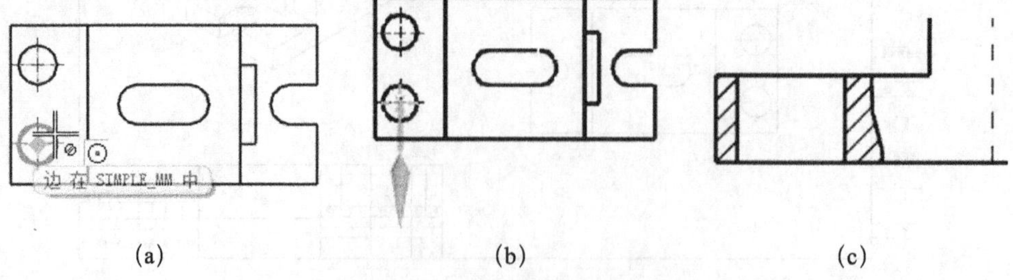

图 7-26　左下角底板局部剖的操作过程

✧ 若剖面线间隔不合适，则双击剖面线，在弹出的“剖面线”对话框中修改“距离”值即可。

✧ 重复如上步骤，基点和拉伸矢量的指定如图7-27所示，即可完成视图右上角的局部剖。最后应将虚线显示关闭，全部完成后的视图如图7-28所示。

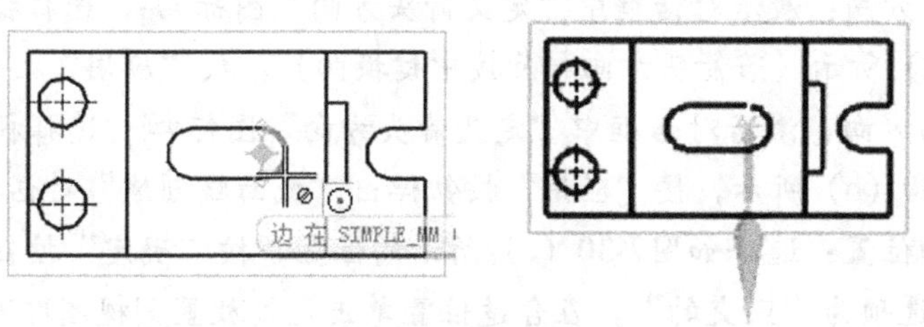

图 7-27　局部剖基点和矢量

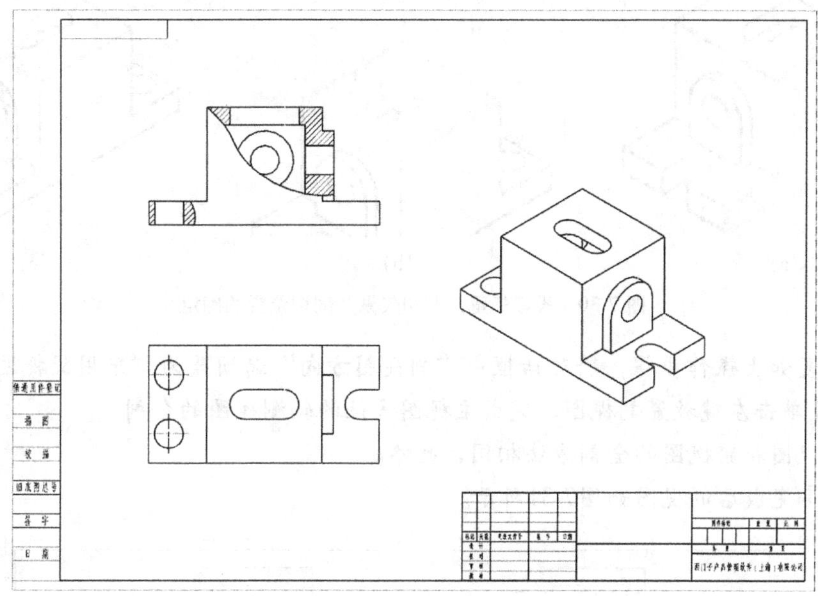

图 7-28　完成后的局部剖视图

7.3.5　轴测全剖和轴测半剖视图

此前做全剖或半剖必须有一个正交的基本视图作父视图（常常由俯视图作父视图），但工程图的表达中经常会遇到主视图、左视图和俯视图等多个视图都是全剖或半剖的情形，NX12.0提供“轴测剖”的剖切方法来解决这个问题，所谓“轴测剖”就是以轴测图为父视图做剖视的方法。

◆ 引导实例7-10

如图7-29所示，以此轴测图为父视图，完成主、俯、左三个视图的全剖表达。

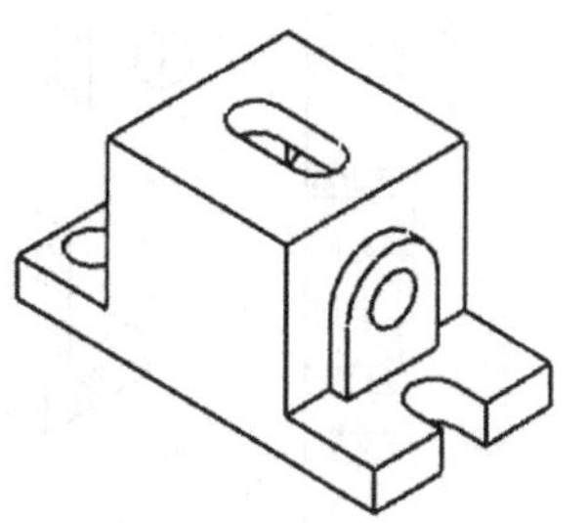

图 7-29　模型的轴测图

〖操作步骤〗

✧ 在菜单中执行“插入”→“视图”→“轴测剖视图”命令或单击图纸工具栏中的图标，弹出“轴测图的简单剖/阶梯剖”对话框，按以下步骤操作即可。

✧ 选择父视图：激活对话框中“选择父视图”图标，选择刚添加的正等测视图。

✧ 定义箭头方向：激活对话框中“定义箭头方向”图标，选择视图边或平面使得矢量如图7-30 (a) 所示（若箭头方向相反按中键换向），按“应用”按钮。

✧ 定义剖切方向：激活对话框中“定义箭头方向”图标，选择视图边或平面使得矢量方向如图7-30 (b) 所示，按“应用”按钮弹出“截面线创建”对话框。

✧ 定义剖切位置：选择如图7-30 (c) 所示的位置，按“确定”按钮，确认对话框中“剖视图方向”选项为“正交的”，在合适位置单击左键放置剖视图即可。

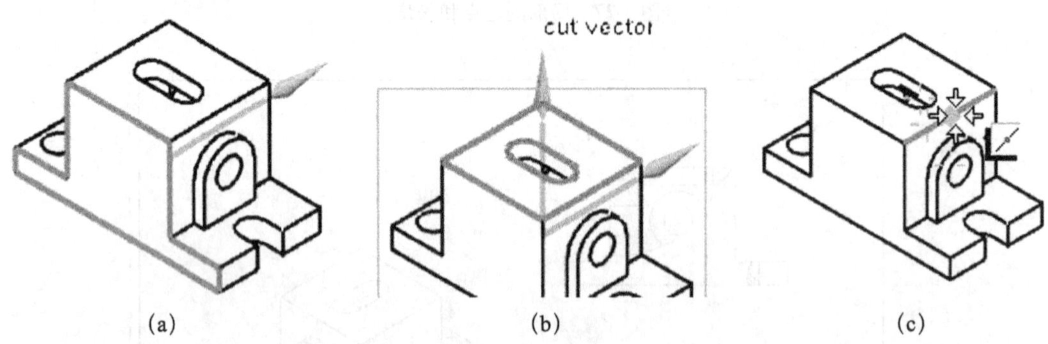

图 7-30　投影矢量、剖切矢量及剖切位置的确定

✧ 重复如上操作步骤，将对话框中“剖视图方向”选项改为“采用父视图方位”，在合适位置单击左键放置剖视图，完成主视图方位的轴测视图的全剖。

✧ 左视图和俯视图的全剖方法相同，此略。

✧ 全部完成后的视图如图7-31所示。

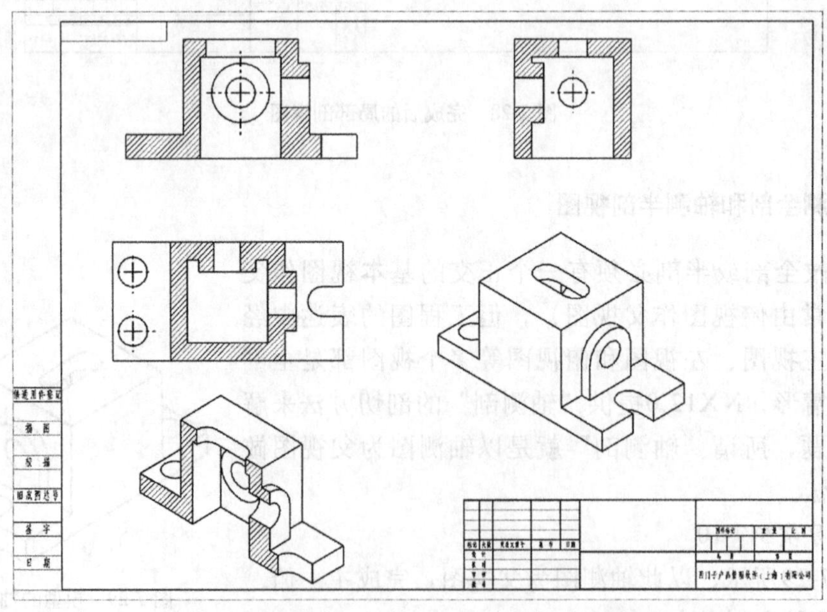

图 7-31　“轴测剖”方法添加正交和轴测全剖视图

✧ 轴测剖操作结束后，作为父视图的轴测图会有如图7-32所示的标签字母、投影箭头和切割线等，消除的方法是将片体隐藏即可（单击图标，在弹出的“显示和隐藏”对话框中，在“片体”选项后按“-”按钮即可）。

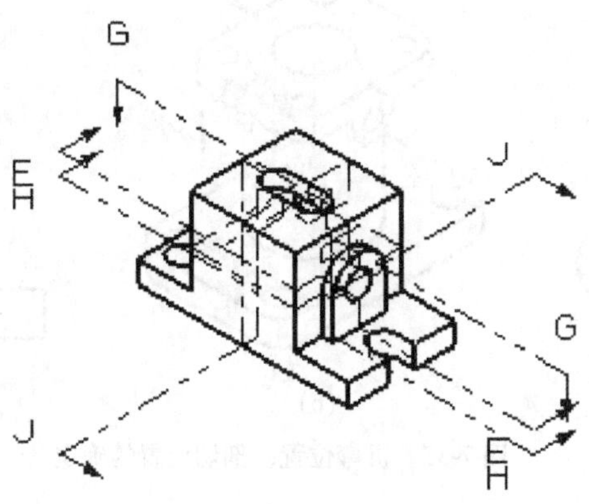

图 7-32　父视图上的投影符号

◆ 引导实例7-11

如图7-33所示，以此轴测图为父视图，完成主、俯、左三个视图的半剖表达。

〖操作步骤〗

✧ 在菜单中执行“插入”→“视图”→“半轴测剖”命令或单击图纸工具栏中的图标，弹出“轴测图中的半剖”对话框，按以下步骤操作即可。

✧ 选择父视图：激活对话框中“选择父视图”图标，选择刚添加的正等测视图。

✧ 定义箭头方向：激活对话框中“定义箭头方向”图标，选择边或平面使得矢量方向如图7-34（a）所示（若方向相反按中键换向），按“应用”按钮。

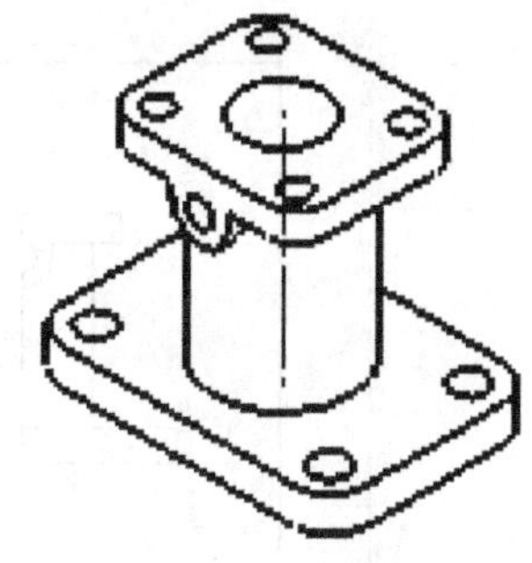

图 7-33　正等测视图

✧ 定义剖切方向：激活对话框中“定义箭头方向”图标，选择圆柱面或上部平面使得矢量方向如图7-34（b）所示，按“应用”按钮弹出“截面线创建”对话框。

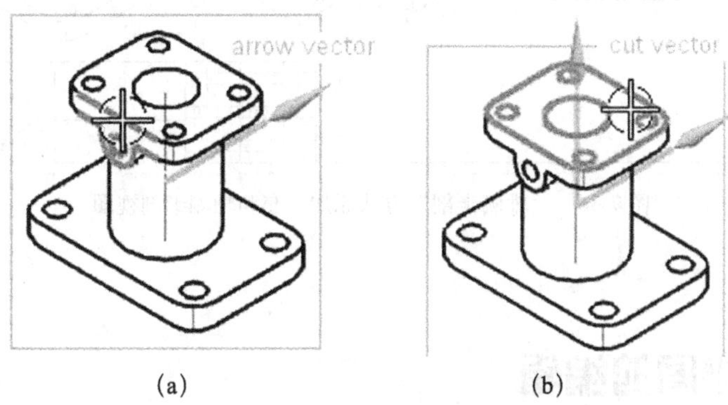

(a)　　(b)

图 7-34　投影矢量和剖切矢量的确定

✧ 定义折弯位置：选择上端面中心孔圆心，如图7-35（a）所示。

✧ 定义切割位置：选择如图7-35（b）所示的位置，按“剖切线创建”对话框的“确定”按钮，在合适位置单击左键放置剖视图，完成后的视图如图7-35（c）所示。

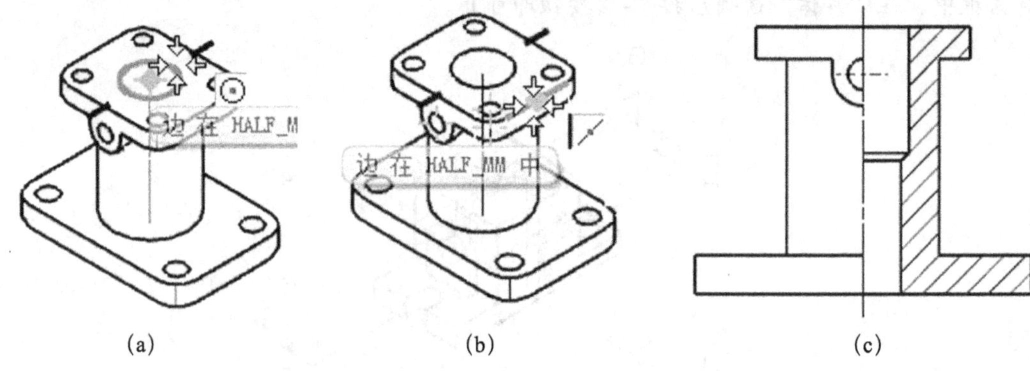

图 7-35　折弯位置、剖切位置的确定

✧ “轴测半剖”和轴测全剖一样，可以在对话框中将“剖视图方位”选择为“采用父视图方位”，从而实现轴测图的半剖。

✧ 通过对“箭头矢量”“剖切矢量”“折弯位置”“剖切位置”的定义，可以实现左视图和俯视图的半剖，在此从略。全部完成后的视图如图7-36所示。

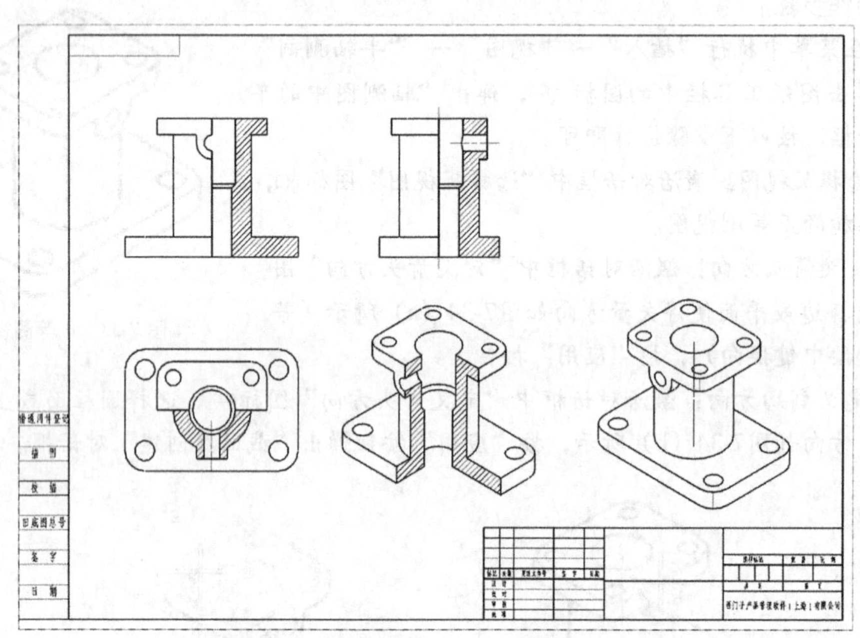

图 7-36　“轴测半剖”方法添加正交和轴测半剖视图

7.4 剖视图的编辑

在机件表达中，并非所有与剖切平面接触的部分都会打上剖面线，与剖切平面平行的筋板等在表达上应按不剖处理，即所谓的“纵向不剖”。另外，当零件回转体上均匀分布的肋、轮辐、孔等结构不处于剖切平面上时，应将这些结构旋转到剖切平面上一同表达出来。NX12.0不可能自动处理这类问题，需要通过对原视图的编辑得到。

◆ 引导实例7-12

实现如图7-37所示的主视图剖视表达。

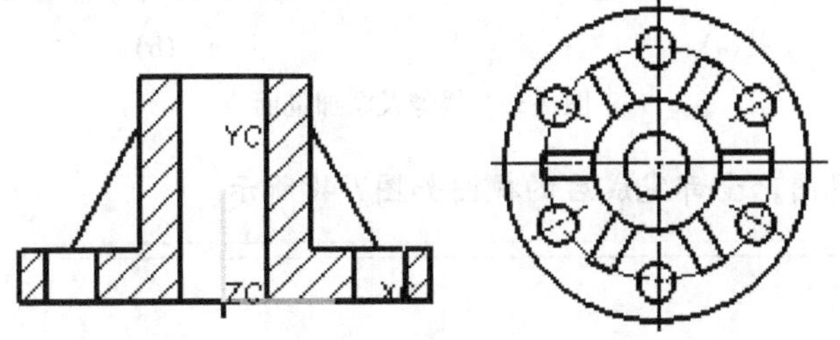

图 7-37 实例7-12的图例

〖操作步骤〗

✧ 添加俯视图。

✧ 以俯视图为父视图添加旋转剖视图：定义旋转中心点为中心孔圆心，定义第一段位置点为外圆周象限点（九点钟位置），定义第二段位置点为右下方的孔的圆心。旋转剖视图如图7-38（a）所示。

✧ 编辑视图样式：在旋转剖视图边界上单击鼠标右键，选择“设置”→“表区域驱动”→“设置”选项，在对话框右侧“创建剖面线”的前面取消勾选，单击“应用”按钮后，旋转剖视图上的剖面线消失，如图7-38（b）所示。

✧ 光标位于旋转剖视图上时单击鼠标右键，选择“视图相关编辑”，弹出“视图相关编辑”对话框，选择“擦除对象”图标，擦除对象后的视图如图7-38（c）所示。

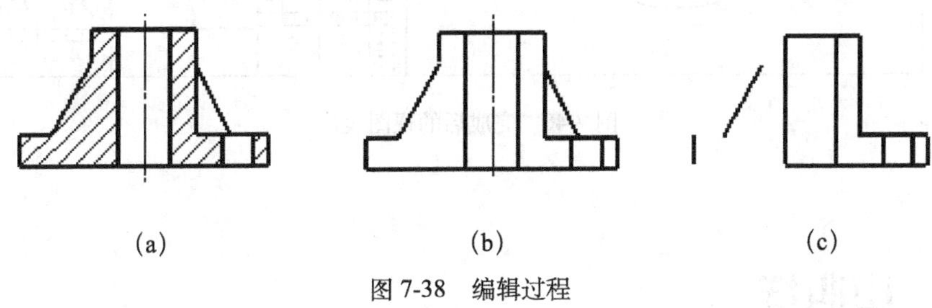

(a) (b) (c)

图 7-38 编辑过程

✧ 选择该视图，单击鼠标右键，选择“激活草图”选项，用“直线”命令在零件中心位置画一条中心线，在草图区域选择镜像曲线图标，弹出“镜像曲线”对话框，“选择曲线”在右侧选择左侧没有的曲线，“选择中心线”选择刚画好的中心线，单击“确定”按钮。

✧ 镜像左侧的曲线方法与上述步骤一致。完成镜像操作后的视图如图7-39（a）所示。

✧ 添加剖面线：在菜单中执行“插入”→“注释”→“剖面线”命令，弹出“剖面线”对话框，确认“选择模式”为“区域中的点”。分别选择要填充的区域，按“确定”按钮后，结果如图7-39（b）所示。

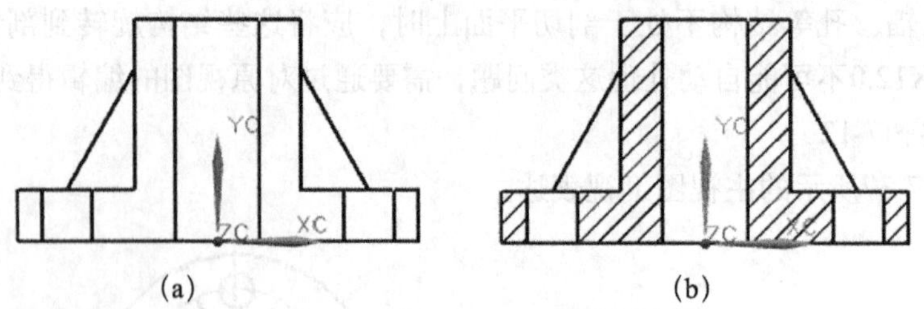

(a) (b)

图 7-39 镜像及添加剖面线

✧ 退出扩展视图，全部完成后的视图如图7-40所示。

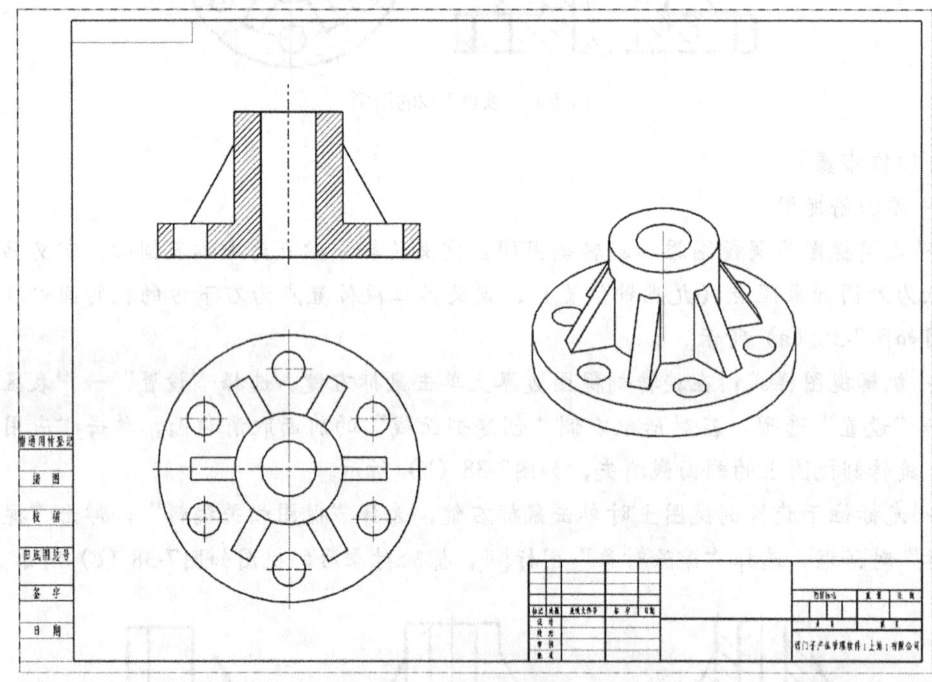

图 7-40 完成后的视图表达

7.5 中心线

在工程图中，除了图形还需要很多符号进一步丰富和完善工程图的表达，这些符号包括十字中心线、回转轴线、对称中心线及对称符号等。NX12.0中都提供了对应的实现方法。

在菜单中执行“插入”→“中心线”命令或单击注释工具栏的图标，出现的下级菜单中有诸如“中心标记”“螺栓圆中心线”“圆形中心线”“对称中心线”“2D中心线”“3D中心线”等选项。下面结合实例讲解具体操作过程。

◆ 引导实例7-13

补齐图7-41所示图样中缺少的十字中心线、回转轴线、对称中心线等。

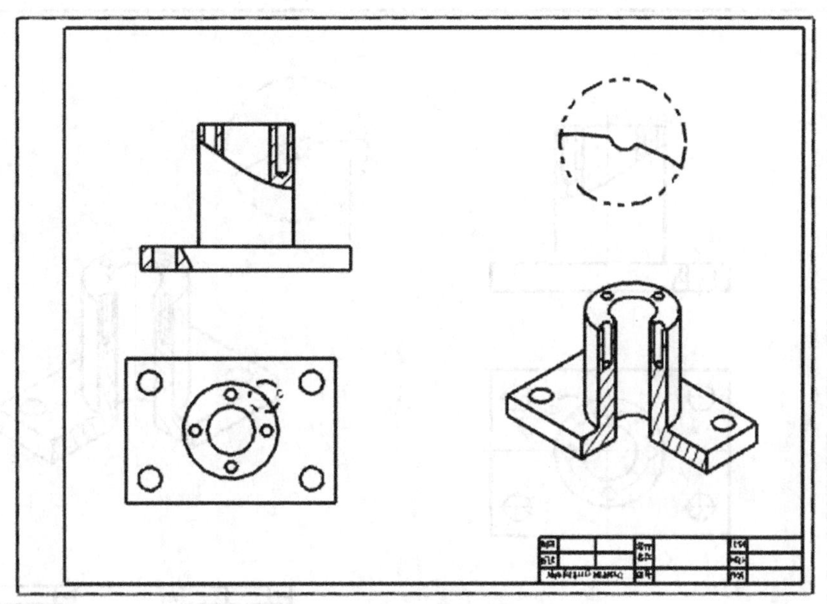

图 7-41 缺少中心线标注的图样

〖操作步骤〗

✧ 添加俯视图长方体中心线：单击“2D中心线”图标，选择俯视图的上边和下边，按“应用”按钮即完成添加长方体水平中心线；选择俯视图的左边和右边，按“应用”按钮即完成添加长方体竖直中心线。

✧ 添加圆的中心线：单击“中心标记”图标，选择俯视图左下角小圆后按“应用”按钮或按鼠标中键即可添加圆的十字中心线；勾选“创建多个中心标记”选项，然后连续选择剩余的三个圆，再按“应用”按钮即可创建多个圆的十字中心线。

✧ 创建完整螺栓圆中心线：单击“螺栓圆中心线”图标，类型设为“通过三点或更多”（选择“中心点”亦可，操作随类型不同而不同），勾选“整圆”选项，依次选择圆柱端面上的四个小圆中的三个，按“应用”按钮即可。

✧ 创建不完整螺栓圆中心线：单击“螺栓圆中心线”图标，类型设为“中心点”，确认没有勾选“整圆”选项；选择局部放大视图大圆弧，定义不完整螺栓圆分布的中心；选择局部放大视图小圆弧，定义不完整螺栓圆分布圆的位置，按“应用”按钮即可。

✧ 创建圆柱中心线：单击“3D中心线”图标，将光标放置在主视图大圆柱上，待大圆柱返亮后单击左键即可完成所选圆柱的轴线中心线；对于主视图局部剖的两个小孔的选择，可将光标放置在其内停留片刻，待出现三个小点后单击左键，在弹出的“快速拾取”对话框中选择，然后单击左键即可；对于如主视图底板右下方完全隐藏的孔，可以先以虚线形式显示其孔，然后单击左键即可。

✧ 创建偏置中心点：单击“偏置中心点符号”图标，“偏置”方式选择“从某个位置算起的竖直距离”，“显示为”选择“延伸的中心线”；光标选择局部放大视图大圆弧，然后在大概位置单击，即完成偏置中心点的添加。

✧ 全部完成后的结果如图7-42所示。

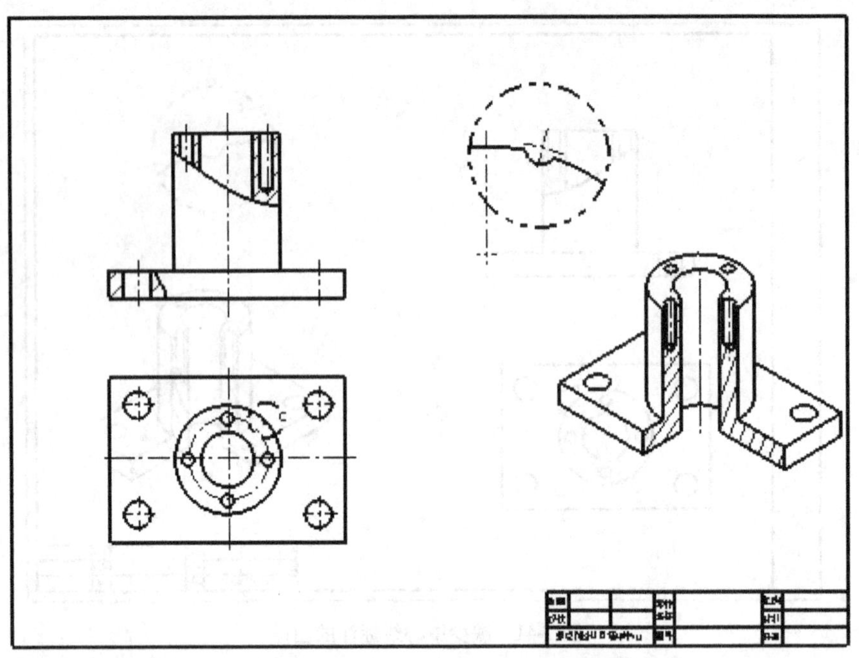

图 7-42　完成中心线添加后的工程图

7.6 尺寸标注

NX12.0制图模块中有完善的尺寸标注方法，在标注尺寸前首先要对尺寸样式进行预设置，在菜单中选择“首选项”→“注释”命令，弹出“注释首选项”对话框，在对话框中有对尺寸、尺寸箭头、尺寸数字、径向、倒角等的设置。

在制图模块中，执行“插入”→“尺寸”命令或单击尺寸工具栏中的图标即可发出相应的尺寸标注命令。当用户选定一个具体的尺寸标注图标后，会弹出“自动判断尺寸”工具条，若不修改直接标注，则尺寸样式继承“注释首选项”中的预设值；若尺寸样式需要临时修改，可以按该工具条中设置图标进行修改，所做的修改只是当次有效，工具条关闭后失效，即不更改设置前已经标注的尺寸，也不影响以后的标注样式。

◆ 引导实例7-14

参照图7-43所示将图7-42各个视图添加尺寸标注。

〖操作步骤〗

✧ 在菜单中执行“插入”→“尺寸”→“快速”命令或单击尺寸工具栏中的图标，选择俯视图底板左侧竖直边，拖动到合适位置单击左键放置尺寸，标注出30；同理，选择底板下方水平边，标注出44；选择左边两个孔的中心线符号（捕捉圆心亦可），标注出孔上下中心距20；同样操作，可标注出孔的水平中心距34。

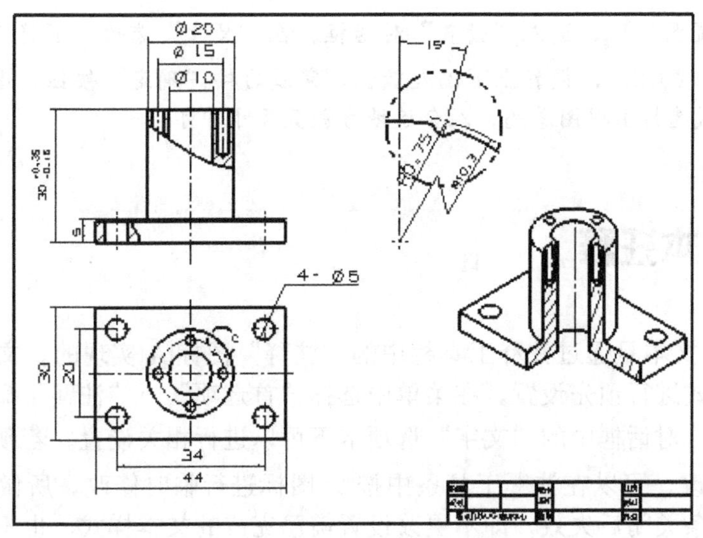

图 7-43　完成尺寸标注后的图样

✧ 标注底板上孔的直径尺寸：单击尺寸工具栏中的图标，选择俯视图底板上的某一个孔，拖动尺寸可以看到预览尺寸形式不符合要求，需要对尺寸样式、尺寸文本进行修改。

✧ 单击直径尺寸工具栏中的设置图标，进入“设置”对话框，“文本”选项展开后单击“方向和位置”，在对话框右侧中的“方位”选项选择“水平文本”，“位置”选项选择“文本在短划线之上”。

✧ 单击直径尺寸工具栏中的图标，进入“设置”对话框，单击“前缀/后缀”选项，在对话框右侧的“直径符号”选项选择“用户定义”，在“要使用的符号”文本框最左侧输入“4-”，即完成多个直径相等的圆的标注设置。

✧ 标注圆柱直径尺寸：单击尺寸工具栏中的快速图标，在“快速尺寸”对话框中，“测量”选项选择“圆柱式”（或者“自动判断”）。

✧ 标注带折线半径尺寸：单击尺寸工具栏中的图标，再单击带折线的半径尺寸工具栏中的尺寸样式图标，进入“尺寸样式”对话框，设置放置模式为“手动放置－箭头在内”|←X.XX→|，将“标称值”（尺寸精度）设为1，按“确定”按钮；选择半圆孔不完整螺栓圆符号，将捕捉模式设置为“现有点 +”，选择偏置中心点，在偏置中心点至圆弧之间选择折弯线折线的位置，选择合适位置放置尺寸。

✧ 标注半径尺寸：单击尺寸工具栏中的图标，再单击半径尺寸工具栏中的图标，进入“设置”对话框，设置放置模式为“手动放置－箭头在内”|←X.XX→|，将“标称值”（尺寸精度）设为2，按“确定”按钮；选择半圆孔的圆弧边缘，选择合适位置放置半径尺寸。

✧ 标注角度尺寸：单击尺寸工具栏中的图标，再单击角度尺寸工具栏中的设置图标，进入“设置”对话框，单击“文本”展开，选择“方向和位置”，在对话框右侧“方位”选项选择“水平文本”。

✧ 标注带公差的尺寸：单击尺寸工具栏中的图标，在弹出的“自动判断尺寸”工具条中单击设置图标A，进入“设置”对话框，在“尺寸”选项卡下将“无公差”改为“双向公差” 双向公差，设置上下偏差数值，完成后按“确定”按钮，退出对话框。通过捕捉点的方式选择主视图总高，在合适地方放置尺寸即可。

7.7 文本注释

NX12.0中文本是通过注释工具栏中的“注释”图标A实现的。文本和标注尺寸一样可以对样式进行预先设置，在菜单中选择“首选项”→“注释”命令，在弹出的“注释首选项”对话框中的“文字”选项卡下可以进行相关设置。若预设置的文字样式需要临时修改，可以在注释工具条中按A图标进行临时修改，所做的修改只是当次有效，工具条关闭后失效，即不更改设置前已完成的文本样式，也不影响以后的文字样式。

◆ 引导实例7-15

完成如图7-44所示的文本标注。

〖操作步骤〗

✧ 创建带指引线的文本：单击注释工具栏中的图标A，弹出“注释”对话框。在文本框中输入文本“螺纹4-M3”；在对话框中“指引线”项下单击“选择终止对象”，选择孔的上边缘；拖动鼠标在右上方适当位置单击左键放置文本即可，如图7-44（a）所示。

✧ 技术要求库：单击GC工具箱工具栏中的技术要求库图标，弹出“技术要求”对话框，下面的库中几乎涵盖所有的技术要求，用户选择后双击即可进入上面的窗口，在窗口中还可以修改内容。在图纸中左上和右下单击两点确定文本放置范围，单击对话框中的“确定”按钮即可，如图7-44（b）所示。

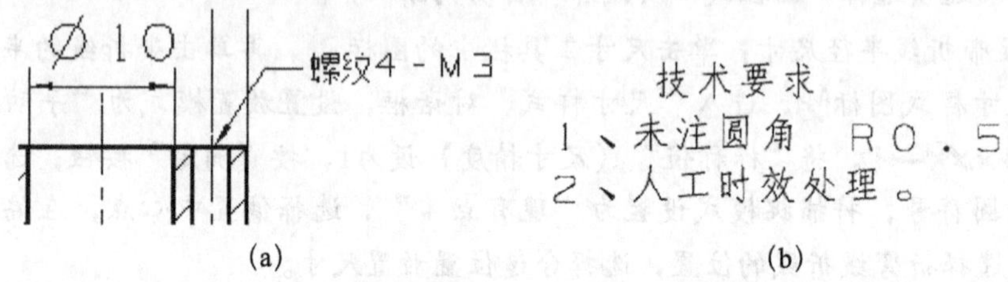

图7-44 创建带指引线的文本及文字描述的技术要求

7.8 形位公差、表面粗糙度的标注

形位公差和表面粗糙度属零件技术要求范畴，其标注在NX12.0中有对应的实现方法，下面通过两个实例予以说明。

◆ 引导实例7-16

完成如图7-45所示的形位公差符号标注。

〖操作步骤〗

✧ 在注释工具栏中单击特征控制框图标，弹出“特征控制框”对话框。

✧ 在“特征”列表中选择 // 平行度选项，在“公差”文本框中输入公差值0.012，在“第一基准参考”列表中选择“基准符号B”，完成形位公差的框架构建。

✧ 在对话框中“指引线”项下单击“选择终止对象”，然后光标选择尺寸为30的上部箭头，拖动光标调整到合适的方位（引线竖直、工差框水平），单击左键释放即可。

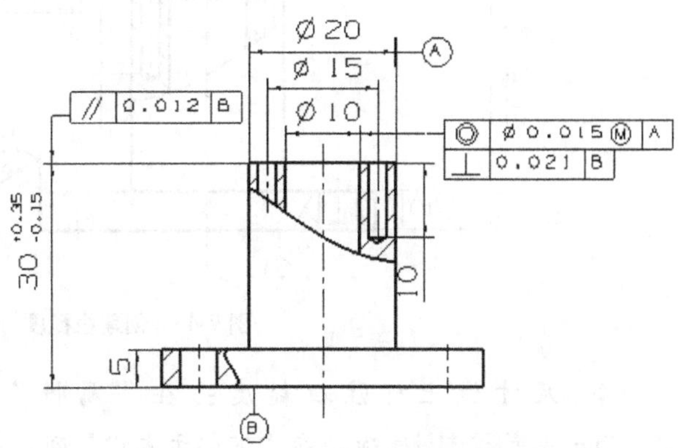

图7-45　形位公差及基准符号的创建

✧ 在“特征”列表中选择◎ 同轴度选项，在列表中选择 Ø 选项，在文本框中输入公差值0.015，在文本框后列表中选择Ⓜ选项，在“第一基准参考”列表中选择“基准符号A”，完成形位公差的框架构建。

✧ 在对话框中“指引线”项下单击“选择终止对象”，然后光标选择尺寸为Φ10的右侧箭头，拖动光标调整到合适的方位（引线竖直、工差框水平），单击左键释放即可。

✧ 继续在“特征”列表中选择⊥ 垂直度选项，在文本框中输入公差值0.021，在“第一基准参考”列表中选择“基准符号B”，完成形位公差的框架后将光标靠近先前放置的同轴度公差框架并调整位置，当两个工差框架外侧形成包络线后单击左键放置即可。

✧ 创建基准特征符号：单击注释工具栏中的图标，弹出“基准特征符号”对话框，在字母项后添加“A”，在“指引线”项下的“类型”选择 基准选项，单击“选择终止对象”，光标选择尺寸Φ20的右侧尺寸线，拖动鼠标至合适位置，单击左键放置基准符号即可。

✧ 基准符号B的创建同上所述。

✧ 基准符号直线部分若要离开图形一段距离，需做如下设置：在“基准特征符号”对话框中下方有“设置”项，选择其下的样式图标，进入“样式”对话框，在其“直线/箭头”选项卡中将H后的文本框的0改为1，然后按“确定”按钮即可。

✧ 按住Shift键同时以光标选择基准符号，拖动鼠标可以调整放置位置。

◆ 引导实例7-17

参照图7-46，在图形中添加粗糙度符号。

〖操作步骤〗

✧ 在注释工具栏中单击表面粗糙度符号图标√，弹出“表面粗糙度符号”对话框。

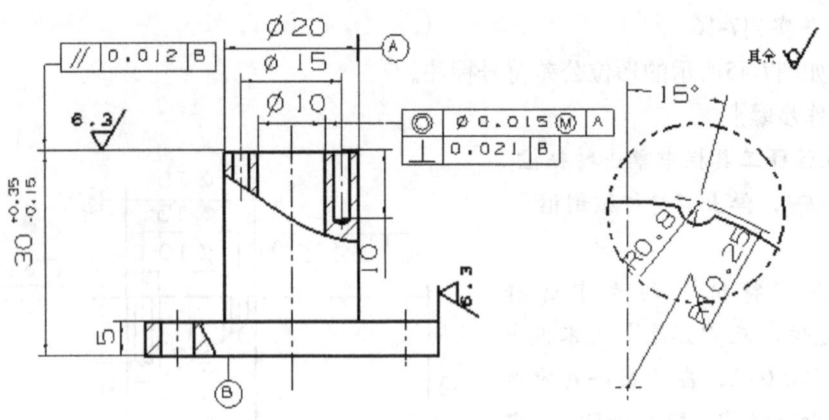

图 7-46　创建粗糙度符号的标注

✧ 尺寸线上标注粗糙度：在“属性”项下的“移除材料”列表中选择√修饰符，需要移除材料选项，在“下部文本a2”列表中输入6.3，按我国标注习惯将Ra删除；在“指引线”项下单击“选择终止对象”，在“类型”列表中选择┌标志选项，以光标选择高度尺寸为30的上方的合适位置，单击鼠标放置即可。

✧ 图线上标注粗糙度：步骤同上，但在“表面粗糙度符号”对话框中要对“设置”项中做些修改：角度原来是0°，要改为270°或-90°，并勾选“反转文本”选项。在“指引线”项下单击“选择终止对象”，在“类型”列表中选择┌标志选项，以光标选择底板右下角竖边，向上拖动光标到合适位置，单击鼠标左键放置即可。

✧ 非机加工符号的标注：“移除材料”列表选择√禁止移除材料选项，在图纸右上角合适位置直接单击左键放置即可。全部完成后的图样如图7-47所示。

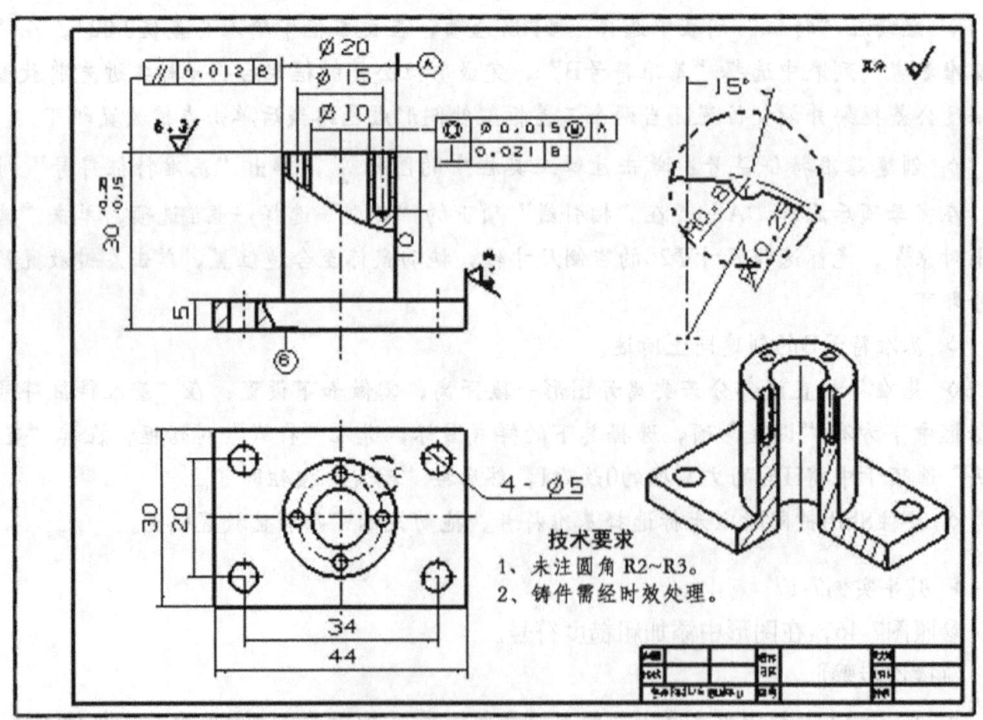

图 7-47　全部完成表达的图纸

7.9 机件的综合表达

在零件图或装配图表达中，应该合理运用视图、剖视图、断面图等表达手段，合理地将机械零件的外部形状和内部结构表达清楚，并且需要完备的尺寸标注和技术要求等。

◆ 引导实例7-18

完成图7-48所示的轴承座的二维零件工作图。

〖步骤提示〗

✧ 由基本视图添加主视图和轴测图（方位可以进行调整）。

✧ 由投影视图，以主视图为父视图添加左视图、添加底板的斜视图。

✧ 由断开视图方法对左视图单侧进行处理，保留上部。

✧ 删除斜视图多余部分图线，进入扩展后，采用“编辑”→“视图”→“视图相关编辑”方法。

✧ 端面图采用对十字筋板进行全剖得到，多余图线处理如上。

✧ 主视图采用局部剖。

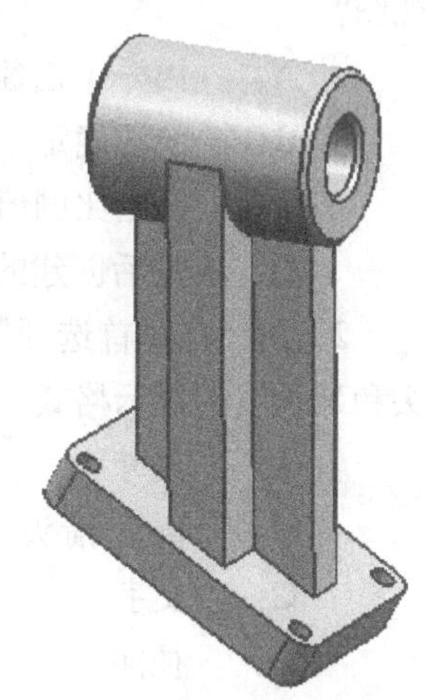

图 7-48 轴承座

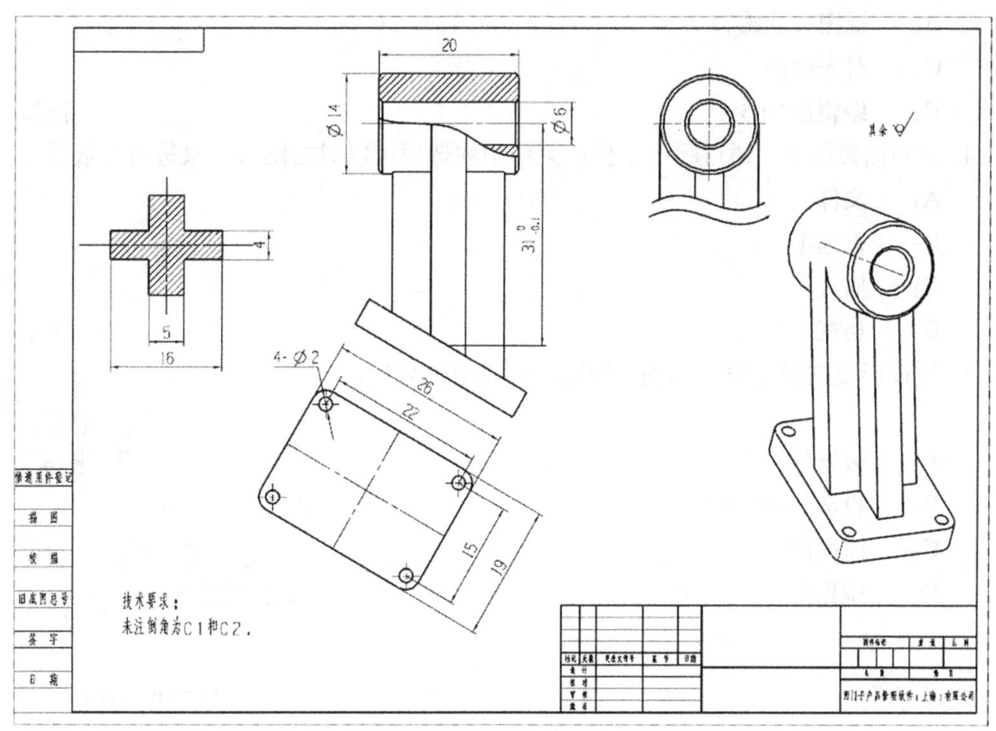

图 7-49 轴承座综合表达图样

7.10 思考与练习

1. 如果图纸上有多个基本视图，系统会自动选择哪一个基本视图作为投影视图的父视图？

A： 第一个创建的基本视图

B： 无法确定

C： 视图比例值最大的基本视图

D： 最后创建的基本视图 答案：D

2. 在“注释首选项”对话框中，（ ）选项用于指定尺寸及其他注释的引线、箭头和延长线的显示格式。

A： 尺寸

B： 直线/箭头

C： 文字

D： 径向 答案：B

3. （ ）允许用户单独编辑某一视图中所选几何对象的显示方式，而所执行的编辑不影响其他视图的显示。

A： 更新视图

B： 视图关联编辑

C： 对齐视图

D： 编辑剖切线 答案：B

4. 在制图模块中，通过哪个下拉式菜单中的选项可以对制图各对象进行参数设定？

A： 文件

B： 首选项

C： 插入

D： 格式 答案：B

5. 做投影视图操作时，如图7-50所示，其中标号1表示（ ）。

A： 铰链线

B： 投影矢量方向

C： 向视图

D： 辅助线

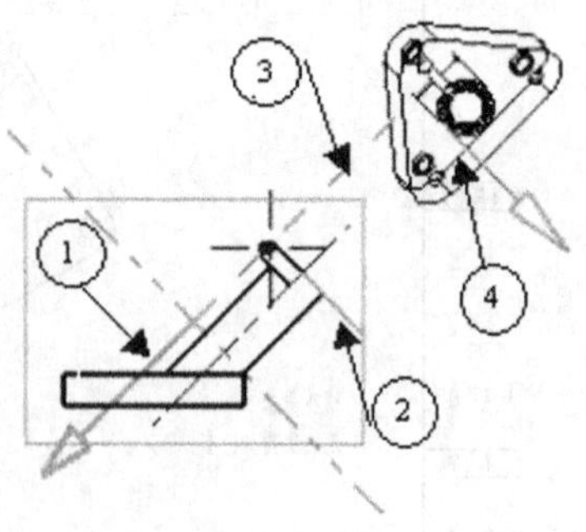

图 7-50 5题图

答案：B

6. 局部剖视图在已有的视图基础上创建，通过什么来定义剖切的区域？

A： 开放的曲线

B： 封闭的曲线

C： 带旋转点的剖切线

D： 直线 答案：B

7. （　　）是创建工程图中最不可取的方法。

A： 在主模型文件中进入“制图”模块

B： 新建文件，添加要创建工程图的零部件文件，进入“制图”模块

C： 新建非主模型文件，选择要创建工程图的组件文件

D： 新建文件，选择“图纸”标签，使用工程图模版创建工程图 答案：A

8. 在“注释首选项”对话框中，（　　）选项可设置ID、用户定义、中心线、交点、目标及形位公差等符号。

A： 符号

B： 直线/箭头

C： 文字

D： 径向 答案：A

9. 如果当前图纸的视图未更新，在图纸的左下角会显示（　　）信息提示用户更新视图。

A： OUT-OF-DATE

B： OUT-OF-RANGE

C： Invalid file name

D： OUT-OF-ORDER 答案：A

10. 若在图纸的左下角显示“OUT-OF-DATE”，如何更新图纸视图？

A： 再保存一次文件

B： 选择菜单项“工具”→“更新”→“部件间更新”→“全部更新”

C： 在屏幕上选择所有视图边框，右键选择更新

D： 选择一个视图边框，右键选择更新 答案：C

11. 如图7-51所示的零件，请按图7-52所示的表达方案导出其二维工程图。

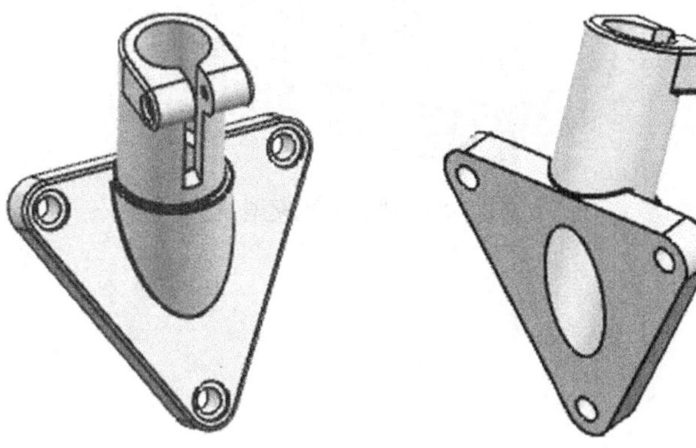

图 7-51　斜固定支架实体模型

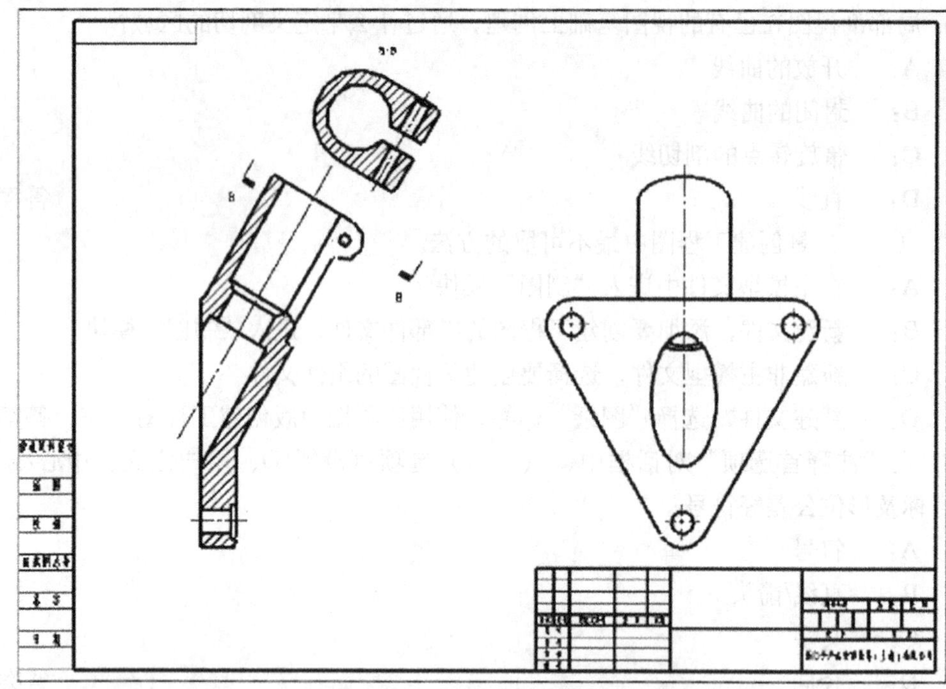

图 7-52　斜固定支架表达方案

12. 参照图4-74铣刀头座体的表达方案，导出其零件图。
13. 参照图4-75托架的表达方案，导出托架的零件图。
14. 参照图4-78的表达方案，导出减速箱盖模型的零件图。
15. 参照图4-79泵体的表达方案，导出齿轮泵体的零件图。
16. 将如图7-53所示的阀体装配模型参照图7-54的表达方案，导出其装配图。

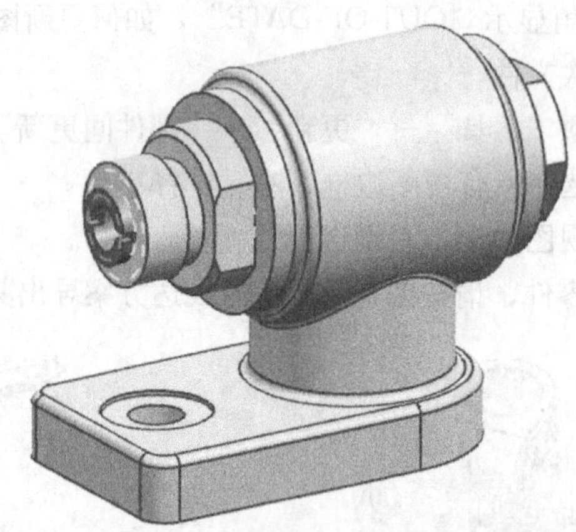

图 7-53　阀体装配模型

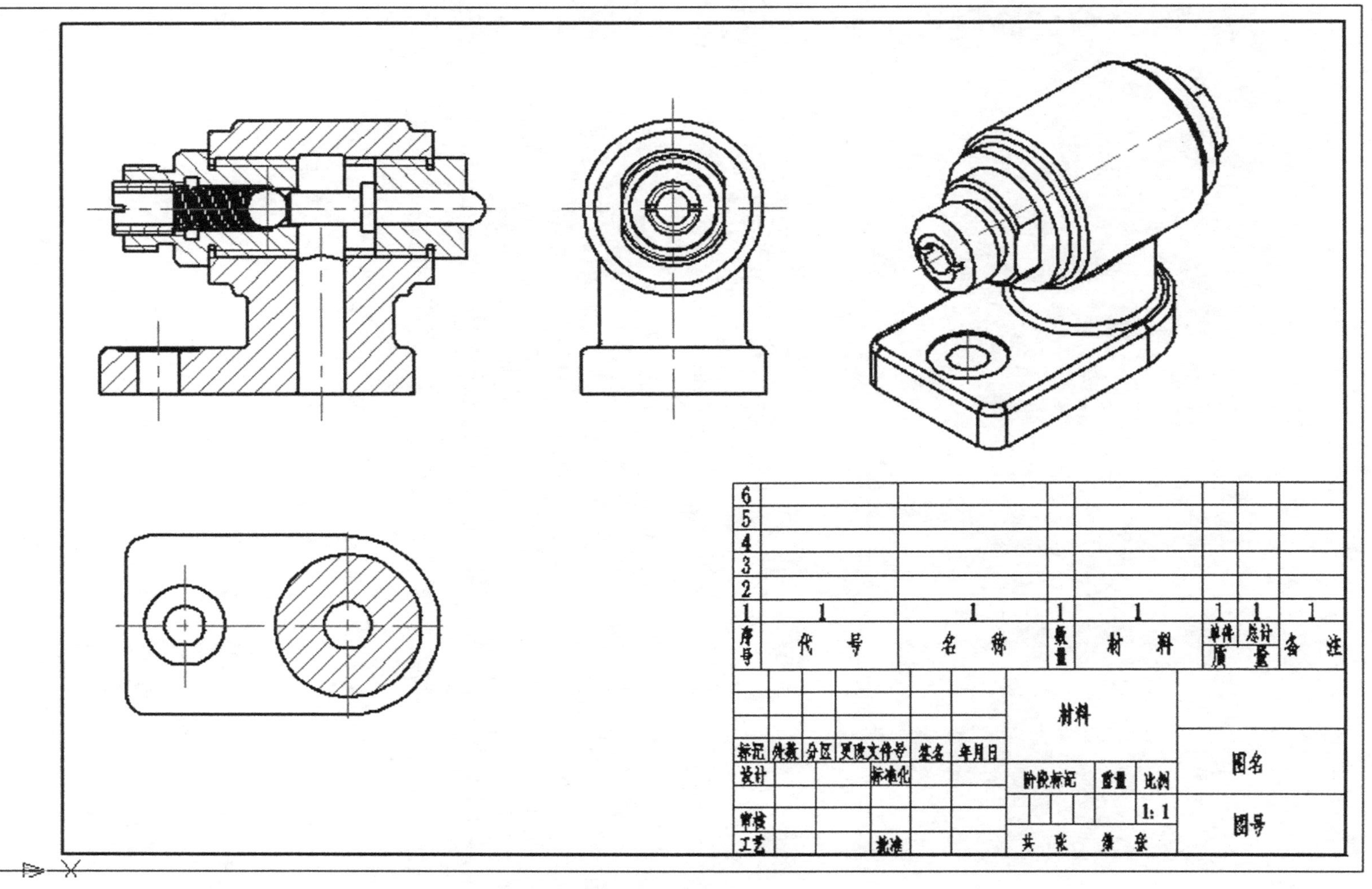
6
5
4
3
2
1
序号
代 号
名 称
数量
材 料
单件 总计 质 量
备 注
材料
标记 处数 分区 更改文件号 签名 年月日
设计 标准化
审核
工艺 批准
阶段标记 重量 比例
1:1
共 张 第 张
图名
图号

图 7-54 阀体装配图